大型火电厂新员工培训教材

# 环 保 分 册

托克托发电公司 编

中国电力出版社
CHINA ELECTRIC POWER PRESS

## 内 容 提 要

本套《大型火电厂新员工培训教材》丛书包括锅炉、汽轮机、电气一次、电气二次、集控运行、电厂化学、热工控制及仪表、燃料、环保共九个分册，是内蒙古大唐国际托克托发电有限公司在多年员工培训实践工作及经验积累的基础上编写而成。以 600MW 及以上容量机组技术特点为主，本套书内容全面系统，注重结合生成实践，是新员工培训以及生产岗位专业人员学习和技能提升的理想教材。

本书为丛书之一《环保分册》，主要内容包括火电厂除灰系统、脱硫系统及脱硝系统。除灰系统讲述了湿式机械除渣系统、干式排渣系统、气力除灰系统、灰库及其附属设备的有关设备技术及维护检修知识，以及电除尘器、袋式除尘器的设备结构、检修和维护事项。脱硫系统重点讲述石灰石-石膏湿法脱硫技术，以及脱硫烟气系统、$SO_2$ 吸收系统、石灰石浆液制备系统、石膏浆液脱水系统、脱硫废水处理系统等组成，以及有关设备技术和检修、维护保养内容。脱硝系统讲述了脱硝反应区设备、液氨储存和制备系统、尿素制氨系统有关设备技术及工艺，以及脱硝运行维护管理知识。并阐述了以上各系统及设备的常见异常与处理。

本书适合作为火电厂新员工的除灰、脱硫脱硝技术培训教材，以及运行岗位技能提升学习和培训教材，同时可作为高等院校、专业院校相关专业师生的学习参考用书。

**图书在版编目（CIP）数据**

大型火电厂新员工培训教材．环保分册/托克托发电公司编．—北京：中国电力出版社，2020.9
ISBN 978-7-5198-4690-9

Ⅰ.①大…　Ⅱ.①托…　Ⅲ.①火电厂-环境保护-技术培训-教材　Ⅳ.①TM621

中国版本图书馆 CIP 数据核字（2020）第 088217 号

出版发行：中国电力出版社
地　　址：北京市东城区北京站西街 19 号（邮政编码 100005）
网　　址：http：//www.cepp.sgcc.com.cn
责任编辑：宋红梅
责任校对：黄　蓓　李　楠
装帧设计：太兴华
责任印制：吴　迪

印　　刷：三河市百盛印装有限公司
版　　次：2020 年 9 月第一版
印　　次：2020 年 9 月北京第一次印刷
开　　本：787 毫米×1092 毫米　16 开本
印　　张：17
字　　数：381 千字
印　　数：0001—2000 册
定　　价：78.00 元

# 《大型火电厂新员工培训教材》

# 丛 书 编 委 会

主　　任　　张茂清

副 主 任　　高向阳　　宋　琪　　李兴旺　　孙惠海

委　　员　　郭洪义　　韩志成　　曳前进　　张洪彦　　王庆学

　　　　　　张爱军　　沙素侠　　郭佳佳　　王建廷

# 本分册编审人员

主　　编　　李　浩　　杨　昱

参编人员　　兰　宇　　王兴辉　　吴　超　　梁晓华　　梁世超

　　　　　　宋朝波　　贾　翔　　丁　海　　刘建军　　李建华

　　　　　　王志新　　张雪飞　　李玉朋　　郑永斌　　刘大军

　　　　　　苗永芬

审核人员　　王　锐　　曳前进　　韩志成

 序

习近平在中共十九大报告中指出，人才是实现民族振兴、赢得国际竞争主动的战略资源。电力行业是国民经济的支柱行业，近十多年来我国电力发展坚持以科学发展观为指导，在清洁低碳、高效发展方面取得了瞩目的成绩。目前，我国燃煤发电技术已经达到世界先进水平，部分领域达到世界领先水平，同时，随着电力体制改革纵深推进，煤电企业开启了转型发展升级的新时代，不仅需要一流的管理和研究人才，更加需要一流的能工巧匠，可以说，身处时代洪流中的煤电企业，对技能人才的渴望无比强烈、前所未有。

作为国有控股大型发电企业，同时也是世界在役最大火力发电厂，内蒙古大唐国际托克托发电有限责任公司始终坚持"崇尚技术、尊重人才"理念，致力于打造一支高素质、高技能的电力生产技能人才队伍。多年来，该企业不断探索电力企业教育培训的科学管理模式与人才评价的有效方法，形成了以员工职业生涯规划为引领的科学完备的培训体系，尤其是在生产技能人才培养的体制机制建立、资源投入、培训方法创新等方面积累了丰富且成功的经验，并于2017年被评为中电联"电力行业技能人才培育突出贡献单位"，2018年被评为国家人力资源及社会保障部"国家技能人才培育突出贡献单位"。

本套《大型火电厂新员工培训教材》丛书自2009年起在企业内部试行，纪过十余年的实践、反复修订和不断完善，取精用弘，与时俱进，最终由各专业经验丰富的工程师汇编而成。丛书共分为锅炉、汽轮机、电气一次、电气二次、集控运行、电厂化学、热工控制及仪表、燃料、环保九个分册，集中体现了内蒙古大唐国际托克托发电有限责任公司各专业新员工技能培训的最高水平。实践证明，这套丛书对于培养新员工基本知识、基本技能具有显著的指导作用，是目前行业内少有的能够全面涵盖煤电企业各专业新员工培训内容的教

材；同时，因其内容全面系统，并注重结合生产实践，也是生产岗位专业人员学习和技能提升的理想教材。

　　本套丛书的出版有助于促进大型火力发电机组生产技能人员的整体技术素质和技能水平的提高，从而提高发电企业安全经济运行水平。我们希望通过本套丛书的编写、出版，能够为发电企业新员工技能培训提供一个参考，更好地推进电力生产人才技能队伍建设工作，为推动电力行业高质量发展贡献力量。

2019 年 12 月 1 日

# 前　言

当前，随着我国国民经济的快速发展，人们日益重视环保，对环保的要求也越来越严。2015 年 12 月，国务院常务会议决定，在 2020 年之前对燃煤电厂全面实施超低排放和节能改造。烟尘、二氧化硫、氮氧化物等三项污染物能否达标排放，关系到火力发电厂能否正常生产和稳发满发。同时，尾部烟气治理技术和设备的快速发展，对火电厂的环保设备管理工作提出了更高的要求。

火电厂尾部烟气治理设备主要包括除灰、脱硫、脱硝系统，这三个系统相互串联、高效协同，逐步脱除了烟气中的绝大部分污染物。其中，除灰系统又可以分为除尘、输灰、除渣等小系统，包含电除尘器、袋式除尘器、气力除灰、刮板捞渣机、干式排渣机、灰库等主要设备；脱硫系统以石灰石－石膏湿法脱硫技术为主，包含石灰石浆液制备、二氧化硫吸收、石膏浆液脱水、脱硫废水处理等主要设备；脱硝系统以选择性催化还原技术为主，包含脱硝反应区、液氨储存和制备、尿素制氨等主要设备。

为了加强检修维护和运行管理，提高生产人员技术素养，确保火力发电厂安全和环保运行，作者根据多年来从事火电厂环保设备生产管理的实践经验，在参考大量文献的基础上编写了本书。本书系统和全面地介绍了除灰、脱硫、脱硝的主流技术和设备管理标准，将相关专业理论与生产实践紧密结合，反映了当前我国大型火力发电厂尾部烟气环保治理技术发展的水平，突出了实际应用的特色和面向生产并为企业服务的原则。本书的主编和编写人员均为长年工作在生产第一线的技术人员，有较好的理论基础和丰富的实践经验、培训经验，使本书的培训针对性和实用性很强。

本书适合作为火电企业新员工培训教材、岗位培训教材、职业技术资格鉴定教材，可作为大专院校火电厂热动、环保等电力技术类专业的教材或教学参考书，还可供电力、冶金、水泥和石化等行业从事尾部烟气治理研究、设计和应用的工程技术人员和管理人员参考。

本书由李浩、杨昱主编，参加编写的有兰宇、王兴辉、吴超等人。全书由李浩统稿，由王锐、曳前进、韩志成审稿。

在本书的编写过程中，参考了国内外许多专家学者的经验和文献资料，在此表示衷心的感谢。由于本书涉及内容丰富，编者水平有限，不妥和疏漏之处在所难免，敬请读者批评指正，以便在后续工作中加以改进和完善。

编　者

2020 年 5 月

大型火电厂新员工培训教材

## 环保分册

目　录

序

前　言

# 第一篇

# 除灰系统及设备

# 第一章
# 除 灰 系 统 概 述

我国作为多煤少油的国家，燃煤火力发电具有十分重要的位置。火力发电具有供电负荷稳定、负荷调整迅速的特点，而且在发电的同时，还能够为周边用户供应一定温度和压力的蒸汽、为居民生活供暖、为特殊企业提供制冷。我国火电运行管理经验丰富，生产稳定性和安全性高，污染物排放控制处于世界领先水平。虽然近年来水电、核电、燃气发电、风电、光伏发电等发电能力有了较大的发展，但由于我国绝对用电量大，火力发电在一个较为长期的时间内，仍将占有较为主要的地位。我国火电厂的燃煤大多属于劣质煤，灰分高是普遍现象，每年排放的数以千万吨的灰渣给经济建设和环境保护带来了巨大压力，必须进行有效的处理才能保证安全稳定、经济环保的运行。

燃煤火力发电厂煤粉在炉膛燃烧后，大部分灰分随烟气经过锅炉的水平烟道、尾部烟道后被除尘装置捕集到灰斗，然后通过输灰系统送至灰库临时储存，少部分颗粒较大的灰分形成固态炉渣，经冷灰斗初步冷却后落入除渣系统。随着被称为世界最严格的火电排放要求，即火电超低排放限值的出台，我国火电行业的污染物排放量有较大幅度的下降，对周边环境的污染也将大幅降低，对除灰除渣系统的可靠性要求也日益提高。目前，除灰系统所有技术及关键设备已全部国产化，并得到了诸多项目的运行检验，可以满足国内火电蓬勃发展的要求。

## 一、除尘装置的分类及特点

火力发电厂锅炉的除尘器经历过从干式旋风除尘→多管旋风除尘→水膜除尘→电除尘、袋式除尘的过程。随着国家对环境保护的重视程度和环境保护要求的日益提高，以及滤袋的国产化和使用寿命的延长，袋式除尘器的使用范围日益广泛。目前，大型燃煤火电厂的除尘装置主要有三种：电除尘器、袋式除尘器和电袋复合除尘器。

1. 电除尘器

电除尘器是利用电场力将粉尘从气流中分离出来的设备，又称静电除尘器。实际上，用"静电"作为这种除尘器的名称并不确切，因为在电除尘器中尘粒所带电荷和气体离子产生的小电流都不是真正的"静电"。但由于一般趋向于把所有高电压小电流的现象都包括在静电的范围内，所以有不少人把这种除尘器称为静电除尘器。

电除尘器与其他类型除尘器相比具有以下优点：

（1）除尘效率高。能有效地清除超细粉尘粒子，达到很高的净化程度。电除尘器还可以根据不同的效率要求，使其设计效率达到99.5%甚至更高。

（2）能处理大流量、高温、高压或有腐蚀性的气体。

（3）阻力低，引风机电耗小，运行费用低。由于电除尘器对粉尘的捕集作用力直接作用于粒子本身，而不是作用于含尘气体，因此气流速度低，所受阻力小，当烟气经过电除尘器时，其阻力损失小，相应地引风机的耗电量就小。

（4）维修简单，费用低。一台良好的电除尘器的大修周期比锅炉长，日常维护简单，更换的零部件少。

电除尘器与其他类型除尘器相比存在以下缺点：

（1）占地面积大，一次性投资大。

（2）对各类不同性质的粉尘，电除尘器的收尘效果是不相同的，它一般所适应的粉尘比电阻范围在 $10^4 \sim 5 \times 10^{10} \Omega \cdot cm$。

（3）电除尘器对运行人员的操作水平要求比较高。与其他类型的除尘器相比较，电除尘器的结构较为复杂，要求操作工人对其原理和构造要有一定的了解，并且要有正确维护和独立排除故障的能力。

（4）钢材的消耗量大，尤其是薄钢板的消耗量大。例如：一台四电场 $240m^2$ 的卧式电除尘器，其钢材耗量达 1000t 以上。

2. 袋式除尘器

袋式除尘器又称过滤式除尘器，是一种干式高效除尘器，它是利用纤维编织物制作的袋式过滤元件来捕集含尘气体中固体颗粒物的除尘装置。其工作过程与滤袋的编织方法、纤维的密度及粉尘的扩散、惯性、遮挡、重力和静电作用等因素及其清灰方法有关，滤袋材料是袋式除尘器的关键。性能良好的滤布，除特定的致密度和透气性外，还应有良好的耐腐蚀性、耐热性及较高的机械强度。

袋式除尘器按其清灰方式的不同可分为：振动式、气环反吹式、脉冲式、声波式及复合式五种类型。其中脉冲反吹式根据反吹空气压力的不同又可分为：高压脉冲反吹和低压脉冲反吹两种。脉冲清灰袋式除尘器由于其脉冲喷吹强度和频率可进行调节，清灰效果好，是目前世界上应用最为广泛的除尘装置之一。

袋式除尘器与其他类型除尘器相比具有以下优点：

（1）除尘效率高，可达 99.9％以上。

（2）附属设备少，初投资较少，技术要求没有电除尘器那样高。

（3）能捕集比电阻高、电除尘难以收集的粉尘（如 $SiO_2 + Al_2O_3 > 85\%$ 的煤、含硫量特低的煤等）。

（4）性能稳定可靠，对负荷变化适应性好，运行管理简便，特别适宜捕集细微而干燥的粉尘。

（5）适于净化含有爆炸危险或带有火花的含尘气体。

袋式除尘器与其他类型除尘器相比，具有以下缺点：

（1）用于处理相对湿度高的含尘气体时，应采取保温措施（特别是冬天），以免因结露而造成"糊袋"。

（2）用于净化有腐蚀性的气体时，应选用适宜的耐腐蚀滤料。

（3）用于处理高温烟气应采取降温措施，将烟温降到滤袋长期运转所能承受的温度以下，并尽可能采用耐高温的滤料。

（4）阻力较大，一般压力损失为 1000～1500Pa。

3. 电袋复合除尘器

电袋复合除尘器简称电袋除尘器，是由电除尘器区和袋式除尘器区组合而成。在电袋除尘器中，电除尘器主要起预除尘的作用，电袋除尘器的性能主要取决于袋式除尘器。如果具备足够的场地，一般设计比集尘面积在 $25m^2/(m^3/s)$ 以上，粉尘驱进速度取决于飞灰的性质，电除尘器设计 80% 以上的除尘效率，供电方式可以采用小分区供电，电场数一般为 1～2 个。根据进气形式，电袋除尘器可以分为一体式与分体式。前者的阻力较低而后者的安全可靠性更好。

对电除尘器来说，发生各种故障的主要后果是排放超标。对袋式除尘器来说，发生故障的主要后果是破袋造成排放超标或系统阻力大。但在电袋除尘器中，即使发生各种故障，造成的后果也大大减轻。其原因主要是：

（1）电除尘器区发生故障不会影响整个设备的排放浓度，对系统的正常运行影响很小。而袋式除尘器区的过滤速度是按电除尘器由于故障不能运行时设计的，非常可靠。如果电除尘器区发生故障，会增加设备的喷吹频率，阻力也会有一定的增加，但不会影响除尘器的正常运行。

（2）袋式除尘器即使发生破袋，对排放浓度的影响也大大减小。在经过电除尘器区后，进入袋式除尘器区的粉尘浓度是原烟气粉尘浓度的 1/5 左右。如果发生同样大小面积的破袋，对电袋除尘器的粉尘排放浓度来说，其影响也只有纯袋式除尘器的 1/5 左右。

（3）造成滤袋阻力增加的因素的影响程度有所缓解。影响袋式除尘器阻力的因素较多，如烟尘浓度、点炉时的油雾、滤料的选型、设备的清灰系统设计、过滤速度的选取等。在电袋除尘器中，荷电以后的粉尘会变得更容易清灰；即使烟尘浓度有了大幅度增加，在经过电场的预除尘后，对后续的袋式除尘器的影响也会变小；燃油点炉产生的油雾在经过电场后其影响程度也大大减小。这些都有助于减少系统故障的发生。

## 二、除灰系统的分类及特点

20 世纪 50 年代，我国火电厂除灰系统都比较简单，均为低浓度的水力除灰。为了节水和加强环境保护，减少灰场用地和投资，以及灰渣综合利用等方面的要求，渐渐向多类型探索发展，先后发展了高浓度水力除灰、机械除灰和气力除灰技术。20 世纪 80 年代，国内众多火电厂开始陆续引进国外各种类型的输送设备及相关技术，气力除灰技术开始在火电厂行业得到蓬勃发展。

本着节能环保、绿色发展的方向，高浓度输送可以在同样的基本条件下节约能源、保护环境、提高效率。智能化控制可以进一步提升目前除灰系统的自动化水平，降低人工维护工作量，甚至实现无人控制，还可以根据不同工况进行调节，进一步节约能源，保护环境，绿色发展。

1. 水力除灰系统的特点

水力除灰系统具有对不同的灰渣适用性强、系统设备结构简单成熟、运行安全可靠等优点，但是也存在以下主要问题：

（1）灰渣与水混合后，将失去松散性能，灰渣所含的氧化钙、氧化硅等物质也要引起变化，活性降低，不利于灰渣的综合利用。

（2）灰渣中的氧化钙含量较高时，易在灰管内结成垢污，堵塞灰管，难以清除。

（3）灰水与灰混合多呈碱性，pH 值超过工业"三废"的排放规定，不允许随便从灰场内向外排放，不论采取回收或处理措施，都需要很高的设备投资和运行费用。

（4）浪费土地资源。一般灰场库容要按发电厂装机容量所排放的灰渣量不少于贮存 10 年的要求进行设计，因此需要占用大量土地。

2. 气力除灰系统的特点

气力除灰与传统水力除灰相比，具有明显的优点：

（1）节省大量冲灰水，节省资源。

（2）输送过程中，灰的固有活性和其他物化特性不受影响，有利于粉煤灰的综合利用，不存在灰管结垢和腐蚀的问题。

（3）减少灰场占地，避免了灰场对地下水和周围环境的污染。

（4）设备简单，占地面积小，输送路线选取方便，布置灵活，便于长距离集中和定点输送，系统自动化程度高，所需运行人员较少。

但是，气力除灰系统也有以下缺点：

（1）与机械除灰相比，动力消耗较大，管道磨损比较严重。

（2）输送距离和出力受到一定限制，管道产生堵管，给运行维护带来很大不便。

（3）对运行人员技术素质要求比较高。

（4）对粉煤灰的粒度和潮湿度都有一定限制，粗大和潮湿的灰不宜输送。

正压气力除灰方式普遍困扰用户的难题就是管道磨损和堵管，但随着目前技术的发展，这些问题基本得到解决。

3. 气力除灰系统的主要类型

（1）负压输送。负压输送是较早出现的气力输送形式，其主要设备包括罗茨风机、真空泵、抽气器，适用于多点受料向一处集中输送，不存在跑灰、冒灰现象，工作环境相对清洁。但受真空度极限的限制，系统出力和输送距离都受到一定限制，流速较高，磨损严重，应用领域有限。负压输送技术目前在国内应用已较少，仅在特定领域和特定环境条件下适用。

（2）低正压输送。除尘器灰斗下安装气锁阀，在输送风压（如回转式鼓风机）的作用下以正压形式将气灰混合物输送至灰库，特点是输送压力较低，输送距离和输送出力相比负压输送得到较大提升，但流速同样较高，磨损严重，需对管道采取特殊处理措施。

（3）正压输送。经历了低正压输送技术的发展，流态化仓泵输送技术开始广泛发展，包括上引式、下引式等，输送压力提高，输送距离和出力进一步得到大幅提升，空气动力源开始广泛使用螺杆空气压缩机，灰气比大幅提高，磨损问题得到改善，得到了较为广泛的应用。

### 三、除渣系统的分类及特点

燃煤发电机组的除渣系统用于处理炉膛燃烧生成的固态底渣，一般分为水力除渣和机械除渣两种形式。水力除渣是以水为介质进行灰渣输送的，其系统由排渣、冲渣、碎渣、输送的设备以及输渣管道组成。机械除渣是由捞渣机或干式排渣机、斗轮提升机、碎渣机、渣仓等机械设备组成。

1. 水力除渣系统的特点

水力除渣对灰渣适应性强，运行比较安全可靠，操作维护简便，在输送过程中灰渣不会扬散，是一种传统的灰渣输送形式。但是存在以下几个难以解决的问题：

（1）水力除渣系统的耗水量比较大，每输送 1t 渣大约需要消耗 10t 水，随着用水成本的不断增加，运行成本会越来越高。

（2）灰渣中的氧化钙含量较高，容易在灰管内结成垢物堵塞灰管，难以清除，导致管道、阀门使用寿命相对较短。

（3）水与灰渣混合多呈碱性，其 pH 值超过工业"三废"的排放标准，不允许随便从灰场向外排放，不论采取回收还是其他处理措施，都需要很高的设备投资和运行费用。

2. 机械除渣系统的特点

与水力除渣相比，机械除渣系统有以下特点和优势：

（1）机械除渣结构简单，布置占地面积小，不需要水力除渣用的灰渣沟及灰管道等设施，地下设施大幅简化。

（2）没有废水的排放回收处理等问题，避免了水资源的浪费，社会效益良好。

（3）对渣的处理比较简单，可减少向外排放的困难，输送方便，有利于渣的综合利用。

总之，随着现代环保要求的提高，水资源的日益紧缺，气力除灰和固态机械除渣是燃煤发电机组灰渣输送的发展趋势，已广泛应用于 300MW 及以上火电厂。因此，本书将重点讲述气力除灰和机械除渣系统，对水力除灰渣系统仅作简单介绍。

# 第二章

# 电 除 尘 器

现代大型锅炉的烟气流经过热器、省煤器、空气预热器换热后，最后经过电除尘器除尘、脱硫系统脱硫后由烟囱排出。在我国的电力系统大型机组不断投运的背景下，电除尘器以它特有的优势迅猛发展，已成为防止机组粉尘排放超标的一种重要手段。随着环境保护要求的日益加强，电除尘器的应用范围也更加广泛，其结构、性能也在不断完善。

## 第一节 电除尘器概述

利用电能来进行除尘的设想大约始于 200 年前，电除尘器的第一个演示装置是在 1824 年完成的。20 世纪初，首次将电除尘器的原理用于工业气体的净化上。电除尘器结构包括电气及机械两大部分：电气部分主要由高压直流供电系统和高、低压控制系统组成；机械部分从结构划分为内件、外壳，内件包括收尘极系统、电晕极系统、振打系统、气流均布系统及大梁吊挂系统等，电晕极、收尘极振打采用侧面摇臂锤旋转振打或顶部电磁振打，外壳由进口封头、出口封头、屋顶、壳体、底梁和灰斗等部分组成。

### 一、电除尘器的常用术语

1. 电除尘器本体结构术语

（1）电场：沿气流流动方向将室分成若干个由收尘极和电晕极组成的独立除尘空间，称为电场。卧式电除尘器一般设 4~5 个电场，根据需要还可将电场再分成几个并列或串联的供电分区。

（2）供电分区：可以单独与一台高压电源配套的最小供电单元称为供电分区。一台双室四电场的电除尘器至少有 8 个供电分区。

（3）电场高度（m）：一般将收尘极板的有效高度（除去上、下夹持端板高度）称为电场高度。

（4）电场宽度（m）：一般将一个室最外两侧收尘极板轴线之间的距离乘以室数称为电场宽度，它等于电场通道数与同极距（相邻两排极板的中心距）的乘积。

（5）电场长度（m）：在一个电场中，沿气流方向一排收尘板的长度（即每排极板第一块极板的前端到最后一块极板末端的距离）称为单电场长度。沿气流方向各个单电场长度之和称为电除尘器的总电场长度，简称电场长度。

（6）集尘面积（m²）：又称收尘面积，指收尘极板的有效投影面积。由于极板的两个侧面均起收尘作用，所以两面的面积均应计入。每一排收尘极板的集尘面积为单电场长度与电场高度乘积的2倍。一般所说的集尘面积多指一台电除尘器的总集尘面积。

（7）比集尘面积[$m^2/(m^3/s)$]：单位流量的烟气所分配到的集尘面积称为比集尘面积，等于集尘面积（$m^2$）与烟气流量（$m^3/s$）之比，是电除尘器的重要结构参数之一，又称比收尘面积。

（8）通道数：电场中相邻两排极板之间的空间称为通道。电场宽度除以同极间距等于电场通道数。供电分区通道数等于电场通道数除以该电场的并列供电分区数。

（9）同极距：相邻两排收尘极板的中心距离称为同极距或板间距。

（10）气流均布装置：安装于烟道内或电除尘器进出口烟箱内，用以改善进入电场的气流分布均匀性的装置。一般由导流板、气流分布板、阻流板和槽形板组成。

2. 电除尘器供电控制术语

（1）电晕放电：发生在不均匀的、场强很高的电场中，使气体局部电离，以声光形式表现出来的气体放电现象。

（2）电晕电流：发生电晕放电时，在电极之间通过的电流。

（3）起晕电压：在电极之间刚开始出现电晕电流时的电压。

（4）击穿电压：在电极之间刚开始出现火光放电时的电压。

（5）电流密度：通过单位面积的收尘极板的电流称为板电流密度，通过单位长度的电晕线的电流称为线电流密度。

（6）电晕功率：向电场提供的平均电压和平均电晕电流的乘积。

（7）伏安特性：二次电压与二次电流之间的关系特性。

（8）间歇供电：周期性地关断几个半波，断续向电除尘器供电。

（9）脉冲供电：在常规供电的基础上叠加作用时间很短的脉冲电压。

（10）火花跟踪控制：以电除尘器电场火花放电为依据，自动控制晶闸管的导通角，使整流变压器的输出电压接近电场火花放电电压的一种控制方式。

（11）导通角：指晶闸管在一个正弦电压半波内的导通范围。

（12）火花率：单位时间内（1min）出现火花放电的次数。

3. 电除尘器运行工况参数术语

（1）处理气体流量（$m^3/s$）：通常指实际工况条件下，在单位时间内，进入电除尘器的含尘气体体积流量。

（2）电场风速（$m/s$）：含尘气体在电场中的平均流动速度。它等于电除尘器处理气体流量与电场截面积之比。

（3）停留时间（s）：含尘气体流经电场长度所需要的时间。它等于电场长度与电场风速之比。

（4）气体含尘浓度[$g/m^3$（标准状态下）]：通常指在电除尘器入、出口处，标准状态下单位体积干气体中所含有的粉尘质量。

（5）驱进速度（$m/s$）：荷电尘粒在电场力的作用下向收尘极运动的速度。

（6）粉尘粒度分布：根据需要将样尘划分为若干个粒组，表明各粒组粒子大小和占试样比例多少的分布数据称为粉尘粒度分布。

（7）粉尘成分：根据需要测得的样尘中各氧化物（如 $SO_2$、$Al_2O_3$、$Fe_2O_3$、$CaO$、$Na_2O$ 等）所占试样的比例。

4. 电除尘器性能参数术语

（1）除尘效率（%）：单位时间内，除尘器捕集到的粉尘质量占进入除尘器的粉尘质量的百分比。

（2）透过率（%）：单位时间内，除尘器排出的粉尘质量占进入除尘器的粉尘质量的百分比，又称穿透率。

（3）压力损失（Pa）：电除尘器入口和出口处气体的平均全压之差，又称压降。

（4）漏风率（%）：除尘器出口标准状态下气体流量与进口标准状态下气体流量之差占进口标准状态下气体流量的百分比。

（5）能耗：除尘器正常运行时所消耗的各种能量（水、电、油、压缩空气、蒸汽等），以及克服其除尘器阻力所消耗的能量之和。

5. 电除尘器常见故障类型术语

（1）反电晕：沉积在收尘极表面上高比电阻粉尘层所产生的局部反放电现象。

（2）电晕闭塞：当气体含尘浓度较高时，在电晕线周围的负粒子抑制电晕放电，使电晕电流大大降低甚至趋于零的现象。

（3）二次扬尘：又称二次飞扬，是指已经沉积在收尘极上的粉尘，因黏附力不够，受气流冲刷或振打清灰等因素的影响，使粉尘重新返回气流中的现象。

（4）气流分布不均：指由于漏风、窜气、烟道转弯，气流均布装置设计不合理等原因，造成除尘器入口断面上气流分布不均匀，除尘效率严重降低的现象。

（5）气流旁路：又称窜气，是指部分含尘气流未从电除尘器内部的电场中通过，而是从收尘极板的顶部、底部和极板左右最外边与壳体内壁之间通过的现象。

（6）电场短路：由于极板变形、电晕线断线、灰斗满灰和绝缘子结露等原因，使阴阳极（即电晕极和收尘极）之间绝缘破坏，二次电压非常小，二次电流非常大，电场无法正常运行的现象。

（7）偏励磁：由于某种原因，整流变压器一次绕组上施加的电压的正半波数与负半波数不相等，致使整流变压器偏向励磁而引起发热，甚至烧毁的现象。

（8）爬闪：由于绝缘套管或绝缘子表面结露、积污、破损等原因而引起的局部击穿或沿面放电现象。

## 二、电除尘器的分类

1. 按收尘极的形式分类

按收尘极的形式可分为管式和板式电除尘器两类。

管式电除尘器的结构就是在圆管的中心放置电晕极，而把圆管的内壁作为收尘的表面。管外径通常为 150～300mm，长度为 2～5m。由于单根圆管通过的气体量很小，通常是用多管并列而成。为了充分利用空间，可以用六角形（即蜂房形）的管子来代替圆管，也可以采用多个同心圆的形式，在各个同心圆之间布置电晕极。管式电除尘器一般适用于处理气体量小的情况，皆采用湿式清灰方式。

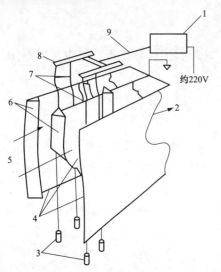

图 2-1 板式电除尘器结构示意图
1—高压直流电源；2—净化气体；3—重锤；
4—收尘极；5—含尘气体；6—挡板；
7—电晕极；8—高压母线；9—高压电缆

板式电除尘器是在一系列平行的金属薄板（收尘极板）的通道中设置电晕极。板极间距一般为200～400mm，通道数由几个到几十个，甚至上百个，高度为2～12m，甚至达15m。一般以除尘器的横断面积表示。除尘器长度根据除尘效率而定。由于其几何尺寸很灵活，可做成各种大小以适应各种气体量的需要，因此在除尘工程中被广泛采用。板式电除尘器也可以采用湿式清灰方式，但绝大多数采用干式清灰方式。板式电除尘器的结构如图 2-1 所示。

2. 按气流流动方向分类

按气流流动方向可分为立式和卧式电除尘器两类。

在立式电除尘器中，气流一般是由下而上，通常做成管式，但也有采用板式的。立式除尘器由于高度较高，可以从其上部将净化后的气体直接排入大气而不需要另设烟囱。由于立式除尘器是往高度方向发展的，因而占地面积小。当需要增加电场长度（对立式电除尘器即其高度）来提高除尘器效率时，立式就不如卧式灵活。此外，在检修方面也不如卧式方便。

卧式电除尘器内，气流水平通过。在长度方面根据结构及供电的要求，通常每隔3～5m（有效长度）划分成单独的电场，常用的是 3～5 个电场，除尘效率高时，也有多到 4 个以上电场的。在工业废气除尘中，卧式的板式电除尘器是应用最广泛的一种。

3. 按粉尘荷电段和分离段的空间布置分类

按粉尘荷电段和分离段的空间布置分为一段式和两段式电除尘器。

粉尘的荷电和分离沉降皆在同一空间区域内的电除尘器称为一段式（又称单区）电除尘器；反之，将分设在两个空间区域的称为两段式（又称双区）电除尘器（见图 2-2）。一段式电除尘器是目前工业废气除尘中应用最广的一类，本书所介绍的有关电除尘器的理论和实践，除特殊指明外，均指一段式电除尘器。过去，两段式电除尘器主要用于空气调节系统的进气净化方面。近年来，已开始用于工业废气净化方面。据介绍，它也适用于高比电阻粉尘的除尘，可以防止反电晕，并具有体形小、耗钢少、耗电少等特点。

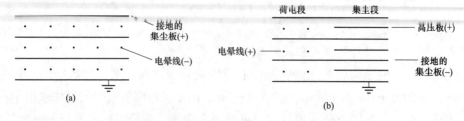

图 2-2 两段式电除尘器示意图
（a）一段式；（b）两段式

4. 按沉集粉尘的清灰方式分类

按沉集粉尘的清灰方式可分为湿式和干式电除尘器。

湿式电除尘器是用喷雾或淋水、溢流等方式在收尘板表面形成水膜将黏附于其上的粉尘带走，由于水膜的作用避免了二次扬尘，故除尘效率很高（见图2-3），同时没有振打装置，运行也较稳定。但是，与其他湿式除尘器一样，存在着腐蚀、污泥和污水的处理问题。所以只是在气体含尘浓度较低、要求除尘效率较高时才采用。

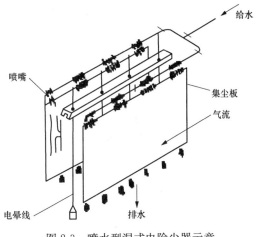

图 2-3　喷水型湿式电除尘器示意

干式电除尘器是通过振打或者用刷子清扫使电极上的积尘落入灰斗中。这种方式粉尘后处理简单，便于综合利用，因而最为常用。但这种清灰方式易使沉积于收尘极上的粉尘再次扬起而进入气流中，造成二次扬尘，致使除尘效率降低。

### 三、电除尘器控制系统简述

1. 运行控制功能

高、低压设备启动、停止，工作参数及工作方式的设定，运行参数的自动记录整理，高、低压控制柜的运行状态、故障报警的检测和显示以及绘制电场伏安特性曲线。

2. 优化供电功率功能

当粉尘比电阻比较高时，由于被吸附的粉尘所带电荷较多，吸附力较大，而出现粉尘较难振落时，系统软件将根据高压设备运行中二次电压、二次电流所体现的变化特性得出判断，在单路振打时降低对应电场的供电功率，使粉尘易于振落，振打过后又恢复正常供电。

3. 电机振打优化控制功能

为防止二次扬尘，提高电除尘效率，减少振打能量损耗，可以选择振打优化控制。系统将根据浊度仪信号及相关参数决定每台振打电动机的振打周期。

4. 闭环控制功能

中央集中智能管理控制系统由主计算机、现场高低压供电装置、烟道浊度仪组成。主计算机接收由浊度仪传来的标准信号，经程序处理后向高低压供电装置发送命令。当烟气浓度超过设定值时，由主机改变高压供电装置的运行参数、供电方式及配合方式，进一步增大电场的电晕电流密度，提高整体除尘效率。当烟气浓度低于排放标准时，主机则逐步调低电场控制电压，以达到节能的目的。

5. 上位机画面

上位机主要画面：高压状态图、低压状态图、加热状态图、料位状态图、振打电动机时序图、电场投入率、伏安特性曲线、振打状态图和 $U_1$、$U_2$、$I_1$、$I_2$ 波形图及系统操作指导等。

## 第二节　电除尘器除尘原理

电除尘器是利用直流高压电源产生的强电场使气体电离，产生电晕放电，进而使悬浮的尘粒荷电，并在电场力的作用下，将悬浮尘粒从气体中分离出来并加以捕集的除尘装置。图 2-4 所示为管式电除尘器的工作原理示意图。接地的金属圆管叫收尘极（或收尘极），与高压直流电源相连的细金属线叫放电极（或电晕极）。放电极置于圆管的中心，靠下端的重锤张紧。含尘气流从除尘器下部进气管引入，净化后的清洁气体从上部排气管排出。

### 一、除尘过程

电除尘器中的除尘过程如图 2-5 所示，大致可分为三个阶段。

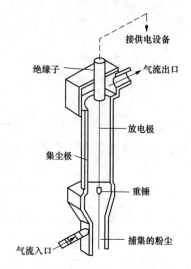

图 2-4　管式电除尘器工作原理示意图

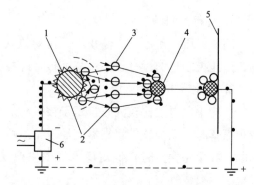

图 2-5　电除尘器除尘过程示意图

1—电晕极；2—电子；3—离子；
4—尘粒；5—收尘极；6—供电装置

1. 粉尘荷电

在放电极与收尘极之间施加直流高电压，使放电极发生电晕放电，气体电离，生成大量的自由电子和正离子。在放电极附近的所谓电晕区内正离子立即被放电极（假定带负电）吸引过去而失去电荷。自由电子和随即形成的负离子则因受电场力的驱使向收尘极（正极）移动，并充满两极间的绝大部分空间。含尘气流通过电场空间时，自由电子、负离子与粉尘碰撞并附着其上，便实现了粉尘的荷电。

2. 粉尘沉降

荷电粉尘在电场中受库仑力的作用被驱往收尘极，经过一定时间后到达收尘极表面，放出所带电荷而沉集其上。

3. 清灰

收尘极表面上的粉尘沉集到一定厚度后，用机械振打等方法将其清除掉，使之落入下部灰斗中。放电极也会附着少量粉尘，隔一定时间也需进行清灰。

为保证电除尘器始终在高效率下运行，必须使上述三个过程进行得十分有效。下面详细介绍粉尘放电、荷电和补集原理。

## 二、电晕的发生

1. 电晕放电

电除尘过程首先需要发生大量的供气溶胶粒子荷电用的气体离子。在现今的所有工业电除尘器中，都是采用称为电晕的气体放电的方法实现的。

为了透彻地认识电晕放电现象，先来分析一下气体放电现象。气体放电系指气体在外界作用下由电绝缘状态变为导电状态，因而有电流从气体中通过的现象。通常的气体（空气）是不导电的，因为其中只是因自然界的辐射（X射线、放射性辐射、宇宙射线等）因素而造成少量自由电子，不足以形成电流。但是，如果将足够高的直流电压施加到一对电极上，其中一个极是细导线或具有曲率半径很小的任意形状；另一极是管状或板状的，则电场强度在导线表面附近特别强，并随离开导线的距离增大而迅速减弱。在导线表面附近这种具有强电场的空间内，原有的微量自由电子将被加速到某一很高的速度，并足以通过碰撞使中性气体分子释放出外层电子，而电离成为新的自由电子和正离子。这些被激发出来的自由电子接着又被加速到某一很高的速度，又进一步引起气体分子的碰撞电离。这种过程在极短的瞬间又重演了无数次，于是在放电极表面附近产生了大量的自由电子和正离子。这就是所谓的电子雪崩过程。

由于在电子雪崩过程中，在放电极周围往往显露出明亮的光晕，同时发出轻微的"咝咝"气体爆裂声，所以称为电晕放电。这种光晕在黑暗中看得特别明显，呈光点、刷毛、光刷或均匀的光带等各种形状，这取决于电晕极的极性和几何形状。电晕放电属于自激放电的一种，一般只发生在非均匀电场中具有曲率半径较小的放电极表面附近的小区域内，即所谓的电晕区内。在电晕外区，由于电场强度随距电晕极的距离增大迅速减小，不足以引起气体分子碰撞电离，因而电晕放电停止。否则，若是由一对平行极所构成的高压均匀电场，由于电场中各点场强相等，当电场某一处气体被击穿而发生放电时，则两电极间气体必然同时被击穿而发生火花放电或弧光放电，不能形成稳定的电晕放电。

在电除尘器所采用的非均匀电场中，当供电电压高到一定值后，也会产生火花放电。火花放电与电晕放电不同，电晕放电只发生在放电极附近的一个有限的区域内，而火花放电是沿着两极间的一条或几条狭窄而曲折的发光通道发生放电，在一瞬间引起电流急剧增大，气体温度和压力急剧增高，并发出特殊的"噼啪"声。电压愈高，火花放电的频率也增加。如果电源容量不够或在电源线路中串接有限流阻抗等措施，电压将下降，于是火花很快熄灭。如果供电电压继续增加，使两极间的整个空间被击穿，即发生弧光放电。当发生弧光放电时，两极间电压不大，但电流却很大，因而产生很高的温度和强烈的弧光，能烧坏电极或供电设备，因此在电除尘器运行时要尽量避免出现。

达到火花击穿的电压称为"击穿电压"，这一电压的高低，主要取决于放电极到收尘极之间的距离、放电极的形式以及气体的状态等。由此可见，电除尘器的正常工作状态，应使其电压处于起始电晕电压到击穿电压之间。起晕电压愈低，击穿电压愈高，则电除尘器的工作范围愈大，也愈稳定。

2. 电子的附着和空间电荷的形成

若电晕电极是负极，即所谓负电晕，则由雪崩过程产生的电子迅速由极线向接地极（正极）迁移，正离子向电晕极迁移。如果电负性气体存在，则由电晕产生的电子为其俘获，而形成负离子，也在电场作用下向接地极迁移，就是这些负离子为所要捕集的粉尘提供了荷电电源。

电子的附着对维持稳定的负电晕是很重要的。因为自由电子的迁移速度比气体离子的迁移速度高得多（约高 1000 倍），如果没有电子的附着而形成大量负离子，则自由电子会迅速流至接地极。这样便不能在两极间形成稳定的空间电荷，并且几乎在开始发生电晕放电的同时就产生了火花放电。因此，对负电晕来说，电负性气体的存在、电子的附着和空间电荷的形成，是维持电晕放电的重要条件。

在电负性气体不存在而且有电子附着的情况下，就只能采用正电晕放电。正电晕和负电晕的放电情况基本相同，除电场的方向不同，雪崩过程产生的正离子向接地极运动以外，正电晕和负电晕之间一个重要的不同之处是，正电晕过程本身就产生了为形成空间电荷所需要的正离子。

电除尘器既可采用正电晕（电晕极接电源的正极），也可采用负电晕（电晕极接电源的负极）。工业上应用的电除尘器几乎都是采用负电晕，理由是负电晕的起始电晕电压低，击穿电压高，因而可以使用较高的工作电压；并且负电晕放电一般能比正电晕放电产生较大的电流，这些都有利于提高除尘效率。正电晕则正好与此相反，但正电晕放电时产生的臭氧和氮氧化物要比负电晕少得多。

3. 起始电晕电压

起始电晕电压指开始发生电晕放电时的电压，又称临界电压。与之相应的电场强度称为起始电晕场强或临界场强。电除尘器的伏安特性取决于电极的几何形状、电压波形和极性、气体的组成和状态、电极上积尘的厚度和性质以及悬浮粉尘的浓度和粒径等因素。影响起始电晕电压的各种因素如下所述。

（1）气体组成的影响。

气体组成决定着电荷载体的分子种类。不同的气体，对电子的亲和力不同，负电性不同，电子附着形成负离子的过程也不同。氢、氮和氩等气体对电子没有亲和力，不能使电子附着而形成负离子。很多工业废气中存在的氧气、二氧化硫等气体，却能很快俘获电子，形成稳定的负离子。另外一些气体，如二氧化碳和水蒸气，虽对电子没有亲和力，但当它们与高速电子碰撞后，首先电离出一个氧原子，然后电子附着在氧原子上形成负离子。

电除尘器中，电压与电流的关系通常用伏安特性曲线表示。气体组成对伏安特性的影响是由于混合气体中每种组分俘获电子的概率和迁移率不同。采用电子亲和力高和迁移率低的气体可以施加更高的电压，即更强的电场，这对改善电除尘器的性能是有利的。

（2）温度和压力的影响。

气体的温度和压力既改变起始电晕电压又改变电压—电流关系。压力升高和温度降低时，气体密度增大，因此起始电晕电压增高。

由于电荷载体的当量迁移率变化改变了电压—电流曲线，离子的当量迁移率随下述因素而增大：①温度和场强不变时减小气体密度；②气体密度和场强不变时提高温度；③温度和气体密度不变时增大场强。

### 三、粉尘荷电

气体电离后，在负电晕的情况下，放电极与收尘极之间的空间内存在大量的负离子和电子（在电晕极周围也有少量正离子）。当含尘气体通过时，该离子和电子会附着在粉尘表面上，使粉尘荷电。附着负离子和电子的粉尘荷负电，附着正离子的粉尘荷正电。显然在极间的空气内大部分粉尘是荷负电的。粉尘的荷电有电场荷电和扩散荷电两种基本方式。

1. 电场荷电

离子在电场中沿电场线移动，直至与粉尘颗粒碰撞，而使其荷电的方式称为电场荷电或碰撞荷电。对于半径大于 $0.5\,\mu m$ 的粉尘，电场荷电起主导作用。

在电场荷电情况下，当固体粒子和液滴进入电场时，电晕辉光区与收尘极之间的静电场就会发生局部变形。任何介电常数大于 1 的粒子都会引起这种局部变形（见图 2-6）。电晕辉光产生的负离子在最大电压梯度方向上沿着施加电场的电场线运动，并因电场线将与颗粒物相交，故离子就会与颗粒物碰撞并逐步使其荷电。这种电荷由与离子共存的静电场所引起的镜像电荷维持在粒子的表面上。当离子接近粒子时，粒子内部的电荷就会发生位移，从而使离子和粒子之间存在吸引力。

此荷电过程一直继续到粒子上的电荷足以使电场线离开被荷电的粒子为止。这种效应阻止新的离子与带电尘粒碰撞（见图 2-7）。当尘粒再也不能接受离子电荷时，就称尘粒已饱和了。饱和电荷值取决于：①电场强度；②粒子直径；③尘粒的介电常数；④尘粒在电场中的位置。

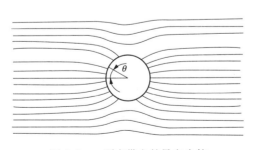

图 2-6　一颗未带电的导电尘粒
的存在引起的电场变化

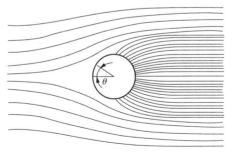

图 2-7　尘粒达到饱和电荷后的电场

## 2. 扩散荷电

气体中的离子具有气体分子的热能，它大体上服从于分子运动理论。离子的热运动使其在气体中进行扩散，并与其中的尘粒碰撞，这种离子会由于镜像力而附着于尘粒上。随着离子愈接近尘粒，镜像力的作用也愈强。显然，离子的扩散是形成尘粒荷电的机理之一。对于半径小于 $0.2\mu m$ 的尘粒，扩散荷电起主导作用。扩散荷电与外加的电场无关，也没有荷电的最大极限值。

## 3. 电场荷电与扩散荷电的综合作用

一般当尘粒半径约大于 $0.5\mu m$ 时，以电场荷电为主，当尘粒半径约小于 $0.2\mu m$ 时，以扩散荷电为主；而尘粒半径处于这二者之间时，两种扩散均起作用。简单地将两者分别计算得的荷电量进行叠加，会导致较大的误差。通常是综合两者的作用而导出微分方程式，这些微分方程式是非线性的，没有分析解，只能用近似解或数值解。

## 4. 荷电不足的特殊情况

在电除尘器中往往会出现荷电不足的情况，其中主要原因如下：

（1）在收尘极上沉积了高比电阻粉尘，在低电压下就可能产生火花放电，或形成来自收尘极的反电晕放电，因而破坏了正常的电晕放电。

（2）由于在气流中存在高浓度的极细尘粒（小于 $1\mu m$ 的尘粒）造成的空间电荷，使电晕闭塞，结果使离子的浓度不能满足尘粒的离子荷电的需要。

（3）由于气流不均匀，流速太高或振打不良等情况而造成收尘极表面上的大量二次扬尘，这样由收尘极上扬起的尘粒带有正电荷（对于负电晕放电）。这些尘粒有的只部分重新荷电，有的来不及重新荷电，当其被带出除尘器时，会降低除尘器的效率。

## 四、粒子捕集

### 1. 有效驱进速度

理论上的驱进速度是指电场中荷电粉尘向收尘极运动的速度，但是电除尘器内粉尘的运动要受电场强度、烟气和粉尘性质、气流分布、振打以及二次扬尘等因素所支配。而这些因素在电除尘器运行过程中是不断变化的，为此设计时应将其变化的因素考虑在驱进速度值的选择上，这时的驱进速度值已经不是荷电粉尘在物理学上的理论驱进速度，所以称为有效驱进速度。有效驱进速度可根据对同类生产工艺及接近于同种类型的电除尘器所测得的结果（包括除尘效率、处理风量、收尘极板面积）反算得出。某些生产工艺中粉尘的有效驱进速度值见表 2-1。

表 2-1　　　　　　　　　　　　粉尘的有效驱进速度

| 序号 | 粉尘名称 | 范围（cm/s） | 平均值（cm/s） |
|---|---|---|---|
| 1 | 锅炉飞灰 | 4～20 | 13 |
| 2 | 纸浆及造纸锅炉 | 6.5～10 | 7.5 |
| 3 | 水泥（湿法） | 9～12 | 11.0 |
| 4 | 水泥（干法） | 6～7 | 6.5 |

| 序号 | 粉尘名称 | 范围（cm/s） | 平均值（cm/s） |
|------|---------|-------------|----------------|
| 5 | 石膏 | 16～20 | 18.0 |
| 6 | 石灰石 | 3～5.5 | — |
| 7 | 氧化锌、氧化铅 | — | 4.0 |
| 8 | 氧化铝 | — | 6.4 |
| 9 | 氧化亚铁 | 6～22 | — |
| 10 | 铁矿烧结 | 12～13.5 | — |
| 11 | 冲天炉粉尘 | — | 3.0 |
| 12 | 高炉粉尘 | 6～14 | 11.0 |
| 13 | 平炉粉尘 | 5～6 | 5.0 |
| 14 | 吹氧转炉粉尘 | 8～10 | — |

2. 除尘效率计算方法（多依奇公式）

电除尘器的除尘效率与尘粒性质、电场强度、气流速度、气体性质及除尘器结构等因素有关。严格地从理论上推导除尘效率方程式是困难的，必须做一定的假设。多依奇（Deutsch）于 1922 年从理论上推导出计算电除尘器除尘效率的公式。在公式推导过程中，做了以下几个假设：①电除尘器中的气流为紊流状态，通过除尘器任一横断面的粉尘浓度和气流分布是均匀的；②进入除尘器的尘粒立刻达到饱和荷电；③不考虑冲刷、二次扬尘、反电晕、尘粒凝并等的影响。

如图 2-8 所示，在此基础上进行推导，设含尘气体流入距离为 $x$，气体和尘粒的流速皆为 $v$（m/s），气体流量为 $L$（$m^3/s$），尘粒浓度为 $C$（$g/m^3$），流动方向上每单位长度的收尘极板面积为 $a$（$m^2/m$），总收尘极板面积为 $A$（$m^2$），电场长度为 $l$（m），流动方向的横断面积为 $F$（$m^2$），尘粒驱进速度（尘粒向收尘极运动的速度）为 $\omega$（m/s），则在 $dt$ 时间内于 $dx$ 空间捕集的粉尘质量可建立微分方程为：

$$dm = a \cdot dx \cdot \omega \cdot C \cdot dt = -F \cdot dx \cdot dC \tag{2-1}$$

负号是因为粉尘浓度是递减的。由于距离等于速度和时间的乘积，即 $dx = v \cdot dt$，代入上式得：

$$\frac{a\omega}{Fv}dx = -\frac{dC}{C} \tag{2-2}$$

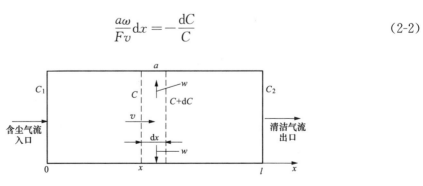

图 2-8　多依奇公式推导示意图

对式（2-2）积分，代入边值条件除尘器进口含尘浓度为 $C_1$、出口为 $C_2$，并考虑到

$Fv=L$，$al=A$，即得到理论除尘效率方程式（即多依奇公式）为：

$$\eta = 1 - \exp\left(-\omega \frac{A}{L}\right) \tag{2-3}$$

式中　$\omega$——驱进速度，m/s；

　　　$A$——收尘极的收尘面积，m²；

　　　$L$——除尘器处理风量，m³/s。

多依奇公式概括地描述了除尘效率与尘粒驱进速度、收尘极表面积和气体流量之间的关系，指明了提高电除尘器效率的途径，因而被广泛地用于电除尘器的性能分析和设计中。

## 第三节　电除尘器结构

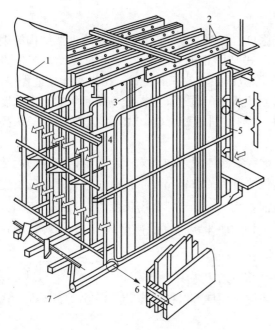

图 2-9　卧式板式电除尘器透视图

1—本体结构梁；2—收尘电极悬挂梁；3—槽形收尘极板；
4—电晕框；5—电晕线（锯齿形）；
6—电晕极振打装置；7—挠臂锤

电除尘器的结构形式是多种多样的，不论哪种类型的电除尘器都包括以下几个主要部分：电晕极、收尘极、振打装置、气流均匀分布装置、壳体、保温箱、供电装置及输灰装置等。图 2-9 所示为典型的卧式板式电除尘器本体结构透视图。

### 一、电晕极

电晕极是电除尘器中使气体产生电晕放电的电极，主要包括电晕线、电晕框架、电晕框悬吊架、悬吊杆和支撑绝缘套管等。对电晕线的一般要求是：①起晕电压低；②放电强度高，电晕电流大；③机械强度高，耐腐蚀；④能维持准确的极距；⑤易清灰。

电晕线的形式很多，目前常用的有光圆线、星形线、螺旋线及芒刺线等（见图 2-10）。电晕线的固定方法有两种：重锤悬吊式和管框绷线式。

光圆形电晕线的放电强度随直径变化而改变，即直径愈小，起晕电压愈低，放电强度愈高。在采用重锤悬吊方式时，为了保持导线垂直和准确的极距，要挂一个 2~7kg 的重锤，考虑到振打力的作用和火花放电时可能受到的损伤，光圆形电晕线不能太细，一般采用镍铬不锈钢或碳钢制成直径为 1.5~3.8mm 的丝。

螺旋形电晕线，对大型电除尘器较适用。螺旋形电晕线采用管框绷线固定，安装拆换方便，导线张紧较好，线上积灰易于抖落，因此较圆线优越。

18

星形电晕线四周带有尖角，起晕电压低，放电强度高。由于断面积比较大（为 4mm×4mm 左右），有利于振打加速度的传递和积灰的振落，制作容易，比较耐用，所以得到广泛应用。星形线也采用管框绷线方式固定。

芒刺形电晕线的形式有多种，常用的有芒刺角钢、锯齿形及 RS 型电极等。芒刺形电晕线以尖端放电代替沿极线全长上的放电，因而放电强度

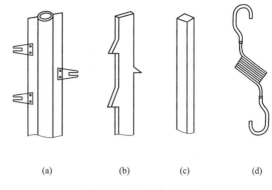

图 2-10　电晕线的形式

(a) 管形芒刺线；(b) 锯齿芒刺线；(c) 星形线；(d) 螺旋线

高。在正常情况下，芒刺电晕线比星形电晕线产生的电晕电流高 1 倍左右，而起晕电压却比其他形式都低。因此芒刺形电晕线适于用在含尘浓度大的场合，如在多电场的电除尘器中用在第一电场和第二电场中。

从实际使用情况看，电晕线形式的选择，只是问题的一个方面。电晕线的固定方式同样是值得注意的问题。例如，由于热应力和机械结构等原因，可能造成绷线框架变形、极距调不准、振打失灵、断线、石英套管破裂等。

相距电晕线之间的距离（即极距）对放电强度影响较大。极距太大会减弱放电强度，但极距过小时也会因屏蔽作用反使放电强度减低。一般极距为 200～300mm，要视收尘极板形式和尺寸等配置情况而定。

## 二、收尘极

收尘电极的结构形式直接影响电除尘器的除尘效率、金属耗量和造价。对收尘极的一般要求有：①极板表面上的电场强度和电流分布均匀，火花电压高；②有利于粉尘在板面上沉积，又能顺利落入灰斗，二次扬尘少；③极板的振打性能好，利于振打加速度均匀地传递到整个板面，使清灰效果好；④形状简单，制造容易；⑤刚度好，在运输、安装、运行中，不易变形。

收尘极的形式很多，有板式和管式两大类，而板式电极又可分为三类：①平板形电极：包括网状电极和棒帏式电极等；②箱式电极：包括鱼鳞板式和袋式电极等；③型板式电极：是用 1.2～2.0mm 厚的钢板冷轧加工成一定形状的型板，如 Z 形、C 形、CS 形、波浪形和槽形等，如图 2-11 所示。

棒帏式电极是用 6～8mm 圆钢按 15～30mm 中心距排列组装作为收尘极。网状电极则用编织的金属网固定在框架上作为收尘极。棒帏和网状电极常用在特殊的场合，例如电极上积灰难以抖落，要求收尘极经受振打力很大时；气体温度很高，要求收尘极不易变形时；或者是考虑到电极腐蚀较快，要经常修换等。棒帏和网状等平板式电极，由于气流直接冲刷电极表面，会使沉积粉尘返回气流，使除尘效率下降。因此，为减少二次扬尘，保证除尘效率不急剧下降，一般要求气流速度低于 0.8m/s。

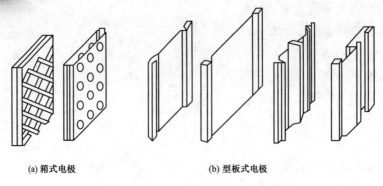

(a) 箱式电极　　　　　　　　(b) 型板式电极

图 2-11　常用的几种收尘电极的断面形式

箱式电极由于结构的特点，二次扬尘较少，允许在较高流速下运行；但结构复杂、质量大、钢耗多，易被积灰堵塞，所以在新设计中一般不再采用。

型板式电极在捕集效率、钢耗及振打性方面，皆优于平板式和箱式。型板式电极两面皆有轧制的沟槽和凸棱，其作用是：提高极板刚度。在靠近极板附近的边界层中形成一层涡流区。在边界层中的气流速度小于主体气流速度，因而进入该区的荷电粉尘容易沉降，同时由于收尘极表面不直接受主气流的冲刷，所以沉集粉尘重返气流的可能性及振打时的二次扬尘都较小。

极板的宽度要和电晕线的间距相适应。例如，C 形和 Z 形极板，若每块板对应一根星形线时，则极板宽度可取 180～220mm。若极板宽为 380～480mm，则对应两根星形线或一根 RS 线。极板高度一般在 2～16m 范围内变化，特殊情况有超过 20m 的。极板加高主要是为了节省占地面积和便于大型除尘器的平面布置。

极板之间的间距对电除尘器的电场性能和除尘效率影响较大。间距太小（200mm 以下），电压升不高，会影响效率。间距太大，电压的升高又受变压器和整流设备允许电压的限制。因此在通常采用 60～72kV 变压器的情况下，极板间距一般取 200～400mm。如果极距不准，会严重影响除尘器性能。为了便于保持极距不超出允许偏差（应在 ±5% 左右），高的极板间距应稍宽些。极距大小还与粉尘的浓度和比电阻及除尘器大小有关。一般是粉尘浓度高、比电阻大，则除尘器的极距也要大些。近年来，在试验超高压宽极距电除尘器中，有的把极距增大到 400～1000mm。

### 三、电极清灰装置

及吋清除收尘极和电晕极上的积灰，是保证电除尘器高效运行的重要环节之一。电极清灰方法在湿式电除尘器和干式电除尘器中是不同的。

（一）湿式电除尘器的清灰

在液体气溶胶捕集器中，如焦油分离器和酸雾捕集器等，沉降到极板上的液滴凝聚成大液滴，靠重力作用自行流下而排掉。对于沉积到极板上的固体粉尘，一般是用水冲洗收尘极板，使极板表面经常保持一层水膜，当粉尘沉降到水膜上时，便随水膜流下，从而达到清灰的目的。形成水膜的方法，既可以采用喷雾方式，也可以采用溢流方式。

湿式清灰的主要优点是：二次扬尘最少，粉尘比电阻问题不存在了，水滴凝聚在小尘粒上更利于捕集，空间电荷增强，不会产生反电晕。此外，湿式电除尘器还可同时净化有害气体，如二氧化硫、氟化氢等。湿式电除尘器的主要问题是腐蚀、生垢及污泥处理等。

（二）干式电除尘器的清灰

1. 收尘极板的清灰

收尘极板上粉尘沉积较厚时，将导致火花电压降低，电晕电流减小，除尘效率大大下降。因此，不断地将收尘极板上沉积的粉尘清除干净，是维持电除尘器高效运行的重要条件。

收尘极板的清灰方式有多种，如刷子清灰、机械振打、压缩空气振打、电磁振打及电容振打等。目前应用最广、效果较好的清灰方式是挠臂锤振打。图 2-12 所示为锤击振打器。敲击锤由转动轴带动，改变轴的转速可以改变振打频率，可以用不同质量的锤子来改变振打强度。

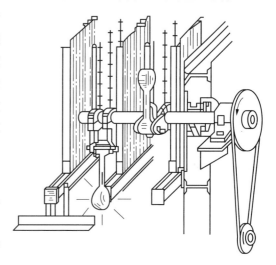

图 2-12　锤击振打器

2. 电晕电极的清灰

电晕极上沉积粉尘一般都比较少，但对电晕放电的影响很大。如粉尘清不掉，有时在电晕极上结疤，不但使除尘效率降低，甚至能使除尘器完全停止运行。因此，一般是对电晕极采取连续振打清灰方式，使电晕极沉积的粉尘很快被振打干净。

电晕极的振打方式也有多种，如挠臂锤振打方式，常采用的提升脱钩振打方式，以及电磁振打和气动振打方式。振打强度的大小，取决于很多因素，主要有以下几点：

（1）电除尘器容量大小。对于尺寸大的电除尘器，需要振打强度大。

（2）极板安装方式。收尘板安装方式不同，如采用刚性连接，或自由悬吊方式，由于它们传递振打力情况不同，所需振打强度不同。

（3）振打方向。法向振打（垂直于板面）的效果要比常用的切向振打（平行于板面）好得多。这是因为法向振打能量转变成极板加速度的能量比切向振打高得多。在切向振打中，有从极板顶部向下振打、在底部向上振打及在侧面的中部和下端水平振打等方式。就一定振打强度而言，以在侧面下端水平振打最为有效。法向振打一般只用于小型除尘器。

（4）粉尘性质。黏性大的粉尘振打强度要大，如水泥粉尘较燃煤飞灰的振打强度约大4 倍。低比电阻粉尘主要是靠机械的黏着力和内聚力附着在收尘板上，容易振打掉。而高比电阻粉尘的附着力，除上述机械力外主要靠静电力，所以需要振打强度更大。细粉尘比粗粉尘的黏着力大，振打强度也要大些。

（5）温度。一般情况下温度高些对清灰有利，所需振打加速度小些。但温度过高可能使粉尘软化，产生相反的效果。

总之，合适的振打强度和频率，在设计阶段有时很难确定，可以在运行中通过现场调节来完成。机械振打机构简单,强度高,运转可靠,但占地较大,运动构件易损坏,检修工作量大,控制也不够方便。低强度的连续的电磁脉冲振打方式,强度和频率都可以调节,体积也小。

### 四、气流分布装置

电除尘器中气流分布的均匀性对除尘效率影响很大。当气流分布不均匀时,在流速低处所增加的除尘效率远不足以弥补流速高处效率的降低,因而总效率降低。

气流分布均匀程度决定于除尘器断面与其进出口管道断面的比例和形状,以及在扩散管内设置气流分布装置情况。在占地面积不受限制时,一般是水平布置进气管,并通过一渐扩管与除尘器相连。同时,在气流进入除尘器的电场之前,设1~3层气流分布板。气流分布的均匀程度取决于渐扩管的扩散角和分布板的结构。

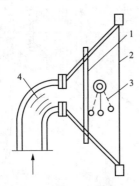

气流分布板形式多为圆孔板和方孔板。其优点是可以根据气流实际分布情况进行现场调节。一般开孔率(开孔面积与分布板总面积之比)为25%~50%,相邻分布板的间距与入口高度之比为0.2~0.5。若为直角进口,可在气流转弯处加设导流叶片(见图2-13)。

图 2-13 气流分布装置
1—第一层多孔板;2—第二层多孔板;
3—振打装置;4—导流叶片

### 五、除尘器外壳

除尘器外壳必须保证严密,减少漏风。漏风将使进入电除尘器的风量增加,并使风机负荷增加,由此造成电场内风速过高,使除尘效率降低;同时在处理高温烟气时,冷空气漏入会使局部地点的烟气温度降到露点温度以下,使除尘器内构件被腐蚀。

### 六、供电装置

电除尘器的效率和工作稳定性在很大程度上取决于供电设备。对供电设备的要求是:能提供使粉尘荷电和收尘所需的高电场强度和电晕电流,工作可靠、寿命长、检修方便。

电除尘器的供电设备主要包括三部分:升压变压器、整流器和控制装置,此外还有用于输出经过整流的高压直流电的高压电缆。升压变压器的作用是将输入的交流电(220~380V)变为电除尘器所要求的高电压。在常规电除尘器中电压为60~70kV,而在超高压电除尘器中则可达200kV,甚至更高。整流器的作用是将高压交流电变为高压直流电。目前,电除尘器多用硅整流器。硅整流器具有工作稳定、操作维护简单、易于实现电压的自动控制等优点。

## 第四节 电除尘器检修工艺

电除尘器作为主要的环保设备,其检修涉及机务、电气、控制等相关专业,有一定的技术含量，检修人员必须熟知工艺要求和质量标准。本节从本体清灰、收尘级、电晕级、振打装置等几方面详细介绍电除尘器的检修工艺及质量标准。

## 一、电场本体清灰

（一）工艺方法及注意事项

1. 准备工作

电场整体自然冷却一定时间后，才可打开电场各人孔门加速冷却。当内部温度降低到50℃以下时才可进入电场内部工作。应严防突然进入冷空气，造成温度骤变使外壳、极线、极板等金属构件产生变形及绝缘瓷件碎裂。进入电场内部工作人员不少于二人，且至少有一人在人孔门外监护。

2. 清灰前检查

（1）初步观察收尘极板、电晕极线的积灰情况，分析积灰原因，做好技术记录。

（2）宏观检查极板弯曲偏移、电晕极框架变形、极线脱落或松动等情况及极间距。

（3）初步观察绝缘瓷件的积灰情况，分析积灰原因，做好技术记录。

3. 清灰

（1）清除电场内部包括绝缘瓷件、入口和出口气流分布板、收尘极板、电晕极线、灰斗处的积灰。

（2）清灰时要自上而下。由入口到出口顺序进行，清灰人员和工具等不要掉入灰斗中。

（3）灰斗堵灰时，一般不准从灰斗人孔门放灰。清除灰斗积灰时，应使积灰尽量以正常渠道排放。

（4）常规的清灰方式有：机械清灰、压缩空气清灰、水冲灰。气力输送系统输灰时，避免采用水冲灰方式清灰；若采用，应先将气力输送系统脱开。

（5）若采用水冲灰方式清灰，应采取有效措施使电场抓紧干燥，有条件时采用热风烘干，也可用风机抽风吹干，避免电场产生大规模锈蚀。

（二）质量标准

（1）大型电除尘器电场自然冷却时间一般不少于8h。

（2）清理部件表面积灰并干燥，便于检查、检修，防止设备腐蚀。

## 二、收尘极板检修

（一）工艺方法及注意事项

1. 收尘极板完好性检查

（1）用目测或拉线法检查收尘极板弯曲变形情况。

（2）检查极板锈蚀及电蚀情况，找出原因并予消除。对穿孔、损伤面积过大、弯曲变形严重造成极距无法保证的极板应予更换或临时割除。

2. 收尘极板排完好性检查

（1）检查收尘极板卡子的固定螺栓是否松动，焊接是否脱焊，并予处理。

（2）检查收尘极板排与撞击杆连接是否松动，撞击杆、撞击头是否脱焊与变形，必要时进行补焊与矫正，撞击杆应限制在振打导向板的梳形口内，并留有一定的活动间隙。

（3）检查收尘极板排下部与振打导向板梳形口的热膨胀间隙，要求下部有足够的热膨胀裕度，左右边无卡涩、搁住现象。

（4）检查收尘极板排下沉及沿烟气方向位移情况并与振打装置的振打中心参照进行检查，若有下沉应检查收尘极板是否脱钩，收尘极悬挂框架、大梁变形情况，悬挂收尘极板的方孔及悬挂钩的磨损情况，必要时需揭顶处理。

（5）整个收尘极板排组合情况良好，各极板经目测无明显凸凹现象。

3. 收尘极板同极距检测

每个电场以中间部分较为平直的收尘极板面为基准测量同极距，间距测量可选在每排收尘极板的出入口位置，沿极板高度分上、中、下三点进行，极板高及明显有变形部位，可适当增加测点。每次大修应在同一位置测量，并将测量及调整后的数据记入设备档案。

4. 极板的整体调整

（1）同极距的调整：收尘极板弯曲变形较大时可通过木锤或橡胶锤敲击弯曲最大处，然后均匀减少力度向两端延伸敲击予以校整。敲击点应在极板两侧边，严禁敲击极板的工作面；当变形过大、校正困难且无法保证同极距在允许范围内时应予更换。

（2）当极板有严重错位或下沉情况，同极距超过规定而现场无法消除及需要更换极板时，在大修前要做好揭顶准备，编制较为详细的检修方案。

（3）少数几块收尘极板有严重变形且无法修复时，可考虑暂时予以去除，待大修时恢复。

（4）新换收尘极板每块极板应按制造厂规定进行测试，极板排组合后平面及对角线误差符合制造厂要求，吊装时应注意符合原来排列方式。

（二）质量标准

（1）平面误差≤5mm，对角线偏差≤10mm；平面误差、对角线偏差≤$L/1000$，且最大不超过10mm。

（2）板排组合良好，无腰带脱开或连接小钢管脱焊情况。

（3）左右活动间隙为3mm左右，能略微活动。

（4）热膨胀间隙应按极板高度、烟气可能达到的最高温度计算出膨胀，并留1倍裕度，但不宜小于25mm，左右两边应光滑无台级，振打位置符合要求，挠臂无卡涩现象，下摆过程中无过头或摆程不够现象。

（5）平面度公差为＋5mm，对角线偏差≤$L/1000$且最大≤10mm，同极距为±10mm。

三、收尘极振打装置检修

（一）工艺方法及注意事项

（1）收尘极板积灰检查，对收尘极板积灰严重的电场作重点检查处理。

（2）检查工作状态下的承击砧振打中心位置、承击砧磨损情况。检查承击砧与锤头是否松动、脱落或碎裂，螺栓是否松动或脱落，焊接部位是否脱焊，并进行调整及加固处理。位置调整应在收尘极板排及传动装置检修后统一进行。当整个振打系统都呈现严重的径向偏差时，应调整尘中轴承的高度，必要时亦同时改变振打电动机的安装高度，此项工作要与极板排是否下沉结合起来考虑。存在严重的轴向偏差时，要重新调整定位轴承和挡圈及电动机、减速机的固定位置。检查锤头小轴的轴套磨损情况，当磨损过度造成锤在临界点不能自由、轻松落下时要处理或更换部件。当锤与砧出现咬合情况时，要按程度不同进行修整或更换处理，以免造成振打轴卡死。

（3）检查轴承座（支架）是否变形或脱焊，定位轴承是否位移，并恢复到原来位置。对摩擦部件如轴套、尘中轴承的铸铁件、叉式轴承的托板、托滚式轴承小滚轮等进行检查，必要时进行更换。

（4）振打轴检查：盘动或开启振打系统，检查各轴是否有弯曲、偏斜超标引起轴跳动、卡涩，超标时作调整。当轴下沉但轴承磨损、同轴度偏差、轴弯曲度均未超标时可通过加厚轴承座底脚垫片加以补偿。对同一传动轴的各轴承座底必须校水平和中心，传动轴中心线高度必须是振打位置的中心线，超标时要调整。

（5）振打减速机检修：

1）外观检查减速机是否渗漏油；机座是否完整，有无裂纹；油标油位是否能清晰指示。

2）开启电动机检查减速机是否存在异常声响与振动，温升是否正常。

3）打开减速机上部加油孔，检查减速机内针齿套等磨损情况，对无异常情况的减速机更换油，对渗漏油部位进行堵漏处理。

4）对有异常声响、振动与温升的减速机及运行时间超过制造厂规定时间的减速机进行解体检修。

（6）振打装置检修完毕后试车：

1）将振打锤头复位。

2）手动盘车检查转动及振打落点情况。

（二）质量标准

（1）振打系统在工作状态下锤和砧板间的接触位置做到与冷态设计中心上下、左右对中（偏差均为 5mm），不倾斜接触，锤和砧板的接触线 $L$ 大于完全接触时全长的 2/3。

（2）破损的锤与砧予以更换。锤与挠臂转动灵活，并且转过临界点后能自动落下，锤头小轴的轴套与其外套配合间隙宜为 0.5mm 左右。

（3）尘中轴承径间磨损厚度超过原轴承外径 1/3 时应予更换，不能使用到下一个大修周期的尘中轴承或有关部件应更换。

（4）同轴度在相邻两轴承座之间公差为 1mm，在轴全长为 3mm，补偿垫片张数不宜超过 3 张。

（5）盘车时无卡涩、跳动周期性噪声等现象。

（6）针齿套应光滑，无锈斑及凹凸不平。

（7）减速机油标指示清晰。

（8）手动能盘动，旋转方向正确；减速机声音、温升正常。

### 四、电晕极悬挂装置、大小框架及极线检修

（一）工艺方法及注意事项

1. 电晕极悬挂装置检查检修

（1）用清洁干燥软布擦拭绝缘瓷套、电瓷转轴表面，检查绝缘表面是否有机械损伤、绝缘破坏及放电痕迹，更换破裂的绝缘瓷套、电瓷转轴。检查承重绝缘瓷套的横梁是否变形，必要时予以加强支撑。更换绝缘瓷套时，必须有相应的固定措施，将支撑点稳妥转移到临时支撑点，要保证四个支撑点受均匀，以免损伤另外三个支撑点的部件。

（2）更换绝缘瓷套后应注意将绝缘瓷套底部周围密封圈塞严，以防漏风。

（3）绝缘部件更换前应先进行耐压试验。

（4）检查电晕极框架吊杆顶部螺母有无松动，电晕极框架整体相对其他固定部件的相对位置有否改变并按照实际情况进行适当调整，检查电晕极框架的水平度和垂直度，并做好记录，便于对照分析。

（5）检查防尘套和悬吊杆的同心度是否在允许范围之内，否则要进行调整。

2. 电晕极框架的检修

（1）检测电晕极框架整体平面度公差符合要求，并进行校正。

（2）检查框架是否有变形、脱焊、开裂等情况并进行调整与加强处理。

（3）检查大框架上的爬梯挡管是否有松动、脱焊现象并进行加强处理。

3. 电晕极线检修

（1）全面检查电晕极线的固定状况，电晕极线是否脱落、松动、断线，找出故障原因（如机械损伤或电蚀或锈蚀等）并采取相应措施。对因螺栓脱落而掉线，应将极线装复并按规定将螺栓紧固后作止退点焊，选用的螺栓长度必须合适，焊接点无毛刺、以免产生不正常放电。对松动极线检查，可先通过摇动每只小框架听其撞击声音，看其摆动程度来初步发现；对因螺母松开而松动的极线原则上应将螺栓紧固后再点焊牢，对处理有困难亦可用点焊将活动部位点焊牢，以防螺母脱出和极线松动。

（2）检查各种不同类型的电晕极线的性能状态并做好记录，作为对设备的运行状况、性能进行全面分析的资料。除极线松动、脱落、断线及积灰情况外，重点有：芒刺线——放电极尖端钝化，结球及芒刺脱落，两尖端距离调整情况；螺旋线——松紧度，电蚀情况。

（3）更换电晕极线，选用同型号、规格的电晕极线，更换前检测电晕极线是否完好，有弯曲的进行校正处理，使之符合制造厂规定的要求。

对用螺栓连接的极线，注意螺栓止退焊接要可靠，至少二处点焊，选用的螺栓长度要符合要求，焊接要无毛刺、尖角伸出。螺旋线更换，必须严格按要求安装，注意不能拉伸过长而失去张紧力。

4. 异极距检测与调整

（1）异极距检测应在电晕极框架检修完毕，收尘极板排的同极距调整至正常范围后进

行。对那些经过调整后达到的异极距，做调整标记并将调整前、后的数据记入设备档案。

（2）测点布置：按照 GB/T 13931—2002《电除尘器性能测试方法》进行，为了工作方便，一般分别在每个电场的进、出口侧的第一根极线上布置测量点。

（3）按照测点布置情况自制测量表格，记录中应包含以下内容：电场名称、通道数、测点号、电晕极线号、测量人员、测量时间及测量数据。每次大修时测量的位置尽量保持不变，注意跟安装时及上次大修时测点布置对应，以便于分析对照。

（4）按照标准要求进行同极距、电晕极框架及极线检修校正的电场，理论上已能保证异极距在标准范围之内，但实际中有时可能因工作量大、工期紧、检测手段与检修方法不足及设备老化等综合因素，没有做到将同极距、电晕极框架及极线都完全保证在正常范围，此时必须进行局部的调整，以保证所有异极距的测量点都在标准之内。阴、收尘极之间其他部位须通过有经验人员的目测及特制 T 型通止规通过。对个别芒刺线，可适当改变芒刺的偏向及两尖端之间的距离来调整，但这样调整要从严掌握不宜超过总数 2%，否则将因放电中心的改变而使其失去与极板之间的最佳组合，影响极线的放电性能。

（二）质量标准

（1）绝缘瓷套、电瓷转轴无机械损伤及绝缘破坏情况。

（2）新换高压绝缘部件试验标准：1.5 倍电场额定电压的交流耐压，1min 应不击穿。

（3）防尘套和悬吊杆同心偏差<5mm；平面度公差，整体对角线公差为 10mm，整个框架结构坚固，无开裂、脱焊、变形情况。

（4）电晕极线无松动、断线、脱落情况，电场异板距得到保证，电晕极线放电性能良好。

（5）螺旋线无松弛、张紧力为 200～300N。

（6）数据记录清晰，测量仔细准确。

（7）异极距±10mm。

**五、电晕极振打装置检修**

1. 工艺方法及注意事项

（1）结合电晕极线积灰情况，对电晕极线积灰严重的电场作重点检查处理。

（2）检查工作状态下的承击砧、锤头振打中心偏差情况以及承击砧与锤头磨损、脱落与碎裂情况，具体同收尘极振打。

（3）对尘中轴承、振打轴的检查同收尘极振打。

（4）振打减速机检修同收尘极振打，同时拆下链轮链条进行清洗，检查链轮链条的磨损情况，磨损严重的予以更换，安装后涂抹润滑脂，注意链条松紧度。

（5）电晕极振打小室及电瓷转轴检修：

1）电晕极振打小室清灰，清除聚四氟乙烯板上的积灰，检查板上油污染程度及振打小室的密封情况并进行清理油污，加强密封的处理。

2）用软布将电瓷转轴上的积灰清除干净，检查是否有裂纹及放电痕迹，对断裂及出现裂纹并有放电痕迹的瓷轴予以更换，更换前应进行耐压检查。

3）检查保温箱严密性，修理变形、损坏的刮灰器。

2. 质量标准

（1）参照收尘极振打标准，按照收尘极振打锤与砧的大小比例关系选取中心偏差、接触线长度及磨损深度。

（2）链条链轮无锈蚀，不打滑，不咬死。

（3）振打小室无积灰，绝缘挡灰板上无放电痕迹，穿轴处密封良好，电瓷转轴无机械损伤及绝缘破坏情况，满足耐压试验。

## 六、灰斗及卸灰装置检修

1. 工艺方法及注意事项

（1）灰斗内壁腐蚀情况检查，对法兰结合面的泄漏、焊缝的裂纹和气孔结合设备运行时的漏灰及腐蚀情况加强检查，视情况进行补焊堵漏，补焊后的疤痕必须用砂轮机磨掉以防灰滞留堆积。

（2）检查灰斗角上弧形板是否完好，与侧壁是否脱焊，补焊后必须光滑平整无疤痕以免积灰。

（3）检查灰斗内支撑及灰斗挡风板的吊梁磨损及固定情况，发现有磨损移位等及时进行复位及加固补焊处理。

（4）检查灰斗内挡风板的磨损、变形、脱落情况，检查挡风板活动部分耳板及吊环磨损情况，进行补焊及更换处理。

（5）灰斗底部插板阀检修，更换插板阀与灰斗法兰处的密封填料，消除结合面的漏灰点。检查插板操作机构，转动是否轻便，操作是否灵活，有无卡涩现象并进行调整及除锈加油保养。

（6）落灰管检修。检查落灰管堵塞及落灰不畅情况，对落灰管法兰结合面、裤叉管捅灰孔等处的漏灰点进行处理。

（7）排灰阀解体检修：

1）检查排灰阀壳体是否有裂纹、缺损等现象。

2）拆卸联轴器。

3）对减速机进行检查保养（与振打减速机同类型，可详见振打装置检修）。

4）拆卸排灰阀前、后端盖，抽出转子，检查叶轮与外壳磨损情况，缺口及磨损严重的叶片进行更换。破碎较小的叶轮片作补焊处理。

5）拆卸前后轴承和轴承盖，检查润滑脂情况，用工业清洗剂清洗。检查轴承磨损情况，疏通堵塞的润滑脂。

6）更换轴封填料，端盖填床及轴承油封。

（8）排灰阀重装。重装时按解体相反程序进行，并注意以下几点：

1）叶轮与外壳的径向配合用塞尺测量四周间隙并调整均匀。

2）调整前后端盖与叶轮的轴向间隙。

3）新更换的填料在安装前应涂一层润滑剂，填料紧固后应留有继续紧固的余地，压盖不倾斜。

4）轴承安装前，应对滚（滑）动表面涂以相应润滑脂以形成初步润滑条件，安装时轴承上油孔应与端盖油孔杯对准，注意中间不要有空气段混入。

（9）排灰机构整体装配与试运转：

1）用手转动组装后的排灰阀联轴器。

2）以排灰阀联轴器为基准，找正减速机中心。

3）接上电源，试运转 1h。

2. 质量标准

（1）灰斗内壁无泄漏点，无容易滞留灰的疤点。

（2）灰斗四角光滑无死角。

（3）灰斗不变形，支撑结构牢固。

（4）挡风板不脱落、倾斜以至引起灰斗落灰不畅。

（5）插板阀处无泄漏，操作灵活可靠，隔绝性能良好。

（6）落灰管畅通，无泄漏点。

（7）排灰阀无卡涩及灰自流情况，减速机性能良好，轴承性能良好。

（8）排灰阀叶轮的径向、轴向间隙满足制造厂要求，径向间隙参考尺寸为 0.7～1.5mm，轴向间隙参考尺寸为 1.5～4mm。

（9）试运行 1h 后，转子转动轻快灵活，无擦壳和轴向窜动，联轴器轴向间隙为 4～6mm，中心误差＜0.05mm，无泄漏。对电动机及减速机要求见振打装置的有关部分与低压电气有关部分。

### 七、壳体、进出口封头及槽形板检修

1. 工艺方法及注意事项

（1）壳体内壁腐蚀情况检查，对渗水及漏风处进行补焊，必要时用煤油渗透法观察泄漏点。检查内壁粉尘堆积情况，内壁有凹塌变形时应查明原因进行校正，保持平直以免产生涡流。

（2）检查各人孔门（灰斗人孔门、电场检修人孔门，电晕极振打小室人孔门，绝缘子室人孔门）的密封性，必要时更换密封填料，对变形的人孔门进行校正，更换损坏的螺栓。人孔门上的"高压危险"标志牌应齐全、清晰。

（3）检查电除尘器外壳的保温情况。

（4）检查并记录进、出口封头内壁及支撑件磨损腐蚀情况，必要时在进口烟道中调整或增设导流板，在磨损部位增加耐磨衬件，对磨损严重的支撑件予以更换，对渗水、漏风部位进行补焊处理。

（5）检查进、出口封头与烟道的法兰结合面是否完好，对内壁的凹塌处进行修复并加固。

（6）检查槽形板、气流分布板、导流板的吊挂固定部件的磨损情况及焊接固定情况，更换损坏脱落的固定部件、螺栓，新换螺栓应止退焊接。

(7) 检查分布板的磨损情况及分布板平面度,对出现大孔的分布板应按照原来开孔情况进行补贴,对弯曲的分布板进行校正,对磨损严重的分布板予以更换,分布板与封头下封板内壁间距应符合设计要求。对通过全面分析认为因烟气流速不均,导致除尘效率达不到设计要求时,在进行气流分布板与导流板检修后,应同时进行气流分布均匀性测试,并按测试结果进行导流板角度、气流分布板开孔情况调整,直至符合要求。

(8) 检查槽形板的磨损、变形情况并进行相应的补焊、校正、更换处理。

(9) 检查导流板的磨损情况,予以更换或补焊。

(10) 对楼梯、平台、栏杆、防雨棚进行修整及防锈保养。

2. 质量标准

(1) 壳体内壁无泄漏、腐蚀,内壁平直。

(2) 人孔门不泄漏、安全标志完备。

(3) 保温材料厚度建议为 100mm,保温层应填实,厚度均匀,满足当地保温要求,覆盖完整,金属保板齐全牢固,具备抗击当地最大风力的能力。

(4) 进、出口封头无变形、泄漏、过度磨损。

(5) 磨损总面积超过 30% 时予以整体更换(供参考)。

(6) 截面气流分布均匀性相对均方根差 $\sigma_r \leqslant 0.25$。

## 八、加热系统检修

1. 工艺方法及注意事项

(1) 热风加热系统检修。检查加热管是否有变形、腐蚀、积灰、堵塞情况,外保温层是否完好,空气过滤器及加热管道、阀门、挡板是否完好并进行相应的调整、检修与更换。

(2) 灰斗外部蒸汽加热系统检修。检查蒸汽截止阀、疏水阀是否完好,检查蒸汽加热管有无泄漏、堵塞情况,更换腐蚀与堵塞严重的蒸汽管路。

2. 质量标准

(1) 热风加热系统畅通,阀门操作调节灵活、可靠、保温完好,管道无泄漏。

(2) 各阀门启闭应灵活,检修后动、静密封部位无泄漏。加热管无堵塞、泄漏。

## 九、电场空载升压试验

试验方法、步骤、注意事项参见有关章节,原则上在电除尘器各项检修工作完成后进行。试验过程需电气专业人员密切配合,做好安全措施,确保人身安全。电场空载升压试验参数的合格标准见表 2-2。

表 2-2                       电场空载升压参数表

| 极线型式 | 异极距(150mm) | 异极距(200mm) |
| --- | --- | --- |
| 芒刺线 | ≥50(kV) | ≥65(kV) |
| 非芒刺线 | ≥55(kV) | ≥70(kV) |

## 第五节　电除尘器常见故障及处理方法

电除尘器在实际运行中，最常见的故障为电晕极线断线、振打锤脱落、灰斗堵灰、绝缘子开裂，这被称为电除尘器常见的"四大故障"，如果能防止"四大故障"的发生，则电除尘器运行的可靠性就会大大提高。电除尘器各系统或部位常见故障的现象及危害、原因分析、处理方法如下。

### 一、收尘极系统常见故障及处理方法

（一）收尘极板与收尘极板卡子脱开

1. 危害

使电场异极间距变小，严重时将发生电场短路或拉弧，拉弧严重时可将极板烧穿。

2. 原因分析

（1）收尘极板卡子连接螺母没有点焊，在振打冲击等作用下造成连接螺母松动、卡子脱落。

（2）灰斗满灰至电场，极板发生向上位移或变形并脱出卡子。

3. 处理方法

（1）安装时注意连接螺母点焊，卡子与极板加焊。

（2）卸灰后检修复位，严防灰斗堵灰、满灰。

（3）停机检修时，检查收尘极板卡子是否松动，如有松动则尽早处理。

（二）热膨胀不畅造成收尘极板变形弯曲

1. 危害

使电场异极间距变小，电场运行参数下降，电场火花率明显增加，严重时将发生电场短路或拉弧。特别在烟气温度过高时容易发生，有的在运行一段时间后才表现出来。

2. 原因分析

（1）安装时收尘极板排底部膨胀距离小于设计值。

（2）设计时，收尘极板排底部膨胀距离过小。

（3）发现热膨胀间隙不足，采用现场切割时，施工条件差，切割深浅不一，有毛刺。

（4）烟气温度远高于设计值。

3. 处理方法

（1）安装时从工艺及质量控制上要重视热膨胀间隙的大小符合设计要求，收尘极板排与振打导向板梳形口的相对位置应准确。

（2）设计时应充分考虑多种因素对热膨胀间隙的影响。

（3）如需现场再处理，处理应彻底，避免开口过大、过深，使烟气局部短路严重，影响除尘效率。

（三）收尘极板排沿烟气平行方向移位

1. 危害

收尘极板排沿烟气平行方向移位，造成振打过头或卡死，影响电场放电的均匀性和振

打清灰效果，最终结果均使电除尘器除尘性能下降。

2．原因分析

收尘极板排定位焊接或振打导向板焊接强度不够，造成脱焊后位移；收尘极板排所承载的梁相对应位置的变形（挠度）不一样。

3．处理方法

（1）将收尘极板排重新定位，加强收尘极板排定位及振打导向板焊接质量。

（2）重新调整收尘极板排顶部相对应位置高度一致。

## 二、电晕极常见故障及处理方法

（一）芒刺线脱落、螺旋线脱钩或断裂

1．危害

造成电场短路或拉弧。

2．原因分析

（1）固定芒刺线的螺栓没有拧紧，螺栓与螺母之间点焊强度不够或没有点焊。

（2）螺旋线安装时拉伸过长或安装不当使螺旋线张紧力减小；螺旋线表面损伤，在电腐蚀下断裂。

3．处理方法

（1）提高安装质量，用正确的安装方法和工艺去安装芒刺线、螺旋线。

（2）注意保护螺旋线的表面质量，对表面有损伤的螺旋线在安装前应予以报废。

（二）芒刺线的芒刺脱落或折弯

1．危害

影响芒刺线的放电性能。

2．原因分析

芒刺线质量不过关，芒刺点焊质量差。

3．处理方法

加强极线的制作质量，特别是芒刺点焊质量。

（三）极线松动及变形

1．危害

（1）极线松动会引起振打加速度的严重衰减，使极线积灰严重，松动的极线更容易发生脱落、断线现象。

（2）极线变形会引起异极距异常。

2．原因分析

（1）固定芒刺线的螺栓与螺母之间点焊强度不够或没有点焊。

（2）极线的变形、弯曲与极线发运、安装有关。

3．处理方法

（1）加强安装质量是关键。对松动的极线应重新紧固并点焊焊死。

（2）对变形严重的芒刺线应予以更换，如数量较少可先将芒刺线去除，以后补装。

### 三、振打系统常见故障及处理方法

（一）紧固螺栓脱落后掉砧、砧面脱焊等

1. 危害

（1）影响振打效果，又可能造成振打机构故障。

（2）影响出灰系统的正常运行。

2. 原因分析

（1）焊接强度不够，应采用全焊的采用点焊，应点焊的不焊或虚焊。

（2）由于振打机构随时处于振打力的冲击之下，焊接质量非常重要。

3. 处理方法

（1）制定严格的安装焊接工艺，保证焊接质量符合设计要求。

（2）大、小修时（特别是第一次全面检修时）要重点检查振打机构的焊接情况，及时进行补焊处理。

（二）振打轴卡死

1. 危害

（1）造成极线、极板积灰严重。

（2）引发减速机或电动机损坏、电瓷转轴断裂、振打轴连接部位脱开等故障。

2. 原因分析

（1）安装时振打轴的同轴度较差，整根振打轴各固定点不在一条中心线上，振打轴与减速机输出轴中心偏差过大，使振打轴旋转时阻力矩过大。

（2）安装时锤与砧的吻合位置不正（包括未充分考虑热膨胀后的位移），锤击部位磨损严重，造成锤与砧咬合、卡死。

（3）尘中轴承因材质不理想、结构欠合理、维护及更换不及时等造成过度磨损后振打轴下沉，使振打轴卡死。当尘中轴承中的定位轴承固定强度不够，使振打轴产生轴向位移最终造成振打锤与尘中轴承支架相碰，将振打轴顶死。

（4）对设备进行检查维护后未将锤头恢复原来状态或振打电动机更换后转向相反，会造成振打轴与承击砧之间反向卡死。

（5）多种因素（如振打轴同轴度较差，振打轴几何尺寸过长，尘中轴承过度磨损等）综合作用，使振打轴在运行中发生跳动或振动，造成锤头与砧卡死。

（6）电场堵灰后将振打机构埋住也是引起振打轴卡死的重要原因。

3. 处理方法

（1）提高安装质量，及时进行维护检修。

（2）为防止收尘极振打锤头卡在固定承击砧的两块夹板之中，可用铁板将形成的槽沟覆盖，更换容易咬死的锤或砧面。

（3）改用质量高的尘中轴承。加强对尘中轴承的检查与维护。

（4）检修完毕要注意将锤头复原，电动机更换后要先试转再与振打轴相连。

（5）可考虑将单面振打改为双面振打，使振打轴的长度缩短，克服因长轴容易引发的振动或跳动。

（6）发现电场严重堵灰时应将振打停运。

（7）过电流保护元件调整不适当或失效。

**（三）电瓷转轴断裂**

1. 危害

（1）振打系统退备，极板极线积灰。

（2）还有可能引起电场短路。

2. 原因分析

（1）电瓷转轴质量差。

（2）轴卡死或表面积灰严重后爬电击损引起的。

3. 处理方法

停机时及时更换，注意保养擦拭，定期检查。

**（四）振打清灰效果差**

1. 危害

（1）极线、极板积灰严重，导致电场运行参数异常。

（2）除尘效率下降。

2. 原因分析

（1）安装、维护不当造成锤击角度偏，极线及框架松动，锤与承击砧固定部位松动等使振打加速度衰减严重。

（2）设计不合理。有时振打加速度的设计值比实际清灰所需的值要小。如收尘极板过高，电晕极线过长造成振打加速度过低等。

（3）有些灰的比电阻很高，黏附性又强，高的振打加速度也不能保证在电场投运情况下取得良好清灰效果。

3. 处理方法

（1）加强振打装置的安装、维护质量。

（2）设计者应根据可能出现的最恶劣情况设计振打加速度大小，然后决定采用何种振打方案及锤的质量。

（3）采用烟气调质或更换煤种等使粉尘比电阻下降，减少粉尘的静电吸附力。

（4）可考虑采用断电场振打或降压振打以消除原来较大的静电吸附力对振打清灰的影响。

**四、本休的高压绝缘部件常见故障及处理方法**

**（一）绝缘子室、高压引入室的绝缘部件表面受水汽污染**

1. 危害

发生爬电，使电场投运不上或频繁跳闸。

2. 原因分析

（1）绝缘部件表面水汽凝结，绝缘严重下降引起。

（2）当人孔门、电加热器及温度测量装置等安装处漏风严重，可造成雨水直接侵入绝缘子室。

（3）当绝缘子室温度不高使吸入的水汽不能很快蒸发而凝结或与污染物结合黏附在绝缘子表面时，就会引起高压绝缘部位爬电、放电。

3. 处理方法

（1）做好绝缘子室的密封和保温。

（2）保证电加热设备正常投运。

（二）高压绝缘套管开裂

1. 危害

造成爬电或高压侧短路。

2. 原因分析

（1）绝缘套管内壁油污、积灰严重污染，长期火花放电后最终造成套管裂开。

（2）绝缘套管的制造质量差。

（3）安装时各点受力不均或多种不利因素共同作用下使瓷套破裂。

3. 处理方法

（1）增加必要的对内壁吹扫风量，避免油污、积灰严重污染。

（2）加强绝缘套管的制作质量。

（3）保证绝缘套管的安装质量达到设计要求。

（三）电晕极振打电瓷转轴爬电

1. 危害

电场二次电压和二次电流偏低，甚至出现电场短路。

2. 原因分析

（1）电瓷转轴表面积灰严重。

（2）电瓷转轴积灰较多而又没有及时清除，再加上潮汽的侵入，在电瓷转轴上产生爬电或放电。

3. 处理方法

（1）及时清扫电瓷转轴积灰，必要时增加热风吹扫或电加热装置。有螺旋装置的应检查螺旋装置的旋转方向及安装质量。

（2）检查电瓷转轴的表面质量，有必要时进行更换。

**五、灰斗和输灰系统常见故障及处理方法**

（一）灰斗堵灰

1. 危害

（1）电场短路。

（2）振打系统故障：①振打轴断裂；②电瓷转轴断裂；③尘中轴承破损；④振打电动机烧毁。

（3）收尘极板脱钩、变形。

（4）灰载大大超过灰斗设计荷载时，会造成灰斗脱落及设备坍塌等重大事故。

2. 原因分析

（1）气力输灰（或其他形式输灰系统）故障。

（2）由于实际进口含尘浓度远大于设计值，导致气力输灰装置出力不足，或气力输灰系统设计出力不符合设计要求。

（3）灰斗加热或保温不良，插板阀等漏风，蒸汽加热管泄漏，灰斗本身或人孔门漏风等引起灰在灰斗中受潮、温度下降，使灰的流动性大为下降造成搭桥。灰斗角上存在死角容易成为搭桥点。

（4）灰斗挡风板特别是其活动部分脱落造成排灰阀出口堵塞。

（5）运行及检修方式的影响，电场内出现严重积灰。

3. 处理方法

（1）排除输灰系统故障。

（2）增加气力输灰装置的出力。

（3）加强灰斗及蒸汽加热管的焊接质量，在灰斗四角增加导灰圆弧板。

（4）挡风板活动部分一般都是由吊环连接，在频繁的晃动中容易发生吊环磨断、耳板磨穿，大、小修时要加强维护。

（5）灰斗排灰时不能将灰斗中的灰全部排空，应使灰斗保持一定的灰量形成灰封（一般以低料位报警为限）。定期排灰时，注意灰信号等的准确性。水冲洗后应有使电场烘干的措施。

（6）严防电场内出现严重积灰。

（二）排灰阀故障

1. 危害

（1）造成灰斗堵灰。

（2）引起排灰电动机烧毁，排灰阀转子叶片损坏。

2. 原因分析

（1）排灰阀故障大部分由排灰阀中掉入杂物如螺栓、螺母、焊条，甚至振打锤等引起排灰阀卡死，有时将叶片打碎，当电气保护不能正确动作时，还会引起电动机烧毁。

（2）排灰阀另一个常见缺陷是因为有些排灰阀采用滑动轴承，而滑动轴承（铜套）的加油孔很容易被堵死，一旦堵死，铜套将很快因干磨而局部磨损严重，轴下沉，造成叶轮卡死，崩裂，间隙增大，漏灰严重。实践证明这类轴承很难适应电除尘器现场的需要。

3. 处理方法

（1）加强电场内部的安装，特别是焊接质量。检修完毕搞好现场清理工作。

（2）改进排灰阀的结构，更换磨损、损坏的排灰阀。

六、高压控制柜常见故障及处理方法

（一）系统抗干扰能力差

1. 危害

（1）造成运行参数偏小、供电装置频繁跳闸、各电场互相干扰等情况。

（2）造成设备频受大电流冲击，出现频爆快熔、烧晶闸管及造成其他电气设备的损坏。

2. 原因分析

（1）供电电源质量不符合要求频率，电压波动谐波和三相不平衡等，在同一母线段上使用会产生严重干扰源的大功率设备。引起电源质量下降。

（2）设备未按设计要求安装，如采用普通导线作二次电压、电流信号的反馈线或选用的屏蔽线质量不好，中间有断口或连接不良，屏蔽线一端未很好接地，工作接地线截面过小及连接接触不良。

（3）设备维护不良，工作条件差引发，如装置内部积灰过多而引起接触不良，产生附加电阻，或降低线间绝缘，控制室环境温度过高使电子元件特性发生改变。

3. 处理方法

（1）检测供电电源质量，采取相应措施消除干扰源。

（2）合理布线，采用良好的屏蔽线，中间尽量不用接头。如采用接头，接头不宜多于一个，接地线及接地方式符合要求。

（3）加强设备的防尘、通风、降温措施，加强设备的定期清扫维护。

（二）晶闸管元件烧毁

1. 危害

（1）快熔或主回路熔丝烧毁或开关跳闸。

（2）严重时引起开关越线跳或整流变压器故障。

2. 原因分析

（1）晶闸管工作在过电流状态：触发极与外界连接点的接触不良引起冲击。

（2）晶闸管连接螺栓松动造成元件过热。

（3）环境温度过高，使晶闸管元件结温过高，电压自动调整器失控，引发晶闸管元件损坏。

3. 处理方法

（1）合理选用晶闸管。

（2）特别注重触发极的接触要良好。假负载试验检查触发极接线是否准确、接触是否良好。

（3）运行巡查注意连接部位温升不超过 40℃。

（4）改善通风、降温条件。

 **思考题**

1. 简述电除尘器的工作原理。

2. 冷态安装振打装置时锤头的中心线为什么应低于撞击砧的中心？

3. 何谓电晕封闭和反电晕？出现反电晕可能造成什么后果？

4. 收尘极板经调整需达到什么样的质量标准？

5. 电除尘器器在日常维护过程中需注意哪些方面？

# 第三章

# 袋 式 除 尘 器

袋式除尘器是利用纤维性滤袋捕集粉尘的除尘设备，广泛应用于电站锅炉尾部烟尘治理。滤袋的材质通常是天然纤维、化学合成纤维、玻璃纤维、金属纤维或其他材料。先把这些材料织成滤布，再把滤布缝制成各种形状的滤袋，如圆形、扇形、波纹形或菱形等。各种袋式除尘器的除尘原理基本相同，清灰方式、滤袋种类和结构等多有不同。本章主要介绍低压旋转喷吹型袋式除尘器结构、检修工艺和故障处理。

## 第一节 袋式除尘器概述

烟气通过滤袋过滤，使粉尘附着在滤袋外表面，经滤袋清灰后落入灰斗。净化后的烟气经除尘器净气室、出口烟道、引风机、脱硫系统、烟囱排入大气。含尘气体通过滤袋时，粉尘阻留在滤袋外表面，净化后烟气经除尘器净气室、出口烟道等排出。

### 一、滤袋的过滤机理

滤袋的过滤机理包括筛分、惯性碰撞、拦截、扩散、静电及重力作用等。滤袋的滤尘过程如图 3-1 所示。

根据不同粒径的粉尘在流体中的运动的不同力学特性，过滤除尘机理涉及以下几个方面。

集尘层　　滤布
初层
含尘气体　　净化气体

图 3-1　滤袋的滤尘过程

1. 惯性碰撞作用

一般粒径较大的粉尘主要依靠惯性碰撞作用捕集。当含尘气流接近滤料的纤维时，气流将绕过纤维，其中较大的粒子（大于 $1\mu m$）由于惯性作用，偏离气流流线，继续沿着原来的运动方向前进，撞击到纤维上而被捕集。所有处于粉尘轨迹临界线内的大尘粒均可到达纤维表面而被捕集。这种惯性碰撞作用，随着粉尘粒径及气流流速的增大而增强。因此，提高通过滤料的气流流速，可提高惯性碰撞作用。

2. 拦截作用

当含尘气流接近滤料纤维时，较细尘粒随气流一起绕流，若尘粒半径大于尘粒中心到纤维边缘的距离时，尘粒即因与纤维接触而被拦截，如图 3-2 所示。

#### 3. 扩散作用

对于小于 1μm 的尘粒，特别是小于 0.2 μm 的亚微米粒子，在气体分子的撞击下脱离流线，像气体分子一样作布朗运动，如果在运动过程中和纤维接触，即可从气流中分离出来。这种作用称为扩散作用，它随流速的降低、纤维和粉尘直径的减小而增强。

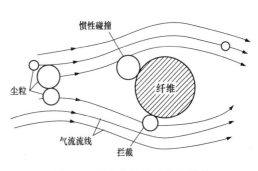

图 3-2　粉尘的惯性碰撞和拦截

#### 4. 静电作用

当气流穿过许多纤维编织的滤料时，由于摩擦会产生静电现象，同时粉尘在输送过程中也会由于摩擦和其他原因而带电，这样会在滤料和尘粒之间形成一个电位差，当粉尘随着气流趋向滤料时，由于库仑力作用促使粉尘和滤料纤维碰撞并增强滤料对粉尘的吸附力而被捕集，提高捕集效率，如图 3-3 所示。

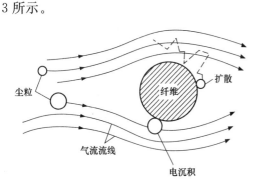

图 3-3　粉尘的扩散和静电作用

#### 5. 重力沉降作用

当缓慢运动的含尘气流进入除尘器后，粒径和密度大的尘粒，可能因重力作用而自然沉降下来。一般来说，各种除尘机理并不是同时有效，而是一种或是几种联合起作用。而且，随着滤料的空隙、气流流速、粉尘粒径以及其他原因的变化，各种机埋对不同滤料的过滤性能的影响也不同。

实际上，新滤料在开始滤尘时，除尘效率很低。使用一段时间后，粗尘会在滤布表面形成一层粉尘初层。由于粉尘初层以及而后在其上逐渐堆积的粉尘层的滤尘作用，使滤料的过滤效率不断提高，但阻力也相应增大。在清灰时，不能破坏初层，否则效率会下降。粉尘初层的结构对袋式除尘器的效率、阻力和清灰的效果起着非常重要的作用。

#### 6. 筛分作用

过滤器的滤料网眼一般为 5～50μm，当粉尘粒径大于网眼、孔隙直径或粉尘沉积在滤料间的尘粒间空隙时，粉尘即被阻留下来。对于新的织物滤料，由于纤维间的空隙即孔径远大于粉尘粒径，所以筛分作用很小，但当滤料表面沉积大量粉尘形成粉尘层后，筛分作用显著增强，如图 3-4 所示。

筛分作用是滤袋除尘器的主要滤尘机理之一。当粉尘粒径大于滤料中纤维间的孔隙或滤料上沉积的粉尘间的孔隙时，粉尘即被筛滤下来。通常的织物滤布，由于纤维间的孔隙远大于粉尘粒径，所以刚开始过滤时，筛分作用很小，主要是纤维滤尘机理—惯性碰撞、拦截、扩散和静电作用。但是当滤布上逐渐形成了一层粉尘黏附层后，则碰撞、扩散等作用变得很小，而是主要靠筛分作用。

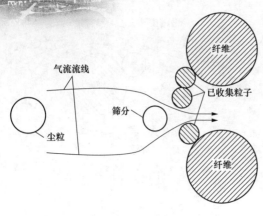

图 3-4　粉尘的重力沉降和筛分作用

一般粉尘或滤料可能带有电荷，当两者带有异性电荷时，则静电吸引作用显现出来，使滤尘效率提高，但却使清灰变得困难。近年来不断有人试验使滤布或粉尘带电的方法，强化静电作用，以便提高对微粒的滤尘效率。重力作用只是对相当大的粒子才起作用。惯性碰撞、拦截及扩散作用，应随纤维直径和滤料的孔隙减小而增大，所以滤料的纤维愈细、愈密实，滤尘效果愈好。

## 二、袋式除尘器的分类

袋式除尘器的本体结构形式多种多样，可以按清灰方式、滤袋断面形状、含尘气流通过滤袋的方向、进气口布置、除尘器内气体压力等五种形式分类。袋式除尘器的除尘效率、压损、滤速及滤袋寿命等重要参数皆与清灰方式有关，常见的袋式除尘器主要是按清灰方式来分类。

（一）按清灰方式分类

滤袋除尘器的清灰方法有三种：机械摇动清灰，逆气流反吹和振动联合清灰，脉冲喷吹清灰。

1. 机械振动清灰

机械振动式清灰方式利用机械装置（包括手动、电磁振动和气动）使滤袋产生振动，振动频率从每秒几次到几百次不等。

机械摇动清灰是先关闭除尘风机，然后通过一台摇动电动机的往复摇动给滤袋一个轴线方向的往复力，滤袋又将这一往复力转换成径向的抖动运动，使附在滤袋上的粉尘下落。显然在过滤状态时，由于滤袋受气流的压力而成柱状，摇动轴的往复运动就不能转换成滤袋的径向抖动，这就是必须停机清灰的原因。为了充分利用粉尘层的过滤作用，选择的过滤速度较低，清灰时间间隔较长（当压力达到 $400\sim600Pa$ 时清灰为宜），即使用普通的棉布做滤料，也会有较高的除尘效率。这种清灰方法的除尘器结构简单、性能稳定，适合小风量、低浓度和分散的扬尘点的除尘，但不适合除尘器连续长时间工作的场合。

2. 逆气流反吹清灰

（1）分室反吹式清灰方式采用分室结构，阀门逐室切换，形成逆向气流，迫使除尘布袋收缩或鼓胀而清灰。这种清灰方式也属于低动能型清灰，借助于袋式除尘器的工作压力作为清灰动力，在特殊场合下才另配反吹气流动力。

（2）振动反吹并用式清灰方式兼有振动和逆气流双重清灰作用的袋式除尘器，其振动使尘饼松动、逆气流使粉尘脱离。两种方式相互配合，使清灰效果得以提高，尤其适用于细颗粒黏性粉尘的过滤。此类袋式除尘的滤料选用，大体上与分室反吹式清灰方式的袋式除尘器相同。

（3）喷嘴反吹式清灰方式利用高压风机或鼓风机作为反吹清灰动力，通过移动喷嘴依次对滤袋喷吹，形成强烈反向气流，使滤袋急剧变形而清灰，属中等能量清灰类型。按喷嘴形式及其移动轨迹可分为回转反吹式、往复反吹式和气环滑动反吹式三种。

3. 脉冲喷吹清灰

脉冲喷吹式清灰方式以压缩空气为动力，利用脉冲喷吹机构在瞬间释放压缩气流，诱导数倍的二次空气高速射入滤袋，使滤袋急剧膨胀，依靠冲击振动和反向气而清灰，属高动能清灰类型。

含尘气体通过滤袋时，粉尘阻留在滤袋外表面，净化后的气体从上部排出。每排滤袋上方设一根喷吹管，喷吹管上设有与每个滤袋相对应的喷嘴，喷吹管前端装设电磁脉冲阀，通过程序控制机构控制脉冲阀的启闭，脉冲阀开启时，压缩空气从喷嘴高速射出，带着比自身体积大 5～7 倍的诱导空气一起经文丘里管进入滤袋。滤袋急剧膨胀引起冲击振动，使附在滤袋外的粉尘脱落。

脉冲喷吹清灰分气箱式喷吹和吹管喷吹。气箱式喷吹为气流对过滤室内的数条滤袋同时喷吹清灰，压力为 0.5～0.7MPa。喷吹管喷吹为通过管上若干个喷嘴对每个滤袋进行喷吹。脉冲清灰原理是喷吹气流的充气作用将滤袋由过滤状态向中心收缩状向外鼓起变形、振动，导致滤袋外表面的粉尘层破裂，同时脉冲气流使袋内空气振动，带动滤袋的微振，加上喷吹气流和引射气流的逆向吹风作用，实现粉尘脱离滤袋表面的过程，达到清灰的目的，如图 3-5 所示。

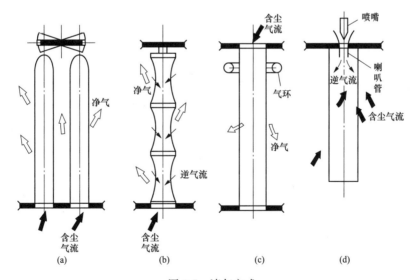

图 3-5　清灰方式

（a）机械摇动清灰；（b）逆气流反吹；（c）振动联合清灰；（d）脉冲喷吹清灰

（二）按其他形式分类

（1）按滤袋断面形状分类：有圆形、扁形及异形三类。扁袋的断面形状有楔形、梯形和矩形等形状；异形袋有蜂窝形、折叠形等。

（2）按含尘气流通过滤袋的方向分类：有内滤式和外滤式两类。

（3）按进气口布置分类：有上进气和下进气两种方式。

（4）按除尘器内气体压力分类：有正压式和负压式两类。负压式为风机设在袋除尘器的净化端，正压式为风机设在袋式除尘器前面。

### 三、袋式除尘器的常用术语

各类除尘器的术语基本相同，可参见第二章第一节，但也有一些仅用于袋式除尘器的常用术语，如下所列：

（1）过滤面积（$m^2$）：起滤尘作用的滤料的有效面积。

（2）过滤风速（$m/min$）：含尘气体通过滤料有效面积的表观速度。

（3）气布比（$m^3/m^2$）：在标准工况条件下，单位时间内单位有效过滤面积上处理的含尘气体量。

（4）预涂灰：在运行前，采用粉煤灰、石灰石粉或熟石灰对滤袋进行涂灰，使其表面附着一定的粉尘。

## 第二节 袋 式 除 尘 器 结 构

袋式除尘器的结构形式很多，有机械振打袋式除尘器、反吹分袋式除尘器、脉冲清灰袋式除尘器、行喷吹袋式除尘器等。本节以某 660MW 机组袋式除尘器为例介绍，清灰方式采用低压旋转脉冲喷吹，清灰气源由 3 台罗茨风机提供，主要包括除尘器本体系统、脉冲清灰供气系统、预涂灰系统和喷水降温系统。这四套系统相对独立，共同实现袋式除尘器的稳定、可靠、安全运行。

### 一、除尘器本体系统

除尘器本体分为 8 个室，每个室有 2 个袋束，由电动挡板门、气流均布装置和烟道、含尘室、洁净室、旋转喷吹装置、清灰管道、滤袋、袋笼、灰斗等组成。按照国家最新要求，不允许设置旁路烟道。除尘器允许 1 个室离线检修，其余 7 个室工作。

旋转喷吹装置位于花板上的滤袋束的上面，滤袋安装在花板孔内，滤袋内部靠分三节的袋笼支撑，气流从滤袋外面经过滤到滤袋内部流过花板孔，袋笼的结构如图 3-6 所示。

旋转喷吹臂被支撑在花板每束滤袋口上，喷嘴的底部距水平花板距离为 100mm±5mm。每个清灰机构在每个滤袋束的上面，由以下几部分组成：$1.9m^3$ 储气包、14″脉冲阀、中心空气管、驱动电动机和减速机、传动齿轮、旋转喷吹臂和喷嘴、低部支座和轴承，如图 3-7 所示。

每台除尘器共设有 16 个灰斗，16 个袋束各对应 1 个灰斗。电加热板安装在灰斗的 1/3 处，这些加热器在设备不运行时和灰斗存灰时必须处在加热状态，以免灰斗结块。每个灰斗均装设有射频导纳料位计，检测灰斗高料位。

除尘器的 8 个单元室各设有一个检修门，在它相反的方向每个室的顶棚上设有人孔。通过梯子平台到达屋顶人孔。根据检修的需要可以使其中任一室关闭，进行离线检修。当

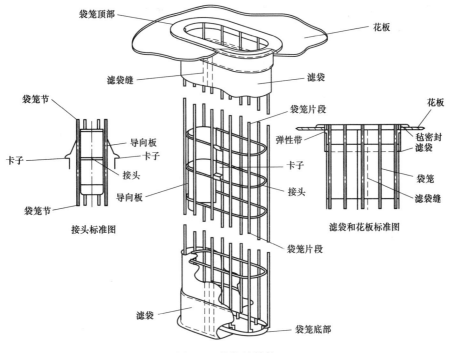

图 3-6　袋笼的结构

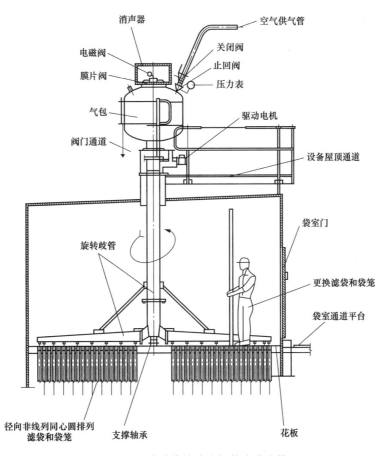

图 3-7　低压脉冲旋转喷吹与管式喷吹装置

任一室关闭,室内需要维护时,必须同时打开检修门与顶部人孔通风。使单元室内温度降到 40℃以下方可进入室内进行检修。下雨时,检修门与顶部人孔必须锁紧,防止水进入滤袋。

每个单元室设置一个观察窗,利用外部强力照明灯直接穿过玻璃到单元内部进行照明。两个观察窗安装位置与单元室检修门相邻。使得检修人员能够看到花板的上表面、滤袋、袋笼顶部的情况,可观察滤袋是否漏灰。同时也可观察旋转喷吹装置运转情况,以便检查与调整作业。

进出口烟道由进出口喇叭、进口气流分布板、进出口电动挡板门等组成。烟气经 2 个空气预热器出口烟道后汇流至 2 个水平烟道,分流至 8 个除尘室的入口烟道,经气流均布板、电动挡板门进入本体含尘室。出口与入口烟道布置相同。

除尘器 8 个室的进、出口设电动挡板门,设备运行期间不关闭,只在需要维护或一个袋室由于降低负荷而不工作时需要关闭一个室时使用。在除尘器两个进口烟道上,装设有温度检测装置,热电偶用套管垂直安装在烟道上。

## 二、脉冲清灰供气系统

低压旋转脉冲袋式除尘器清灰压力一般为 75～95kPa,清灰压力要求较低,气源由 3 台罗茨风机提供,两用一备。罗茨鼓风机出口的压力是 85kPa,由清灰系统管道处设置的压力变送器检测清灰压力。当清灰压力超过 85kPa 时,除尘器顶部清灰系统管道处设置的安全阀自动打开进行压力释放,经消声器将剩余清灰空气排入大气,若压力低于 85kPa 时安全阀自动关闭。

罗茨风机产生的压缩空气通过罗茨风机出口的弹性接头、出口消声器、单向阀、闸阀至除尘器顶部的 16 个储气罐,每个旋转喷吹装置设置一个储气罐和一组脉冲阀。储气罐作为清灰空气的容器,通过脉冲阀,以高能量脉冲气流传送到旋转喷吹清灰装置,为每个袋束清灰。每次脉冲清灰后由储气包从罗茨风机补充压力气体。脉冲清灰时间和间隔时间可以在很大范围内调整(见表 3-1),为延长滤袋寿命可采用慢速清灰,除尘器阻力高时采用快速清灰。

表 3-1　　　　　　　　　　慢速、正常、快速脉冲清灰的设定值

| 序号 | 压差范围(Pa) | 清灰方式 | 脉冲时间(ms) | 脉冲间隔(s) |
|---|---|---|---|---|
| 1 | ≤800 | 无需清洁 | 0 | 0 |
| 2 | 800～1200 | 慢速清洁 | 200 | 60～300 |
| 3 | 1201～1500 | 正常清洁 | 200 | 10～60 |
| 4 | >1501 | 快速清洁 | 200 | 5～10 |

## 三、预涂灰系统

部分火电机组启动和低负荷运行时需要燃油,为了避免油烟对滤袋造成损坏,在袋式

除尘器投用前，应对新滤袋进行预涂灰。机组长期停用后再启动，同样需要对滤袋进行预涂灰处理。预涂灰是非常关键的一项措施，预涂灰的好坏直接影响袋式除尘器的运行阻力、滤袋寿命等。

加灰点通常安装在除尘器前的水平烟道上，滤袋预涂处理可逐室进行，袋式除尘器可采用气力输送或罐车发送方式进行预涂灰。

### 四、喷水降温系统

进入袋式除尘器的烟气温度在滤袋允许范围内时，袋式除尘器可正常运行。当除尘器进口烟气温度超过滤袋的允许范围，若无必要的降温措施，高温烟气会对滤袋造成很大的伤害，降低滤袋的使用寿命，严重时滤袋会立即失效，因而有必要配置烟气紧急喷水降温系统。紧急喷水降温在袋式除尘器正常运行时不必投入运行。但当除尘器进口烟气温度超过滤袋使用上限时，紧急喷水降温系统就要立即投入运行。紧急喷水降温系统降温能力不小于30℃。紧急喷水降温系统安装在空气预热器出口烟道上，离滤袋安装部位有足够距离，雾化效果良好，但降温水在到达滤袋之前必须完全蒸发，才不影响滤袋寿命。紧急喷水降温系统只能作为暂时应急措施，不作为保护滤袋寿命的常规手段。

紧急喷水降温喷枪采用两相流喷枪，雾化效果好，水压、气压一般要求 0.4～0.5MPa，水量、气量根据烟气流量、温度计算确定。当烟气温度达到170℃时，第一组紧急喷水降温喷嘴运行，将烟气温度冷却至165℃，若5min后烟气温度仍未冷却至165℃时，则开启第二组紧急喷水降温喷嘴运行。当烟气温度达到160℃时，紧急喷水降温系统无条件停止。开始喷水降温的温度可以在计算机上设定。喷水降温总管路设置一个总电磁阀，两路分支管路设置两组电磁阀，一路压缩空气电磁阀。由除尘器两路烟道上的温度传感器控制各电磁阀的启闭。

## 第三节　袋式除尘器除尘效率的影响因素

在各种除尘装置中，袋式除尘器相对效率很高。如设计制造、安装和运行维护得当，除尘效率能够达到99.9%。影响袋式除尘器除尘效率的因素包括粉尘特性、滤料特性、运行参数以及清灰方式和效果等，本节仅对几个主要影响因素作一介绍。

### 一、滤料的结构及粉尘层厚度

袋式除尘器采用的滤料可以是织物（素布或起绒的绒布），也可以是辊压或针刺的毡子等结构的滤料。滤尘过程不同，对除尘效率的影响也不同。素布中的孔隙存在于经、纬线以及纤维之间，后者占全部孔隙的30%～50%。

开始滤尘时，大部分气流从线间网孔通过，只有少部分穿过纤维间的孔隙。其后，由于粗尘粒嵌进线间的网孔，强制通过纤维间的气流逐渐增多，使惯性碰撞和拦截作用逐步增强。由于黏附力的作用，在经、纬线的网孔之间产生了粉尘架桥现象，很快在滤料表面

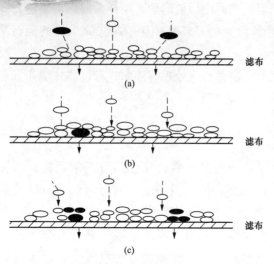

图 3-8　粉尘透过滤布的三个过程

(a) 直通；(b) 压出；(c) 气孔

形成了一层所谓粉尘初次黏附层（简称粉尘初层）。由于粉尘粒径一般都比纤维直径小，所以在粉尘初层表面的筛分作用也迅速增强。这样一来，由于滤布表面粉尘初层及随后在其上逐渐沉积的粉尘层的滤尘作用，使滤布成为对粗、细粉尘皆有效的过滤材料，除尘效率显著提高。粉尘透过滤布的三个过程如图 3-8 所示。

## 二、过滤速度

滤袋除尘器的过滤速度 $v$ 系指气体通过滤料的平均速度（m/min）。可用下式表示：

$$v = \frac{Q}{A} \qquad (3-1)$$

式中　$Q$——通过滤料的气体流量，$m^3/h$；

　　　$A$——滤料总面积，$m^2$。

过滤速度 $v$ 是代表滤袋除尘器处理气体能力的重要技术经济指标。过滤速度的选择要考虑经济性和对除尘效率的要求等各方面因素，从经济方面考虑，选用的过滤速度高时，处理相同流量的含尘气体所需的滤料面积小，则除尘器的体积、占地面积、耗钢量也小，因而投资小，但除尘器的压力损失、耗电量、滤料损伤增加，因而运行费用高。从滤率方面看，过滤速度大小的影响是很显著的，一些实验表明，过滤速度增大 1 倍，粉尘通过率可能增大 2 倍甚至 4 倍以上。所以通常总是希望过滤速度选得低些。实用中织物滤布的过滤速度为 0.5～2m/min，毛毡滤料为 1～5m/min。从经济性和高效率两方面看，这一滤速范围是最适宜的。当过滤速度提高时，将加剧尘粒以三条途径对滤料的穿透，即直通、压出和气孔，因而降低除尘效率。

## 三、粉尘特性

在粉尘特性中，影响滤袋除尘器除尘效率的主要是粉尘颗粒。对 1μm 的尘粒，其分级除尘效率可达 95％。对于大于 1μm 的尘粒可以稳定的获得 99％以上除尘效率。

在大小不同的粒径中，以粒径 0.2～0.4μm 尘粒的分级效率最低，无论清洁滤料或积尘后的滤料皆大致相同，只是由于这一粒径范围内的尘粒处于几种除尘效率低值的区域所致。尘粒携带的静电荷也影响除尘效率，粉尘荷电越多，除尘效率就越高，现已利用这一特性，在滤料上游使尘粒荷电，从而对 1.6um 尘粒的捕集效率达至 99.99％。

## 四、清灰方式

滤袋除尘器滤料的清灰方式也是影响其除尘效率的重要因素。如前所述，滤料刚清灰时除尘效率最低，随着过滤时间（即粉尘层厚度）的增长，除尘效率迅速上升。当粉尘层厚度逐步增加时，除尘效率保持在几乎恒定的高水平上。清灰方式不同，清灰时逸散粉尘量不同，清灰后残留粉尘量也不同，因而除尘器排尘浓度不同。例如，机械振动清灰后的排尘浓度要比脉冲喷吹清灰后的低一些；以直接脉冲（压缩空气直接向滤袋喷吹）和阻尼脉冲（在清灰系统中有一装置，当电磁阀关闭后可使滤袋内的压力逐渐降低）相比较（两者的压力上升率和最大逆压均相同），前者的排尘浓度约为后者的几倍。这是因为在直接脉冲的情况下，滤袋急剧地收缩，过滤气流和滤袋的加速一起作用，使喷吹后振松了的粉尘穿透增多，阻尼脉冲喷吹后滤料上残留粉尘较多，因而其滤层阻力比直接脉冲高。

此外，对于同一清灰方式，如机械振动清灰方式，在振动频率不变时，振幅增大将使排尘浓度显著增大；但改变频率、振幅不变时，排尘浓度却基本不变。实际应用的袋式除尘器的排尘浓度取决于同时清灰的滤袋占滤袋总数的比例，气流在全部滤袋中的分配以及清灰参数等的影响。

### 五、含尘气体的温度、湿度

如果含尘气体中含大量的水汽，或者是气体温度降至露点或接近露点，水分就很容易在滤袋上凝结，使粉尘黏结在滤袋上不宜脱落，网眼被堵塞，使除尘无法继续进行。因此，必要时要对气体管道及除尘器壳体进行保温，尽量减少漏风，必要时在除尘器内安装电加热装置，要求控制气体温度高于露点 15℃以上。

### 六、滤袋的性能

滤袋性能对除尘效率和阻力都有较大的影响。滤布材料应具备下列条件：

（1）能阻挡细小粉尘的通过，织物经纬线所交织的孔眼要小，而经纬线条本身要细，以增加筛滤的有效面积，减少阻力。

（2）织物的绒毛要长且富有弹性，使之能掩盖孔眼，并具有一定的强度。

（3）为了便于用反向气流清理，织物的绒毛位于含尘空气接触的一面。

### 七、清灰周期

清灰周期时间较长，会缩短除尘器滤袋的使用寿命，进而增加能耗，清灰效率大不如前，设备阻力也自然增加；清灰时间过长会引起除尘滤袋堵塞，从而缩短除尘布袋寿命，并且烟尘会外泄，除尘器其他部件也可能因而受损。

清灰周期时间较短，同样也影响除尘滤袋的寿命，如果清灰时间过短，滤袋上的粉尘尚未清落掉，就恢复过滤作业，将使阻力很快地恢复并逐渐增高起来，最终影响其使用效果。清灰时间过短当然会增加能耗，总之整个过程中阻力值是不断攀升，势必影响除尘器的运行。

确定袋式除尘器清灰周期及时间，必须按照清灰方式的不同而设定。在实践中发现，滤袋上最好能够积存一点粉尘附着层，可以让阻力值趋于正常水平，并且有效缩短清灰时间。除尘器的清灰周期稍微长一些，能够提高除尘器的工作效率。

### 八、保温措施及壳体密封情况

设备的外保温也是袋式除尘器必须做好的一关。保温是为了保持运行中的烟气始终高于露点温度，避免结潮糊袋。多数滤袋出现涂抹、堵塞的糊袋现象，就是烟气温度低、湿度大等原因造成的。如果袋式除尘器壳体如顶部、四周墙体漏风严重，下雨时可能进水，造成糊袋，或是湿物料结成团块将锥体部分排灰口堵死，会严重影响除尘效率。

## 第四节 袋式除尘器运行维护注意事项

用正确的方式运行和维护袋式除尘器是非常重要的，不正确的程序可能导致如除尘器滤袋堵塞之类的长期问题。因此，本节以低压旋转喷吹型除尘器为例，从滤袋安装、预涂灰工艺、运行启动、日常检查和故障处理等方面讲解运行维护注意事项。

### 一、滤袋安装注意事项

滤袋安装或更换的作业区严禁明火、烟气、焊接或火焰切割。通常，更换滤袋主要有以下注意事项：

（1）滤袋的安装是通过净气室内花板的开口完成的。安装前，注意调整滤袋接缝的位置，应确保接缝的中部定位于花板椭圆形开口的向内的长边中心位置，也就是说对着整个袋束的中心。滤袋接缝与花板开口长边中心的偏差在±5mm范围内。

（2）安装时，先把滤袋的底部对准花板开口，逐步将滤袋从开口处塞到花板下面，只保留滤袋的颈部在花板上面。由于滤袋的底部和花板的开口都是椭圆形，应确保这两个椭圆相对位置成直线，否则袋笼插进滤袋时可能导致滤袋损坏。

（3）把滤袋的颈部压成一个椭圆形，将向外弯曲的那边插入花板，然后松开袋颈使得它被安装在花板开口。此过程可用手控制，务必使袋颈的弹性圈与花板开口的周边紧密贴合。

（4）安装过程中，严禁使用有尖锐毛边或边缘锋利的工具，以防止损坏滤袋纤维。

（5）安装时禁止扭曲滤袋，应检查自由悬挂状态下滤袋的直线度。滤袋安装到位后，各滤袋之间或滤袋与壳体之间不能相互碰触。

（6）安装袋笼前应检查袋笼的外观。要求袋笼各部位无变形、无破损、无腐蚀，其表面无毛刺，焊接部位无开焊现象。

（7）安装袋笼过程中，第一节袋笼顺入滤袋内，保留少量在花板上与卜一节连接时，可以使用约300mm长的短管插卡在袋笼环上，避免余下的部分掉下去。

（8）每个滤袋的位置和编号都要进行记录，以备之后复查。

### 二、预涂灰操作工艺

除尘器首次开始投运前，由于除尘器滤袋是干净的，没有形成灰尘初滤层，会使滤袋容易受到细小的灰尘颗粒穿透，或在锅炉点火燃油期间黏附烟气中的焦油，从而导致滤袋堵塞。因此，用粉煤灰作为除尘器滤袋预涂层，可以防止烟气中的焦油或者其他物质对除尘器新滤袋的影响。在锅炉运行前，可以利用锅炉引风机进行预涂灰。预涂灰期间，所有的脉冲阀是关闭的，不许进行清灰。

粉煤灰利用预喷涂系统在除尘器进口烟道喷入，每个布袋大约需要 1kg 的粉尘。为有助于均匀涂灰，利用粉煤灰罐车经喷涂系统管道进入除尘器进口的两个烟道。引风机启动后利用粉煤灰罐车将粉煤灰压送到进口烟道，同时在喷涂系统管道上接入压缩空气，使粉煤灰更快更好地喷入。

预涂灰具体操作工艺：首先关闭除尘器 6 个室的进出口电动挡板门，对除尘器另 2 个室进行预喷涂。当除尘器 2 个室的压力达到 600Pa 时停止喷涂。将除尘器另 2 个室进出口电动挡板打开，关闭其他室的进出口电动挡板，对除尘器另 2 个室进行预喷涂。当除尘器另 2 个室的压力达到 700Pa 时停止喷涂。然后将除尘器 5 个室的进出口电动挡板门全部处在打开的位置，继续对除尘器进行喷涂。当除尘器每个室的压力全部达到 300Pa 时，可以停止预喷涂。

完成后检查预涂均匀性，保证所有的滤袋都有效涂灰。随机地在每个室的 2 个袋束上 25 圈的每个圈上检查一定数目的滤袋，保证完全的涂灰均匀。如发现明显没有涂灰的滤袋，则重复预涂灰过程。新滤袋在预涂层后，进行一次检漏测试，即将荧光粉按每平方米过滤面积 5～10g 的投放量按预涂灰相同的方式投入进风管道，然后用紫外光灯在黑暗状态下对除尘器的洁净室进行检漏。

### 三、除尘器启动前应检查的项目

（1）所有的滤袋都被安装并且正确地固定在花板上，并必须保证滤袋与花板密封。滤袋在袋笼上沿着长度方向不能有扭曲现象。袋笼必须在接口处牢靠无晃动。

（2）旋转喷吹装置：喷嘴端部在冷态下距花板 100mm±10mm，传动部分已经润滑，转向正确，无漏气漏油点，整体试运正常。

（3）除尘器进口、出口电动挡板门传动完成，开关灵活到位，处于全开状态。

（4）除尘器所有人孔门、检修门都必须关闭并且密封。

（5）清灰管道进行吹扫，管道内无杂物，整体密封良好，两个放散阀必须有一个阀门处在打开状态（两个放散阀为一用一备）。

（6）罗茨风机冷却水量充足，油位合格，润滑脂已添加，无漏水漏油点，整体试运正常。

（7）检查仪表运行是否正常，设定值是否符合设计要求。

（8）检查脉冲清灰系统手动、自动状态。手动状态下能独立启动。检查备用脉冲清灰系统（脉冲控制仪与 PLC）之间的切换。

（9）紧急喷水降温系统、管道进行水压试验，温度设定值符合设计要求。

（10）检查除尘器灰斗加热系统，恒温自动控制。检查除尘器灰斗气化系统阀门是否打开。

（11）机组启动初期，不要打开脉冲清灰系统。当布袋压差大于700Pa时，再开启脉冲清灰系统，以保证最初启动期间的预涂层是完整的。

### 四、防止糊袋、烧袋的运行方式和措施

（1）对于袋式除尘器，烟气温度低，结露会引起"糊袋"和壳体腐蚀，烟气温度高超过滤料允许温度易"烧袋"而损坏滤袋，烟气温度长时间内无法降低将导致滤袋烧焦及表面物理特性改变，降低滤袋的使用寿命。当温度的变化是在滤料的承受温度范围内，就不会影响除尘效率。引起不良后果的温度是在极端温度（事故/不正常状态）下，因此对于袋式除尘器就必须设有对极限温度控制的有效保护措施。

（2）当烟气温度低于87℃，袋式除尘器内容易结露，当烟气进入除尘室后烟气和水蒸气黏结在滤袋上，造成"糊袋"，导致布袋除尘室内压差增大，增加引风机出力；当烟气温度高于190℃，持续时间大于10h，造成"烧袋"现象，滤袋破损后，造成除尘室内含尘浓度增加，除尘效率降低，长时间不更换破损的滤袋，会使袋式除尘室内积灰严重。除尘室边缘外层滤袋最先进灰，在脉冲清灰时，气流到达滤袋底部后，无法透过滤袋底部释放部分气流，在脉冲清灰压力和滤袋自身重力下，笼骨承受压力较大，滤袋及袋笼容易脱落，造成输灰设备停运。

（3）为防止在运行过程中出现烧袋现象，采用自动喷淋降温的方式对袋式除尘器入口烟温进行控制，每个管道上的温度采用"三取二"作为工艺温度值。当除尘器进口烟温高于170℃时，压缩空气和除盐水混合喷入烟道内，系统检测温度低于160℃时，依次关闭喷水电磁阀以及压缩空气总阀。喷水降温装置在1min内可降低5℃，滤袋使用最高瞬时温度可承受190℃，在最高温度下滤袋可坚持10h，自动喷淋装置在有效时间内，完全可以将烟温降到滤袋设计使用温度115～160℃。

### 五、袋式除尘器日常检查项目

按袋式除尘器设备的重要性和运行情况，日常检查可分为每周、每月、每季三种周期，具体检查内容见表3-2。

表3-2　　　　　　　　　　　　　袋式除尘器检查项目周期表

| 序号 | 检查点 | 周期 | 检查内容 | 备注 |
|---|---|---|---|---|
| 1 | 净烟气室观察窗和人孔门 | 每周 | 石棉绳和玻纤胶圈密封情况和关闭紧密 | 及时更换损坏的石棉绳和玻纤胶圈 |
| 2 | 粉尘排放和输送 | 每周 | | |
| 3 | 罗茨风机 | 每周 | 安全阀、油液位、V带张紧度和止回阀功能，进出口过滤器堵塞情况 | 罗茨风机过热（PLC）关闭、PLC自动切换罗茨风机、清灰空气压力低时另一台罗茨风机启动 |

| 序号 | 检查点 | 周期 | 检查内容 | 备注 |
|---|---|---|---|---|
| 4 | 旋转歧管驱动 | 每月 | 回转支承油润滑，适配管与变径管油密封情况 | 根据情况进行手动加油 |
| 5 | 电磁阀 | 每月 | 引导阀空气排放功能正常 | |
| 6 | 膜片阀 | 每月 | 引导阀空气排放功能正常清灰，检查磨损情况 | |
| 7 | 滤袋 | 每季 | 打开净烟气室，依次视觉检查除尘器粉尘吹除情况 | |
| 8 | 旋转主臂 | 每季 | 主臂连接正常、喷嘴开口和花板之间距离为100mm±5mm | 必要时进行调节 |
| 9 | 净烟气含尘量 | 每季 | 打开净烟气室，依次视觉检查除尘器粉尘吹除情况 | 更换有缺陷滤袋，消除缺陷 |
| 10 | 控制设备 | 每天 | 电气接线正确、检查压力测量点是否有污物 | 用冲洗装置冲洗，必要时手动进行清洁 |
| 11 | 整个除尘器压差 | 每天 | 压差、检查压力测量点是否有污物 | 用冲洗装置冲洗，必要时手动进行清洁 |
| 12 | 清灰空气压力 | 每天 | 清灰空气工作压力，脉冲间隔期间压力应当能够达到最大，应为：80~85kPa | 用压力表在脉冲空气罐处进行检查，试验后关闭检查阀 |

## 六、袋式除尘器常见故障处理

（一）净烟气含尘量超标

1. 现象

烟囱出现冒烟，净烟气室内的粉尘积聚。

2. 原因

滤袋有缺陷，滤袋在花板上安装不正确。

3. 消除办法

通过观察窗查找事故袋室的缺陷滤袋，缺陷滤袋的滤袋固定口上面有粉尘积聚。关闭进出口挡板门，隔离有漏袋现象的袋室，打开人孔门，进行换袋操作。如果支撑袋笼导致滤袋缺陷，袋笼也要更换。

（二）整个除尘器压差过大

1. 现象

尽管连续清灰，但压差仍然高于最大允许值，未达到最大烟气量。

2. 原因

（1）无清灰压缩空气。

（2）除尘器清灰空气不足（两次压缩空气脉冲之间压力表压力达不到设定值）。

（3）除尘器清灰控制设备故障。

（4）压差测量点压力触点阻塞，测量导线疏松未连接（清灰步骤不能启动）。

（5）湿度大或者滤袋达到使用寿命，滤袋渗透性极差。

（6）接近设定的最低温度导致滤袋堵塞。

（7）原/净烟气挡板门意外关闭。

3. 消除办法

（1）开启清灰空气供应。

（2）清灰空气供应充足，如果清灰空气量暂时不能满足（2h 以内），暂时降低锅炉负载。

（3）检查控制设备。

（4）检查测量点压力信号，旋紧测量管线螺栓并且检查是否需要更换密封。

（5）检查清灰空气是否含水或油，如果含水或油，应查找原因并处理。如果经过干燥和彻底清除滤袋，滤袋两边的压差未降低，则必须更换滤袋。

（6）检查净烟气关闭阀门的开启位置。

（三）膜片阀驱动引导阀运行不正常

1. 现象

膜片阀运行不正常导致滤袋清灰不能进行和不充分。

2. 原因

（1）没有从控制柜到达引导阀的信号。

（2）清灰空气通过排气孔溢出，电磁阀存在缺陷。

3. 消除办法

（1）熔丝存在缺陷，磁线和电缆短路；更换熔丝，查找原因并消除。

（2）用手盖住排气孔，检查压力是否增加。如果正常，移开手，检查膜片阀是否脉冲，脉冲则表明引导阀打开。对阀门或电磁阀进行清洁或者更换有缺陷的部件。

（四）膜片阀未关闭或者太慢

1. 现象

两次脉冲之间压力不能积聚到预先设定值；压缩空气泄漏发出"嘶嘶"声。

2. 原因

膜片粘住或者密封不严，压力平衡孔堵住。

3. 消除办法

检查引导阀时，用手或适当的工具盖住阀门上部，看压力是否上升。如果正常，移开手，检查膜片阀是否脉冲，脉冲表明引导阀有缺陷。如果引导阀本身没有缺陷，那么卸掉整个阀门，检查主膜片阀。更换膜片，清洁排气孔（注意更换新的膜片阀不要盖住排气孔）。

（五）达不到清灰压力

1. 现象

显示表压小于 70kPa。除尘器压差增加。

2. 原因

（1）清灰空气供应手动蝶阀关闭。

（2）脉冲空气罐放气阀打开使压力降低，压缩空气逃逸时没有发出啸声。

（3）膜片阀有缺陷。

（4）罗茨风机出力不足。

3. 消除办法

（1）打开相应阀门。

（2）关闭空气罐放气阀。

（3）运行罗茨风机，查找缺陷并维修。

（4）切断脉冲空气罐的空气供应，卸载压力，消除故障（见"膜片阀未关闭或者太慢"故障处理）。

# 第五节　清灰气源设备检修工艺

低压旋转喷吹型袋式除尘器的清灰气源一般用罗茨风机提供，而清灰效果的好坏直接关系除尘效率和滤袋寿命。因此，罗茨风机是袋式除尘器的重要辅机，本节主要介绍其工作原理和检修工艺。

## 一、罗茨风机的工作原理

罗茨风机为容积式风机，输送的风量与转数成比例，三叶型叶轮每转动一次由两个叶轮进行三次吸、排气，如图3-9所示。风机两根轴上的叶轮与椭圆形壳体内孔面，叶轮端面和风机前后端盖之间及风机叶轮之间始终保持微小的间隙，在同步齿轮的带动下风从风机进风口沿壳体内壁输送到排出的一侧。风机内腔不需要润滑油，结构简单，运转平稳，性能稳定。

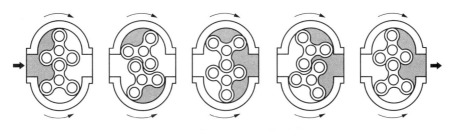

图3-9　罗茨风机主机工作原理图

罗茨风机由于采用了三叶转子结构形式及合理的壳体内进出风口处的结构，所以风机振动小，噪声低。叶轮和轴为整体结构且叶轮无磨损，风机性能持久不变，可以长期连续运转。风机容积利用率大，容积效率高，且结构紧凑，安装方式灵活多变，轴承的选用较为合理，各轴承的使用寿命均匀，从而延长了风机的寿命，风机油封选用进口氟橡胶材料，耐高温，耐磨，使用寿命长。罗茨风机一般由电动机驱动，通过皮带传动，其成套设备由电动机、机架、出入口消声器、安全阀、出口止回阀等组成，如图3-10所示。

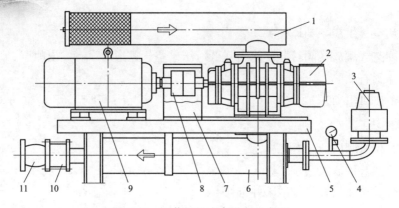

图 3-10　罗茨风机成套设备示意图

1—进气消声器；2—罗茨风机；3—安全阀；4—压力表；5—机架；
6—排气消声器；7—防护罩；8—联轴器；9—电动机；10—止回阀；11—弹性接头

## 二、罗茨风机检修质量标准

**1. 罗茨风机外观检查**

罗茨风机外观检查的主要内容如下：

（1）检查出口、入口管道有无漏气，焊口是否有开裂现象。

（2）检查泄油嘴和润滑油嘴是否有损坏现象。

（3）检查风机机壳是否有漏油、漏气现象。

（4）检查地脚螺栓是否有损坏现象。

（5）检查出口压力表显示是否正常。

**2. 罗茨风机解体**

罗茨风机解体步骤和工艺标准如下：

（1）准备好检修工具、备品备件及起吊设备，通知电气人员拆线。

（2）拆除罗茨风机出口、入口管道螺栓，并放至固定位置保存好，并且做到回装前对螺栓进行刷洗，清除牙隙中的锈垢，有缺牙、滑牙、裂纹及弯曲的螺栓禁止继续使用。

（3）拆联轴器保护罩螺栓，螺栓处理方法同（2）。测量联轴器之间的径向偏差和中间距离，并做好记录。在联轴器上做好装配标记。

（4）拆除罗茨风机、电动机地脚螺栓，螺栓处理方法同（2）。测量电动机地脚顶丝中间距离，并做好记录。将电动机地脚顶丝松动 30mm。

（5）拆除罗茨风机皮带，检查皮带磨损情况，并放至固定位置保存好。吊出电动机，用拉马拉出联轴器，取下键，将电动机送检。质量标准：皮带磨损超过 3mm、有裂纹、老化，更换新皮带。

（6）油箱下部铺塑料，把油桶放在放油堵下面，放净油箱内的润滑油。质量标准：做好润滑油外溢的措施，防止污染环境。

（7）吊下罗茨风机，放到指定位置进行检修。质量标准：检修前风机下部铺好胶皮，检修工器具摆放整齐。

（8）在机壳连接处用记号笔做好标记，拆除右（前）机壳、齿轮箱结合面紧固螺栓，螺栓处理方法同（2）。取下密封垫片，测量厚度，并做好记录。

（9）拆除齿轮箱侧的油封，检查油封的好坏，如损坏或老化及时更换。齿轮箱内侧清理，油位镜擦拭干净。

（10）在主动、从动齿轮上做好匹配记号，拆卸锁母。

（11）用螺栓顶出轴承座和轴承，然后拆卸轴承和挖出骨架油封，用记号笔做好标记，并放至固定位置保存好。

（12）拆左（后）油箱螺栓，并放至固定位置保存好，螺栓处理方法同（2）。

（13）取下油箱，拆齿轮锁母，做好标记后，取下齿轮，取下左（后）轴承调节螺栓，取下调节片，用螺栓顶出轴承座体和轴承，然后拆卸轴承和挖出骨架油封。放至固定位置保存好。

（14）拆右（前）、左（后）墙板螺栓，取下右（前）、左（后）墙板，然后将主、从动转子从机壳中取出，将拆下的零部件做好标记。

（15）清洗零部件，将零部件清洗干净并逐一检查，对机壳接触面进行清理，如有磨损超标或断裂需更换新备件。

（16）检查零部件，检查主动叶轮、从动叶轮的安装情况，检查主、从动轴有无磨损、弯曲及裂纹等现象。检查轴承磨损情况，将清洗干净的轴承立放在平台上，用0.10mm的塞尺测量上粒滚柱，大于0.10mm更换。检查同步齿轮、前后墙板，检查轴承座。测量轴弯曲度及转子各部跳动，并做好记录。

（17）对轴承箱内进行清扫、检查、油位清洗，油位密封圈进行更换。

3. 罗茨风机回装

罗茨风机组装操作及注意事项如下：

（1）回装前所有接触面清理光滑，螺纹涂少量的润滑脂。

（2）回装与解体顺序相反。组装罗茨风机，将主动叶轮从前墙装入平放在机壳内，从动叶轮放在主动叶轮上面，放好垫片后将右（前）墙板装上旋紧螺栓，再装上左（后）墙板旋紧螺栓。前后墙板要拧紧，不得有松动现象。

（3）装上骨架油封，油封内部弹簧与轴要有一定紧力，测量新轴承间隙，新轴承间隙应为0.03～0.05mm，外套与轴承座无转圈现象，顶部间隙为0.05～0.10mm，两侧不容许夹帮，加热温度为90～100℃，回装轴承。用铜棒将轴承平行敲入。轴承与轴颈的配合间隙为0.01～0.02mm。

（4）调整间隙用梅花扳手调整转子轴向间隙，可通过位于右（前）墙板的轴承体端面的一组调整垫片进行调整，边调整边测量叶轮与前墙板的间隙。叶轮与叶轮之间的间隙可通过同步齿轮来调整，如图3-11所示。

质量标准：叶轮与叶轮之间的间隙应为0.08～0.10mm，叶轮与前墙板的间隙应为0.10～0.14mm。叶轮与右（前）墙板的轴向间隙应为0.8～0.10mm，叶轮与左（后）墙板轴向间隙应为0.10～0.14mm。齿面接触点齿长方向不小于65%，沿齿高方向不小于50%。

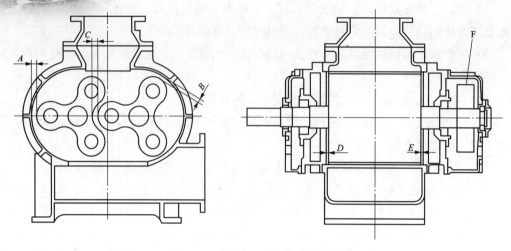

图 3-11　罗茨风机内部间隙结构图

*A*—叶轮与墙板的侧间隙；*B*—叶轮与墙板的顶间隙；*C*—叶轮与叶轮的间隙；

*D*—叶轮与前墙板的轴向间隙；*E*—叶轮与后墙板的轴向间隙；*F*—同步齿轮

（5）齿轮锁母回装到标记位置后回装联轴器，联轴器孔眼不得有磨损痕迹。

（6）将罗茨风机与电动机就位好，联轴器与电动机轴颈的配合间隙为 0.02 ～ 0.03mm。就位后手动盘车，确认转动灵活、无杂声。

（7）电动机找中心时先松开电动机座螺栓，找正电动机皮带轮和风机皮带轮的相对正确位置，质量标准如图 3-12 所示。

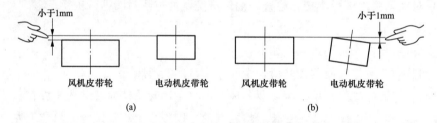

图 3-12　皮带轮位置关系

（8）回装皮带前，电动机接线通电试运转。质量标准：转动方向与风机转动方向一致。

（9）在皮带轮上安装皮带。质量标准：更换 V 形带时要全部更换新的。更换新皮带时会产生初期的拉长，运转一段时间后要重新调整。严禁在皮带轮和皮带上涂石蜡、油脂等。皮带的松紧度必须恰当，皮带过紧，会使皮带发热而损坏，皮带过松也会使皮带过早损坏。

（10）加润滑油，试转。合格标准：风机出力正常，不漏油、漏气，轴承温度不大于80℃，润滑油温度不大于 80℃。

### 三、罗茨风机的常见故障及处理方法

罗茨风机常见故障有温度过高、风量不足、振动大等现象，其故障原因和处理方法参见表 3-3。

表 3-3　　　　　　　　　　　　　　　罗茨风机常见故障原因和处理方法

| 序号 | 故障现象 | 故障原因 | 处理方法 |
|---|---|---|---|
| 1 | 风机温度过高 | （1）油箱内油太多、太稠、太脏；<br>（2）过滤器或消声器堵塞；<br>（3）压力高于规定值；<br>（4）叶轮过度磨损，间隙大；<br>（5）通风不好，室内温度高，进气温度高；<br>（6）运转速度太低，皮带打滑 | （1）降低油位或挟油；<br>（2）清除堵物；<br>（3）降低通过风机的压差；<br>（4）修复间隙；<br>（5）开设通风口，降低室温；<br>（6）加大转速，防止皮带打滑 |
| 2 | 风机流量不足 | （1）进口过滤堵塞；<br>（2）叶轮磨损，间隙大幅增大；<br>（3）皮带打滑；<br>（4）进口压力损失大；<br>（5）管道造成通风泄漏 | （1）清除过滤器灰尘和堵塞物；<br>（2）修复间隙；<br>（3）拉紧皮带并增加根数；<br>（4）调整进口压力达到规定值；<br>（5）检查并修复管道 |
| 3 | 风机漏油 | （1）油箱油位太高，油从排油口漏出；<br>（2）密封磨损，造成轴端漏油；<br>（3）压力高于规定值 | （1）降低油位；<br>（2）更换密封；<br>（3）疏通通风口 |
| 4 | 风机异常振动或者有噪声 | （1）滚动轴承游隙超过规定值或轴承座磨损；<br>（2）齿轮侧隙过大，不对中，固定不紧；<br>（3）由于外来物和灰尘造成叶轮与叶轮、叶轮与机壳撞击；<br>（4）由于过载、轴变形造成叶轮碰撞；<br>（5）由于过热造成叶轮与机壳进口处摩擦；<br>（6）由于积垢或异物使叶轮失去平衡；<br>（7）地脚螺栓及其他紧固件松动 | （1）更换轴承或轴承座；<br>（2）重装齿轮并确保侧隙；<br>（3）检查机壳是否损坏；<br>（4）检查背压，检查叶轮是否对中，并调整好间隙；<br>（5）检查过滤器及背压，加大叫轮与机壳进口处间隙；<br>（6）清洗叶轮与机壳，确保叶轮工作间隙；<br>（7）拧紧地脚螺栓并调平底座 |
| 5 | 风机电动机超载 | （1）与规定压力相比，压差大，即背压或进口压力太高；<br>（2）与设备要求的流量相比，风机流量太大，因而压力增大；<br>（3）进口过滤堵塞，出口管道障碍或堵塞；<br>（4）转动部件相碰和摩擦（卡住）；<br>（5）油位太高；<br>（6）窄 V 形带过热，振动过大，皮带轮过小 | （1）降低压力到规定值；<br>（2）将多余气体放到大气中或降低风机转速；<br>（3）清除障碍物；<br>（4）立即停机，检查原因；<br>（5）将油位调到正确位置；<br>（6）检查皮带张力，换成大直径的皮带轮 |
| 6 | 风机叶轮与叶轮摩擦 | （1）叶轮上有污染杂质，造成间隙过小；<br>（2）齿轮磨损，造成侧隙大；<br>（3）齿轮固定不牢，不能保持叶轮同步；<br>（4）轴承磨损致使游隙增大 | （1）清除污物，并检查内件有无损坏；<br>（2）调整齿轮间隙，若齿轮侧隙大于平均值30％～50％应更换齿轮；<br>（3）重新装配齿轮，保持锥度配合接触面积达75％；<br>（4）更换轴承 |

续表

| 序号 | 故障现象 | 原因 | 处理方法 |
|---|---|---|---|
| 7 | 叶轮与墙板、叶轮顶部与机壳摩擦 | (1) 安装间隙不正确；<br>(2) 运转压力过高，超出规定值；<br>(3) 运转温度过高；<br>(4) 机壳或机座变形，风机定位失效；<br>(5) 轴承轴向定位不佳 | (1) 重新调整间隙；<br>(2) 查出超载原因，将压力降到规定值；<br>(3) 检查超温原因并消除；<br>(4) 检查安装准确度，减少管道拉力；<br>(5) 检查并修复轴承，保证游隙正常 |

 **思考题**

1. 袋式除尘器的滤尘机制包括哪几种？清灰方式有几种形式？

2. 袋式除尘器结构有哪几部分？

3. 影响袋式除尘器效率的因素有哪些？

4. 论述袋式除尘器压差大的原因及消除办法。

5. 罗茨风机轴承温度高的原因有哪些？

第四章

# 湿式机械除渣系统

水浸式刮板捞渣机（以下简称捞渣机）是火电厂锅炉重要辅机，广泛应用于固态机械除渣系统。炉底渣经冷渣斗、液压关断门落入捞渣机上槽体内，再由捞渣机连续输送至渣仓，然后再用自卸汽车送至贮灰场或综合利用。300MW 及以上机组使用的捞渣机通常为液压马达驱动，配套液压泵站，可实现无级变速并适应低转速、大扭矩的运行要求。为满足炉渣连续输送和及时冷却，还配套有排污水泵、斗提机、渣仓、带式输送机等设备。渣仓设计可贮存 20h（2 座渣仓合计）以上的渣量。

## 第一节 刮板捞渣机概述

刮板捞渣机是大型火电机组常用除渣设备，由驱动装置、张紧装置、上槽体、下槽体、导轮、链条和刮板组成。正常运行中，捞渣机上槽体注满水，既保证炉底密封，同时对热渣进行冷却。捞渣机的溢流水进入排污水池后，可再送捞渣机循环使用。捞渣机的上槽体容积考虑大渣块的允分粒化，水深一般不小于 2m，下槽的底层设置排水装置。除渣系统工艺流程如图 4-1 所示。

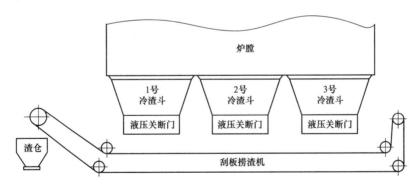

图 4-1 除渣系统工艺流程

### 一、捞渣机补水系统

捞渣机的补水由炉底水封槽溢流水、渣井冷却喷淋水、捞渣机内导轮水封、捞渣机冲链水等组成。为降低捞渣机内渣水温度，设置了渣水循环系统，由渣水循环泵、反冲洗过滤器、板式换热器、沉淀水泵及沉淀水池、缓冲水池等组成。

渣水系统补水采用工业水，捞渣机箱体水位达到设计高度后，多余水量溢流到渣水沉淀池沉淀，澄清后的水再溢流到缓冲水池，通过渣水循环泵，经反冲洗过滤器、滤网、板式换热器冷却后进入炉底水封槽、渣斗冷却及捞渣机箱体，形成渣水系统循环。运行过程中必须严格监视缓冲水池水位，当渣水系统容量达到上限时及时停止系统补水。来自低压服务水系统的水一路送缓冲水池作为临时补水，一路送入炉底水封槽作为补充水，一路送板式换热器作为冷却水。渣水循环系统工艺流程如图 4-2 所示。

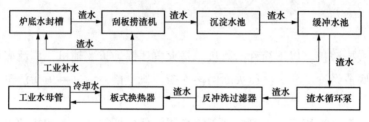

图 4-2　渣水循环系统工艺流程

近年来，随着废水零排放的日益严格执行，大部分火电厂停运了渣水循环系统，定期补水维持捞渣机水位稳定，可实现正常运行情况下渣水不溢流。为保证炉底水封不被破坏，需增设可靠的水位计监视捞渣机水位。同时，有必要将报警信号接入上位机，以方便运行人员监盘。

停止渣水循环泵及反冲洗过滤器、板式换热器等渣水系统设备运行。捞渣机需补水时可先启动渣水循环泵和沉淀泵，将缓冲水池和沉淀水池内的渣水降低至最低液位，尽量腾空缓冲水池，以作为捞渣机事故检修时的备用蓄水池。当缓冲水池内积水不足以补充时，可开启工业水进行补水。工业水由炉底水封槽处加入，溢流至捞渣机槽体内，既可起到确保水封槽水位的作用，又可以减少灰渣在水封槽内的沉积。捞渣机水位控制系统如图4-3 所示。

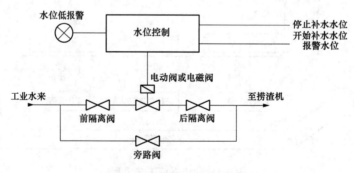

图 4-3　捞渣机水位控制系统

## 二、除渣系统的热平衡分析

锅炉除渣装置的热平衡分析如图 4-4 所示，输入的热量有：渣落入除渣装置所带入的热量 $Q_b$、炉膛对除渣装置产生的辐射热量 $Q_r$，输出的热量有：除渣装置向大气中散发的热量 $Q_a$、除渣装置中水蒸发所带走的热量 $Q_e$、净补水量带走的热量 $Q_w$、溢流水带走的热量 $Q_f$。通常，进入捞渣机槽体的热量，主要由热渣带入，炉膛辐射热量所占的比例很低，而输出热量以水蒸发带走的热量为主，其他散热方式所占比例较低。

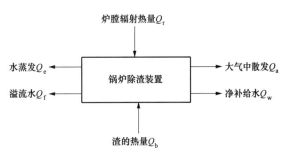

图 4-4　除渣装置热平衡分析

渣水系统停运后，取消了溢流水，进入捞渣机槽体的热量由向大气中散发的热量、水蒸发所带走的热量、净补水量温升吸收的热量这三部分维持热平衡。当捞渣机的槽体水温适当提高后，通过增大蒸发量以使水蒸发带走的热量增大，可以保证除渣系统热量的平衡。

### 三、捞渣机本体结构

捞渣机按严重冲击和骤变载荷设计，能适应遇到的不同尺寸的渣块而不至于造成运行中止，能保证除渣量最大 60t/h 时仍能正常工作，设备部件不损坏，刮板、链条不变形。同时按加强结构设计、制造，当上槽体内炉渣达到最大排渣量时，捞渣机能正常从停止状态启动，迅速清除积渣，同时保证槽体不应变形。

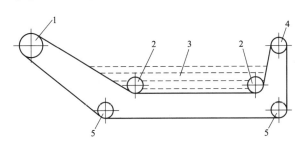

图 4-5　捞渣机各导轮工作原理

1—驱动链轮；2—内导轮；3—渣水；4—张紧轮；5—外导轮

捞渣机上槽体注满灰渣水，同时兼做炉底密封设备，炉膛灰渣落入槽体水中冷却粒化，经链条、刮板拉出后进入渣仓，装入自卸车运至灰场。捞渣机上比较重要的部件是改向导轮，包括内导轮、张紧轮和外导轮，它们起着控制链条滑动方向、确保刮板将槽体水下积渣刮出的关键作用。捞渣机各导轮工作原理如图 4-5 所示。

为保证水槽中存水能够快速排掉，捞渣机上槽体侧面设有紧急排渣（水）口，下槽体的两侧均设有检查孔（窗），可以随时从外部检查链条的工作状态。底槽尾部设排渣孔，以便刮板回链带渣的清除。同时捞渣机底部两侧还设计有能满足现场检修要求的检修人孔门。

捞渣机尾部设有采用液压自动张紧方式的链条张紧装置，当链条由于磨损被拉长，可进行自动调整。为保证刮板空载段不返渣，捞渣机卸渣后，在拖动轴拐点处设有扫渣帘，清除刮板返程带渣。刮板采取角钢封闭结构，无黏结细小灰渣的死角。

### 四、液压动力站结构原理

液压动力站是在适当的时候，为液压马达（或其他液压系统）提供必需的流量和压力。如图 4-6 所示，动力站中有一台由电动机驱动的液压泵，主泵是用于开式系统的轴向柱塞变量泵，主泵出来的油经过电液比例换向阀进入液压马达，推动液压马达运转。系统中经过电液比例换向阀的前后的压力差被引入液压变量泵变量控制机构，系统输出流量根据压差的大小来自动调节。当增大电液比例换向阀的开口时，两端压差变小，为保持两端压力差不变，通过的流量就要增大，变量泵输出的流量就增加，反之，则流量减少。

液压泵自身带最高压力限定，当系统压力超过设定的最高压力时，液压泵排量会自动为零，没有液压油输出。从液压马达输出的液压油经阀块和回油过滤器、风冷却机流回油箱。液压马达泄漏油通过泄漏油回路和泄漏油过滤器回油箱。在泄漏油回路上有一快速接头，用于向系统加油。

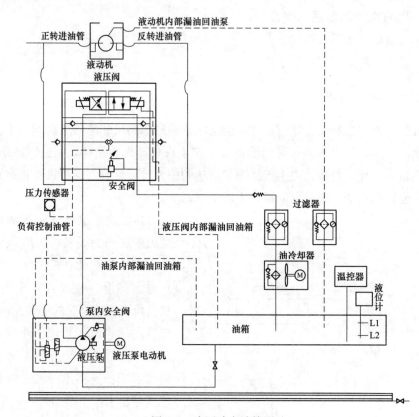

图 4-6    液压动力站简图

液压系统设有油温和油位警告、报警信号，当油温超过 60℃、油位低于设定低油位时，油温计和液位计会动作，发出警告信号。当油温超过 65℃，或油位低于设定的最低液位时，油温计和液位计又会动作，发出报警信号。当油温超过设定的风冷却器启动温度时，风冷却器会自动打开。

### 五、湿式除渣系统其他设备

除捞渣机外，湿式除渣系统还有以下附属设备：

（1）渣井：渣井具有不小于机组在 BMCR 工况下 8h 排渣的贮存容积，渣井支撑方式可采用独立支撑形式。其支撑结构应为捞渣机能横向拉出检修留有足够的位置。

（2）三通式落渣管：在捞渣机的机头下方装有三通式落渣管，内衬通常为可更换式的耐磨材料，并设有电动挡板。落渣管的一个出口将渣从捞渣机直接卸入渣仓，另一个落渣口将渣从捞渣机直接卸入皮带机，然后进入另一个渣仓。

（3）带式输送机：皮带出力与捞渣机最大出力相匹配。

（4）渣仓：每炉两个渣仓为一组，布置在渣仓间内，渣仓容积可满足机组最大出力工况下 8h 的储渣量。渣仓带钢支架，下部锥体与水平面之间夹角不小于 60°。在锥体部位应安装仓壁振动器，在渣仓卸渣时启动仓壁振动器，可顺利卸渣。

## 第二节　捞渣机检修工艺

对于采用湿式除渣系统的火电机组，由于系统设备安装在炉膛正下方，安装位置危险，运行中检修难度较大，且设备出现故障后直接影响人员安全和机组负荷，制约机组安全稳定运行。因此，提高捞渣机各部件的检修质量是保证机组长周期运行的重要手段。

### 一、刮板、链条的检修

捞渣机刮板、链条检修的主要步骤、工艺标准如下：

（1）捞渣机停机前应先将槽体内的渣排完。打开捞渣机上、下槽排水门进行排水，冲洗捞渣机内部和溢流箱，使张紧装置泄压返回直到张紧轮的最低点。

（2）拆卸链条，陆续将刮板链拉出解体，在难以拆卸的情况下可以通过割除两侧对应的链环。

（3）手盘导轮、张紧轮、链轮，检查能否旋转自由，记下转动不灵活的轮作重点检查。

（4）打开人孔门，检查人孔门的密封情况，损坏或密封不严及时更换修补。

（5）检查相邻的两个刮板之间圆环链对的磨损情况，链环直径磨损超过 1/3 时应更换。更换时首先拆下链扣螺栓，然后轻轻敲出销子，如图 4-7 所示，取出链条，更换新链条时按拆卸相反的顺序进行。

（6）检查每一块刮板，特别是接头座与刮板处螺栓连接是否断裂、松动，刮板不得弯曲变形，更换损坏变形的刮板。耐磨条磨损超过 1/2（4mm）进行焊补打磨或更换新备件。

图 4-7　链条接链环安装示意图

（7）链条存在裂纹应更换、变形缺陷应校正，无法校正的予以更换。

（8）链条逐段更换时，应保证两根链条对称。以免延伸不一致，造成两根链条长短不同及偏距。

（9）链条整条换新时，两根链条需节数对称，每隔 7 个链环装一个刮板，应尽量减少接连环的使用数量，链条理直并每节连接自然，无曲折、卡、扭住现象。

（10）检查每一个链扣与链环接头处磨损情况，磨损超过原厚度 10% 时应翻边或更换。

## 二、主动链轮装置的检修

捞渣机主动链轮分为凹齿和凸齿两种类型，如图 4-8 所示，其检修的主要步骤、工艺标准如下：

图 4-8 凹齿主动链轮（左）和凸齿主动链轮（右）

（1）检查圆环链轮和大链轮的磨损情况，以及轴与轴承的间隙配合与大轴腐蚀及晃动情况。

（2）圆环链轮磨损 1/3 需更换，方头螺栓紧力要均匀，不得有松动现象。

（3）大链轮磨损情况检查，磨损超过 1/3 时应更换，大链轮更换回装大轴时，要用铜棒垫敲或用液压工具压进大轴，不得用大锤直接与链轮接触，更不得锤击齿尖部分。

（4）大轴解体时做好开挡标记，便于装复时开挡无误。

## 三、捞渣机槽体的检修

捞渣机槽体检修的主要步骤、工艺标准如下：

（1）槽体钢板、拉筋检修。质量标准：槽体钢板腐蚀磨损不超过原厚度的 1/2、拉筋无变形无开焊情况，否则进行焊补打磨或更换备件。

（2）检查挡链板是否完好，开焊或损坏处重新焊接修补。

（3）检查钢丝网是否完好，损坏处修补或更换。

（4）检查可拆卸板的连接螺栓是否牢固，密封垫片是否损坏，否则进行紧固或更换备件。

（5）检查铸石板的磨损情况，是否有开焊处，开焊处重新焊接，磨损超过原厚度 1/2 时更换，铸石板应菱形铺设，减少刮板耐磨条磨损。

（6）槽体耐磨板无断裂、缺损，厚度小于原厚度的 25% 时就要更换；衬板铺设半圆，接口平滑，外观平整无杂物，相邻两衬板平面偏差值小于 2.5mm。斜坡段衬板采用钢板铺设的，横向必须采用 20mm 厚整块钢板，铁板拼接处必须加工 30°坡口，钝边不得超过 3mm，且焊接前坡口表面打磨光滑，焊缝全部要求满焊，全焊透形式，焊缝表面光滑，不得有夹渣和裂纹，焊接层数不少于 4 层（包括加强面）。

（7）松开固定部分的螺栓，拆下溢流箱裙板，检查密封垫有无损坏，损坏或密封不严及时更换修补。

### 四、捞渣机导向轮的检修

捞渣机导向轮结构如图 4-9 所示，其检修的主要步骤、工艺标准如下：

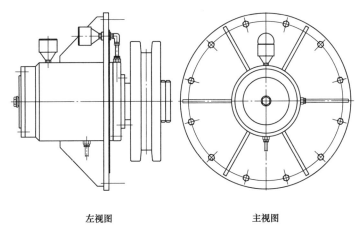

左视图　　　　　　　　　　主视图

图 4-9　内导轮结构

（1）拆卸轴承上盖，取下闷盖，检修轴承（参照滚动轴承检修工艺）。

（2）解体检查密封垫、水封孔阻塞及轴承磨损、腐蚀情况。

（3）O 形密封圈和油封、毛毡圈损坏或老化予以更换，更换时结合面清理干净，结合面平整光滑，无凹凸、腐蚀现象。

（4）检查轴与轴承、轴承与轮子的基孔配合尺寸，若超标，须精加工或更换（轴和轴承配合紧力为 0.02~0.05mm）。

（5）轴承和端盖装配时其空间的 1/2 充填钙基润滑脂。压轮和导向轮转动灵活、无卡涩现象。密封点无漏泄。

（6）检查密封件、轴承座。轴承座损坏或开裂及时更换。

（7）清理检查压轮、导向轮磨损情况，磨损量不超过原厚度的 1/3，否则进行更换。质量标准：从导轮中心线到侧壁的平直度不超过 6mm。

（8）检查轴是否完好。

### 五、驱动装置及其油站检修

捞渣机驱动装置及油站检修的主要步骤、工艺标准如下：

（1）拆开驱动轴轴承上盖，取出闷盖，用煤油清洗干净，若轴承径向游隙大于 0.10mm，则更换新轴承。

（2）检查链轮、轮毂磨损情况，若磨损严重应更换。两对链轮装配时应使齿轮对称同步。

（3）轴承及其各部件回装，轴承和轴承座壳体内填充 1/2 钙基润滑脂。

（4）油箱放油，防止液压油外溢。

（5）检查油质，分析污染物和水分，若不符合要求或达到规定周期，则更换新油。

（6）清洗过滤器滤芯，对损坏或不能正常使用的滤芯进行更换。

（7）清理油箱，清除黏附物，清理换油后必须进行滤油工作，且不得少于24h。

（8）检查油泵，若有故障进行检修，检修后要保证油泵及其传动有较高的同心度，在安装联轴器时，不要用力敲打，以免损伤油泵的转子，应加热进行安装。

质量标准：外壳无破裂，泵体及前后端盖结合面处无漏油；轴封处密封良好，无漏油现象。齿轮端面与泵壳端面的间隙为0.03～0.05mm，齿轮齿顶圆与泵壳内圆表面的间隙为0.03～0.06mm。泵体前后端盖结合面表面粗糙度符合要求，表面无划伤，泵体螺栓对称紧固，紧力均匀。滚针轴承无压伤、变形，滚针弯曲不超过0.02mm。油泵用手盘车，转动灵活无紧涩现象。工作时转向无误，运行平稳无异常声响，振动不超过0.06mm。

（9）检查油管路泄漏情况，泄漏处及时消除。

（10）清洗散热器翅片及风扇。

## 六、链条张紧装置及其油站检修

捞渣机张紧装置及油站检修的主要步骤、工艺标准如下：

（1）检查张紧轮的磨损情况，磨损量超过原厚度的1/3应更换。

（2）拆开轴承座上盖，取下嵌入闷盖，检修轴承（参照滚动轴承检修工艺）。

（3）检查密封是否完好，损坏处修补或更换备件。

（4）检查轴是否完好。

（5）检查张紧装置液压缸密封件是否完好。

质量标准：密封件完好无渗漏油；各连接件牢固无松动、变形及裂纹损伤。活（柱）塞杆表面无划痕、裂纹和毛刺。缸体内表面无划痕、裂纹和毛刺。活塞无毛刺，沟槽及裂纹损伤。活塞锁紧螺栓锁紧可靠且有防松装置。各密封件密封良好，无裂纹损伤；橡胶密封件无老化变质。活塞杆防尘套完整无破损。各部件运动灵活无卡涩。

（6）张紧装置的油站检修工艺同驱动油站。

## 七、液压马达的拆装方法和质量标准

### 1. 液压马达的安装步骤及注意事项

（1）首先将液压马达和扭力臂组装到一起，安装扭力臂的螺栓应该用扭力扳手拧到900N·m。

（2）确定液压马达的重心，用吊车将液压马达吊到安装轴的附近；卸下液压马达的后端盖，将丝杠穿过液压马达拧到设备轴上，然后拧紧丝杠上的螺母，将液压马达安装到设备轴上，如图4-10所示。液压马达装到设备轴上后，轴上有止口，锁紧盘必须推倒位。

（3）液压马达安装时，在锁紧连接圈和压圈之间的锥形面以及螺栓涂上二硫化钼；清洗驱动轴外表面以及液压马达空心轴内表面。

（4）特别注意二硫化钼绝对不能涂到被驱动轴和液压马达空心轴内表面。

（5）液压马达装到设备轴上后开始拧紧锁紧盘，拧锁紧盘的螺栓的过程中使吊车保持

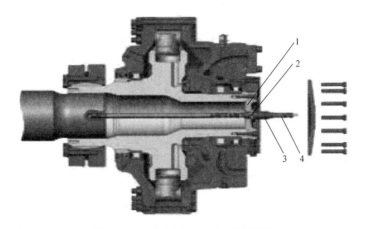

图 4-10 液压马达拆装方法示意图
1—轴承保持架；2—塑料垫片；3—螺母；4—安装工具

一定的张力，防止液压马达倾斜；拧紧螺栓时要对角拧紧，拧紧的过程中锁紧盘的偏差不能超过 1mm，分 3～5 次进行，直到拧紧到 490N·m。

（6）锁紧盘装好后，卸下丝杠，松掉吊车，把扭力臂固定在支腿上即可。

（7）新安装的液压马达试运期间，要检查锁紧盘与轴之间的相对位置，做好标记，发现相对位移及时停机，增加锁紧力。增加锁紧力时，每次力矩增加按原力矩的 10% 进行。

2．液压马达的拆卸步骤及注意事项

（1）用吊车吊住液压马达，钢丝绳尽量和液压马达吊点垂直；打掉扭力臂的销子。

（2）松锁紧盘的螺栓，松时应该每次松 1/4，一圈一圈地松，直到能用手拧动螺栓。

（3）拆下液压马达后端盖，将丝杠通过液压马达固定到设备轴上，然后逆时针拧螺母，将液压马达从设备轴上拆下来，拆的过程中要不断调整吊车的张紧度。

3．液压马达检修质量标准

（1）滚轮外表面光滑无毛刺，表面粗糙度符合要求，滚轮转动灵活无紧涩现象，滚轮两侧锁紧挡圈全部嵌入槽内，滚针轴承径向间隙为 0.045～0.09mm，滚轮在转动时无轴向滑动现象。

（2）柱塞表面光滑，表面粗糙度符合要求，柱塞外圆柱圆锥度公差为 0.01mm，圆度公差为 0.01mm。

（3）缸体各柱塞孔表面粗糙度符合要求，柱塞孔圆度、圆锥度均不大于 0.01mm。

（4）柱塞孔内表面纵向划痕。柱塞孔与柱塞配合间隙为 0.01～0.02mm。柱塞在柱塞孔内伸缩自如。

（5）轴承内外套、滚动体、保持架，无损坏、无裂纹、无斑点、无锈蚀。

（6）配油轴与配油孔表面粗糙度符合要求，无毛刺和沟痕，配合圆柱的锥度与圆度均不大于 0.02mm，配合间隙为 0.04～0.08mm，相对转动自如。各螺栓紧固均匀，有防松措施。

（7）液压马达装配后，灌满液压油，经过 24h 静压测试，各密封点无渗漏油。液压马达经试转，运行平稳无噪声。

## 第三节　捞渣机维护注意事项

随着火电机组煤质的持续恶化，机组燃烧煤种变化大、煤量增加、燃煤灰分远高于设计煤种。这导致锅炉排渣量大幅度增加、捞渣机运行工况恶劣，要求捞渣机运行速度提高，链条、驱动齿、刮板等各部件的磨损明显加剧，可靠性明显下降。同时液压马达、油泵由于长期高速运行，内部磨损加快、内漏量增大。为了提高捞渣机运行可靠性，必须精细化捞渣机的日常检查和定期工作的执行标准。

### 一、日常维护注意事项

捞渣机日常维护中主要检查项目及标准如下：

(1) 每天检查捞渣机导轮工作情况，包括内导轮是否保持转动、轴承声音有无异常等；导轮导流孔有无灰水渗出，如有灰水需立即补充密封脂。

(2) 每天检查驱动齿运行情况，观察驱动齿磨损情况，固定螺栓是否松动、链条和驱动齿应啮合良好，无跳齿现象。

(3) 每天检查捞渣机动力油站、液压马达、液压关断门、张紧装置油管漏油情况，发现接头、油管漏油、老化的应及时更换；各油站油管应没有和金属锐角直接接触的部分，若有应立即在金属锐角和油管之间垫胶皮。

(4) 每天检查张紧轮是否转动、是否处于水平状态，检查链条偏斜度，两侧偏斜不应超过 200mm，防止链条脱链；检查保持张紧装置的压力在 5～7.5MPa，斜坡外导轮时转时不转状态为最宜。

(5) 每天检查链条冲洗水，应始终处于运行状态，并且保持一定压力。

(6) 每天检查扫渣帘是否完整，减少回程带渣，保证压链轮始终处于转动状态，发现压链轮轴下方积渣，应及时清理。

(7) 每天检查捞渣机运行油压、速度曲线是否平稳，运行人员注意应根据机组煤量合理调节链条运行速度，一般情况下上限在 3.0m/min，以减少链条磨损。

(8) 每天检查捞渣机油站温度，运行温度不超过 50℃，检查液压马达运行温度不超过 40℃，必要时加装辅助降温措施。

(9) 每天检查捞渣机槽体泄漏、变形情况，发现异常情况需及时组织治理、补救工作。

(10) 每天检查渣仓插板门开关情况，密封圈、气源管应无漏气；插板门、滑轮应无卡涩；仓体无泄漏情况。

(11) 每周检查捞渣机动力油站、液压关断门油站、张紧油站油位，正常油位在 3/4以上。

(12) 每周检查液压关断门油缸销子位置和关断门漏风情况，发现销子不牢固或关断门有脱落风险，立即计划处理、及时计划加固，并利用检修机会修复。

(13) 每月检查刮板运行情况，出现耐磨条磨损超标、牛角螺栓松动、刮板变形情况，要立即更换。

（14）每月定期检查捞渣机液压马达、油泵、电动机、风扇电动机振动和运行声音，油泵三向振动应<0.8cm/s，液压马达无异声。

（15）春季要检查捞渣机冷却风扇换热器表面是否堵塞柳絮、杨絮影响换热效果。

（16）冬季要检查捞渣机回程穿墙处的保温情况，检查捞渣机回程带水情况，避免捞渣机回程结冰。

（17）日常做好比例阀、高压油管、液压油泵、液压马达等关键事故备件的储备。

**二、捞渣机定期工作**

捞渣机主要定期工作及标准如下：

（1）捞渣机内导轮定期补给油脂，每周一次，每次补油给油脂将导轮内旧油全部顶出为宜。

（2）捞渣机外导轮、张紧轮、压链轮定期补给油脂，每月一次。

（3）捞渣机动力油站定期滤油，每两个月一次，保证液压油清洁度含水量<500×$10^{-6}$、清洁度达到NAS7级。

（4）捞渣机动力油站定期更换滤芯，每6个月一次，更换过程中保证油系统清洁，过滤器内发现铁屑等杂质，必须留照片记录。

（5）液压马达泄漏情况监测，每年一次，发现泄漏流量超过9L/min（17.5MPa<9L/min），应计划利用检修机会返厂修复。

（6）捞渣机链条定期截链，每次截链要测量链环直径并记录在案，当两条磨损量超过原链条直径的10%时（耐磨层已磨完，链条磨损将会加快），应计划利用机组检修机会更换。

（7）运行人员应定期进行液压关断门传动试验，每月一次。

（8）运行人员应定期进行备用渣仓、渣仓皮带机、事故排渣门传动试验，每月一次。

（9）机组停机时，需对捞渣机耐磨板厚度进行测量，并做好记录。

**三、动力油站常见故障的判断及处理方法**

（一）动力站不能起动

1. 原因
（1）电动机的主电压为零。
（2）控制电压为零。

2. 处理方法
（1）在供电系统上查找原因。
（2）检查动力站上的控制系统。如控制系统断路，则找出断路原因。

（二）动力站无流量输出

1. 原因
（1）无伺服压力。

（2）液压泵与电动机之间的联轴器出现故障。

（3）液压泵的旋转方向错误。

（4）负载过重。

2. 处理方法

（1）无控制电流输送到伺服油缸中。检查控制功能和电控电路板。

（2）通过浮板腔上的检查孔进行检查。

（3）检查旋转方向。

（4）检查负载压力是否过高，导致液压泵输出压力急剧下降。

（三）异常噪声

1. 原因

（1）吸油管未打开。

（2）补油压力太低或者根本没有。

（3）有空气渗入液压泵吸空。

（4）油箱上的空气滤清器发生堵塞。

（5）联轴器上的弹性元件磨损。

（6）旋转方向错误。

2. 处理方法

（1）打开吸油管阀。

（2）检查背压是否正常。

（3）检查吸油管到补油泵处是否有空气渗入。当听到泵中噪声发生变化时，通过向管接头处泼洒一些油液进行测试。

（4）更换空气滤清器。

（5）更换弹性元件。

（6）使电动机的旋转反向。

（四）系统中没有压力

1. 原因

（1）动力站供油不足。

（2）高压先导控制没有关闭。

（3）液压泵上的附加阀件故障。

2. 处理方法

（1）执行噪声异常处理方法所述相关步骤。

（2）清洁并修复高压先导控制。

（3）检查液压泵上的附加阀件。

（五）过度磨损

1. 原因

（1）油液黏度太低。

（2）油液中有颗粒通过液压泵进入系统回路。

（3）液压系统中有空气、液压泵出现吸空。

（4）液压油中水的含量过高。

2. 处理方法

（1）与油液推荐值相比较，检查油液温度和冷却回路。

（2）检查过滤器，如有必要进行更换。按照滤芯更换表来检查滤芯是否更换过。

（3）找出并补救系统漏气点，清除系统中的空气。

（4）检查液压油，更换油液。

（六）油液温度过高

1. 原因

（1）冷却能力不足。

（2）液压泵内部泄漏较大。

2. 处理方法

（1）清洁风冷冷却器。

（2）更换或修复液压泵。

### 四、捞渣机运行和检修风险控制措施

捞渣机通常直接布置在炉膛正下方，在机组运行中检修是风险很高的工作，必须进行风险分析和控制才能开展工作。当链条断裂或刮板卡死位置在槽体内，捞渣机长时间停运导致渣井内部蓬渣，锅炉频繁掉焦在没有采取更换煤种、未找到掉焦原因前严禁开展检修工作。

1. 防止运行中捞渣机渣量大导致过负荷的措施

（1）运行人员密切监护捞渣机的驱动油压，巡检过程中注意观察捞渣机中的渣量多少。从捞渣机爬坡段观察，发现湿渣连续覆盖2块及以上刮板时，需及时提高捞渣机转速，以适应渣量的变化。

（2）运行人员要调整好锅炉燃烧，遇有煤种变化（燃用易结焦的煤种）时，及时进行燃烧调整，保证炉膛吹灰次数，适当调整捞渣机转速，保证灰渣及时排放，防止渣量大导致捞渣机停运。

2. 防止运行巡检人员烫伤的措施

（1）在捞渣机周围加装围栏，并设置明显的警示标识。无关人员严禁进入捞渣机隔离围栏内部区域。

（2）巡检人员必须熟悉捞渣机区域布置，熟知逃生通道，对可能发生的风险做到心中有数。

（3）进入捞渣机区域进行日常的巡检等检查工作，必须了解机组的运行工况、是否吹灰、燃用煤种等情况。

（4）禁止在捞渣机区域长时间停留。如停留时间超过30min，必须穿好防烫服。

3. 机组运行中检修的安全措施

（1）检修工作开始前，必须对本项工作的可行性、安全性进行分析，准确判断本项工

作是否必要和可能，并认真制定检修工作的防护措施。

（2）检修人员工作时必须配备防烫服、手套、口罩和头盔等安全保护用品，否则必须退出捞渣机区域，禁止进行相关工作。工作人员在危险区域连续工作超过 2h，必须安排休息半小时方可再次参与检修工作，危险区域工作采取轮流工作的方式。

（3）工作现场应指定专人指挥协调，所有检修操作人员必须服从指挥，建立单一联系方式，杜绝违章指挥。

（4）进行吊装工作前一定要将各类绳索、器具检查一遍，确认无误后方可进行，坚决杜绝使用不合格吊具，吊装范围内应悬挂警示围栏，严禁无关人员经过。

（5）对渣井蓬渣、结焦部位严禁使用消防水冲洗。

（6）检修人员在危险区域工作时，应观察好撤离路线，确认好逃生通道，做好随时能够安全撤离的准备，如出现掉焦、炉膛正压、喷渣等异常情况，应立即停止检修工作，人员撤离现场，分析异常原因，消除异常情况并采取必要的防范措施后方可再次开展工作。

## 第四节　渣仓设备检修工艺

炉渣经捞渣机连续捞出后，由捞渣机头部落渣口排出、落入渣仓顶部的可逆胶带输送机，经由可逆胶带输送机转运至渣仓内缓冲贮存，渣仓内部设置析水元件，可以将含水量大渣进一步脱水，脱水后的渣，含水率在 25%～30%。渣仓下部设气动排渣门，脱水后的渣定期用湿渣罐车外运至综合利用用户或贮灰场。

捞渣机的溢流水和渣仓脱出来的水，经渣沟汇集到渣水坑内，用渣水泵把渣水送到渣水澄清池，经澄清处理后的水，用冲洗水泵送回渣系统，循环使用。系统补水来自水工复用水。

### 一、渣仓本体检修

渣仓本体主要起中转和临时储渣作用，日常维护项目主要是淅水板清理和定期检修，内容如下：

（1）检查渣仓本体磨损、腐蚀、裂缝情况并根据实际进行焊补打磨。质量标准：仓壁无漏灰、漏渣现象，仓壁磨损超过原壁厚的 2/3 时挖补更换，重新进行焊补打磨。

（2）将专用梯子从渣仓上部放入仓体，检查牢固可靠后再进行拆卸淅水板并做好标记。

（3）处理淅水板灰渣，可放入酸洗池中将灰垢清洗干净后回装。淅水板损坏或磨损严重更换新备件。

（4）清理排水管灰垢，保证排水管畅通无阻，排水阀开关灵活，严密不漏。

（5）人工清理渣仓内部灰垢以及排渣门溢流槽。

### 二、渣仓排渣门及气缸检修

渣仓排渣门通常为气动插板门，由密封座、闸板和气缸三部分组成，检修步骤和工艺标准如下：

（1）用 3 个倒链吊住排渣门及气缸，牢固可靠后拆卸排渣门螺栓，放置于指定位置并保存好。将排渣门及气缸放置于指定位置进行检修。

（2）清理闸板灰渣。检查闸板磨损情况，磨损大于 3mm 进行焊补打磨，磨损严重更换新备件。检查滚轴磨损情况，若磨损严重则更换新备件。检查滚轴灵活性，重新加注润滑脂。

（3）拆卸气缸与排渣门固定螺栓，做好标记，拆卸端盖并清洗，若端盖损坏则更换新备件。放置于指定位置并保存好。

（4）取下缸体并解体，清理检查组装。气缸缸面光滑无锈垢、麻坑，若损坏或磨损严重，则更换新备件。

（5）用煤油清洗活塞。检查活塞环磨损情况，若磨损严重则更换新备件。若活塞密封圈与轴封密封圈老化或磨损严重，则更换新备件。

（6）所有备件回装前认真检查，合格后进行回装，对角紧固排渣门与气缸螺栓。

（7）拆下密封座。门板、门座结合面平面度偏差小于 1mm。

（8）拆卸密封圈挡圈，放置于指定位置并保存好。

（9）检查充气密封圈磨损情况，若磨损严重则更换新备件。质量标准：应无漏气，其他密封圈密封良好。

（10）安装挡圈紧固螺栓，回装密封座，回装排渣门。

（11）排渣门导轮检查、检修、调整，若导轮直径磨损量超过 2mm，则更换新备件。

（12）用倒链吊回排渣门及气缸对称紧固螺栓。闸门与密封座间保持 0.5～1.5mm 的间隙。

### 三、排污泵检修

1. 排污泵外观检查

检查排污泵出口管道焊口是否有破损泄漏现象，法兰连接处是否有泄漏现象。排污泵轴承体是否有泄漏现象。排污泵、电动机连接螺栓是否有损坏、松动现象。将排污泵漏水、漏油处擦拭，清理现场卫生。

2. 排污泵解体

（1）拆卸出水管与排水管连接法兰之间的螺栓，放至固定位置保存好，对螺栓进行刷洗，清除牙隙中的锈垢，有缺牙、滑牙、裂纹及弯曲的螺栓予以更换，检查管道磨损情况，磨损量大于 3mm 进行打磨焊补，若磨损严重，则进行更换，检查法兰垫，如果老化、开裂、损坏，则更换新备件。

（2）拆卸电动机座与电动机连接螺栓，吊走电动机放至固定位置保存好。

（3）拆卸泵支承板连接螺栓，吊泵放至固定位置进行检修。

（4）依次拆下滤网、出水管、蜗壳、电动机座，检查蜗壳的磨损情况，若磨损超过原厚度 1/2 或损坏、开裂予以更换。电动机座损坏或开裂予以更换。

（5）清理下滤网，磨损超过原厚度 1/2 或损坏、开裂予以更换。出水管磨损量超过

3mm 进行焊补打磨。

（6）用三爪拉马或专用工具将联轴器拆下，取下键，检查联轴器，若有裂纹或键槽损坏严重，更换联轴器。检查键，若有损坏重新配键。检查联轴器之间弹性块，若磨损严重或老化则进行更换。

（7）拆卸调整螺母，卸下叶轮，检查叶轮的磨损情况，叶轮磨损超过原厚度 1/3 或损坏、开裂时应更换叶轮，新更换的叶轮两端面对叶轮轴线的跳动量不得大于 1.5mm。

（8）拆卸后护板和轴套，检查轴套、后护板的磨损情况，后护板磨损超过原厚度 1/3 或损坏、开裂时应更换。轴套磨损量超过 1.0mm 或损坏、开裂时应更换。

（9）拆卸支架，拆卸上下轴承压盖和轴承。质量标准：若支架开裂或损坏则更换新备件，轴承压盖损坏、开裂、磨损大于 1mm 更换新备件。油封老化或损坏更换新备件。轴承检修（参见滚动轴承检修）。

（10）抽出传动轴，检查轴的磨损、弯曲情况，轴弯曲若大于 0.05mm 则进行校直，严重变形、扭曲的泵轴应更换。

3. 滚动轴承的检修

（1）将专用工具装好，使其预先有拉力，将加热到 100℃ 左右的矿物质油，浇到轴承的内圈上，使其内圈膨胀后再进行拆卸。注意加热时为了使热油有效地浇在轴承内套上，应采用长嘴油壶；为防止热油落在轴上，使得轴受热膨胀给拆卸带来不便，可用石棉将轴径裹严。

（2）在用上述方法不能拆下时，也可使用套筒和手锤或铜棒和手锤拆卸。但绝对禁止用手锤直接敲击轴承外圈来拆卸轴承，如果这些专用工具仍拆不下来时，就要用压力机进行拆卸。

（3）检查轴承内、外圈和滚动体隔离架表面质量，有无裂纹、疲劳剥落的麻坑、重皮变色等现象，轴承外套表面有无相对滑动痕迹，轴承内套与轴的装配是否松动。

（4）轴承应转动灵活，用手转动应平稳，并逐渐减速停止，不能突然停下或有振动。

（5）轴承外圈与轴承体之间有 0.05～0.10mm 的径向间隙；轴承与轴的配合间隙为 0.02～0.05mm。

（6）用煤油清洗与轴承配合的零件，所有润滑油路润滑油腔都应清洗、检查、清除污垢。

（7）更换的轴承在回装前应进行全面检查（必要时包括金相、探伤检查）符合质量标准方可使用并做好记录。

（8）用塞尺或压熔丝的方法测量轴承间隙，将轴承立放，内套摆正，计塞尺片或熔丝通过轴承滚道，每列要多测几点，以最小的数值为该轴承间隙。

（9）用细锉清理轴头、轴肩的飞边毛刺，用水砂纸将轴颈打磨光滑。将轴承及轴承箱用煤油进行清洗，并用干净不易脱毛的布擦拭干净。

（10）轴承回装采用热装法及使用轴承加热器将轴承加热到 100℃，使轴承内圈受热膨胀，将轴承推入轴颈。注意轴承拆装时施力部位要正确，原则是与轴配合打内圈，与外壳配合打外圈，避免滚动体与滚道受力变形或压伤。轴承外圈与轴承压盖（透盖）之间一般应有 0.05～0.10mm 间隙。轴承内圈与轴的配合间隙一般为 0.02～0.05mm。

（11）用干净煤油冲洗轴承，进行装配后的检查，看是否有破损、胀裂现象，转动轴承是否灵活，并测量轴承间隙，记录热装后的间隙缩小值。

（12）轴承安装完毕后要及时对轴承采取防锈防尘的措施。

4. 泵轴的检修

（1）外观检查：轴用 320 号水砂布打磨干净，目测外观检查轴颈无划碰伤痕、磨损、裂纹缺陷，键槽完好。必要时对轴颈进行渗透探伤（PT）检查无裂纹。

（2）轴弯曲的测量：按检修记录中图示轴弯曲测量部位测量，找出轴弯曲最大点，并绘出弯曲曲线。根据弯曲最大点，采用冷态校正方法，对轴弯曲最大区域进行捻打，直至弯曲值满足技术标准要求。

（3）轴弯曲测量技术要点：为保证测量准确性，需专人盘动轴和读数，并多测量几次（一般不少于 3 次），在测量前检查百分表及表架、磁力表座完好。为防止轴发生轴向窜动，需在轴端架表监视，并采取相关措施。

（4）泵轴弯曲的校直：泵经过长期运行后，或因维修解体过程中的偶然事故，轴的弯曲度可能超过技术标准规定的数值；若继续使用该轴，必须消除其弯曲度。

（5）一般采用冷态释放内应力的直轴方法，即锤击捻打法。如图 4-11 所示，捻打时，弯轴的凹侧朝上，捻打过程中保持该状态不变，捻打区域一般选择最大弯曲轴面弧段 2～3 点。采用 2～3kg 的手锤击打冲针，击打力不能过重，击打的次数和时间，视轴弯曲程度而定。捻打时，轴的最大弯曲点凸侧支承在铜板或铅板上，支撑面达到 30％～40％轴面弧段，每捻打完一次均要检查轴的弯曲度。最终捻打时应过弯 0.01～0.02mm。捻打时轴上留下的击打痕迹保留，便于今后检修参考。

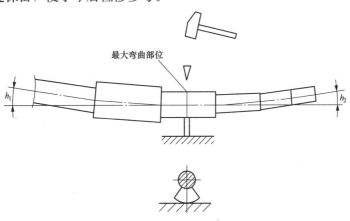

图 4-11　泵轴校正要领

（6）捻打注意事项：轴在捻打时的位置必须保持最大弯曲处垂直向下，并做好标记。捻打的频率和手锤击打力要均匀稳定。捻打过程中，要定时测量跳动（晃度），以控制捻打时间和效果。

5. 排污泵回装

（1）将清理干净的轴穿入轴承箱，装两侧轴承，轴承箱加二硫化钼润滑脂。

（2）装上下轴承压盖，防尘盖及油封，防尘盘要压紧油封，顶丝要拧紧。

（3）将联轴器内孔均匀加热至 150℃，将联轴器安装在轴上紧靠轴肩。

（4）依次安装电动机座、锁母、轴套、支架、后护板、叶轮、蜗壳。

（5）叶轮与护板和叶轮与泵体的间隙要均匀，无刮磨现象，用手盘车灵活，如发现有卡涩现象，则要进一步进行调整（调整方法是：组装完毕后，叶轮稍紧固于泵体之上，使之转动，调整叶轮至不刮、不碰，转动自如，间隙均匀为止，然后将调整螺母拧紧，用轴套压紧叶轮）回装下滤网及出水管。

（6）吊泵就位，装联轴器弹性块。

（7）吊电动机就位，电动机与电动机座结合面处的弹性块的厚度要根据两联轴器的轴向间隙确定。

（8）拧紧电动机与电动机座的连接螺栓。

 **思考题**

1. 简述张紧装置液压缸检查、检修质量标准。

2. 捞渣机动力系统油液温度过高的原因及处理方法有哪些？

3. 液压马达和电动机减速机两种驱动机构的优缺点有哪些？

4. 捞渣机动力站所使用的液压油必须满足什么要求？

5. 捞渣机在使用中存在哪些优缺点？

# 第五章

# 干 式 排 渣 系 统

干式排渣系统又称风冷式机械除渣系统,是依靠锅炉负压,引入适量受控的环境空气,对锅炉炉底排出的灰渣进行收集、冷却、输送、存储的综合处理系统。锅炉底部的固态渣由直接设在炉膛底部的渣斗收集,渣斗下一般设有液压关断门、干式排渣机。正常运行中,锅炉底渣落入干渣机的输送带上,连续地将渣输送至渣仓,干渣经双轴搅拌机加湿后用自卸汽车运送灰场或外运综合利用。

## 第一节　干式排渣系统概述

干渣机(Bottom Ash Conveyor)是燃煤锅炉底渣处理的核心设备,全称为干式排渣机(或干式除渣机),用于对锅炉排出的热渣进行输送和冷却。1987 年,意大利马加尔迪能源股份公司(MAGALDI)研发了网带式干渣机。干渣机输送带是由不锈钢网带加承载板组成,输送带下部设置链条刮板清扫系统,依靠炉膛负压自干渣机头顶部及两侧吸入自然风对输送带上的热渣进行冷却。1999 年网带式干渣机首次被引进我国后,对网带结构、清扫系统进行了改进,添加了大渣挤压设备,使其更加完善,应用范围更加广泛。下文主要以网带式干渣机为例介绍干渣机的基本工作原理和系统布置方式。

### 一、工作原理

炉底渣经由渣井下落到干式排渣机不锈钢输送带上,高温炉渣由不锈钢输送带向外输送。在输送过程中热渣被逆向运动的空气冷却,热渣到干式排渣机头部已经逐渐被冷却到100℃左右;冷却用的空气,在锅炉炉膛负压的作用下,由干式排渣机壳体上开设的可调进风口进入设备内部,冷空气与热渣进行逆向热交换;冷空气吸收渣热量直接进入炉膛,将炉渣的热量回收,从而减少锅炉的热量损失。冷却空气总量不超过锅炉总燃烧

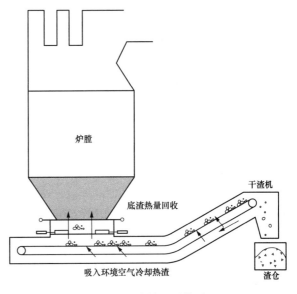

图 5-1　干式排渣系统原理

空气量的 1%,并能根据排渣量和排渣温度进行调节。干式排渣系统原理如图 5-1 所示。

为避免锅炉结焦时，大焦块影响干式排渣机的正常运行，在渣井出口设置大焦拦截网，允许小于 1000mm 的焦块进入干式排渣机，大于 1000mm 的大焦被拦截在网上。在渣井两端面设有监视器，能监视到拦截网上大焦的堆积情况，可根据需要及时采用人动捅焦。在干式排渣机提升段，设有大焦检测装置，该装置能检测到小于 1000mm、大于 200mm 渣块情况。当检测到有大焦块时，会发出信号，通过机体对应部位的操作孔，及时采取人工方式，进行清除。

## 二、干式排渣系统的设备组成

干式排渣系统主要由渣井、液压关断门、干渣机、碎渣机、干渣仓、卸渣系统、仪表及电气控制系统等组成。干式排渣系统流程如图 5-2 所示。

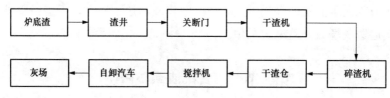

图 5-2　干式排渣系统流程图

### 1. 渣井

渣井布置在锅炉下联箱下方，主要功能是事故性储渣和吸收锅炉水冷壁的膨胀量，其上部与锅炉下联箱密封，下部与关断门相连。通常情况下，渣井应具有不小于机组在 MCR 工况下 4h 排渣的储存容积，可以耐不小于 800℃ 的高温。渣井配有检查孔和打焦孔，内衬有保温和耐火层，具备较好的抗冲击能力。

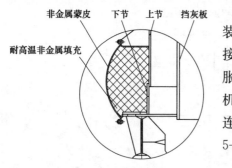

图 5-3　炉底与渣井连接处
机械密封结构示意图

渣井支撑方式通常采用独立结构，并设有密封装置。渣井密封装置主要用于炉下干渣斗与锅炉连接处的密封，且能满足锅炉下部在各个方向的热膨胀量。密封装置一般有水封式与机械式两种，干渣机的渣井通常采用机械式密封，即采用波纹板密封连接（液压关断门封闭在波纹板内），其结构如图 5-3 所示。

### 2. 液压关断门

液压关断门布置在渣井与干渣机之间，具有在事故状态下关闭排渣口，利用渣井储渣以方便对下级设备进行检修，同时具有大焦预破碎功能。液压关断门通常采用多组布置，每组由两扇门板对开、油缸驱动（见图 5-4）。其下部设置有大焦拦截网（不锈钢格栅），大于 200mm 粒径的大渣会经过格栅的缓冲，不会对干渣机网带及托辊造成大的冲击损坏；而且当格栅上堆积大渣块时（通过监视器可以看到），可启动挤压头（关断门门板），对大渣块进行挤压破碎至小于 200mm，这有利于提高渣的冷却效果，有利于碎渣机的破碎。

液压关断门水平运动，由液压缸驱动，并有两个行程开关传递位置信号。液压缸通过

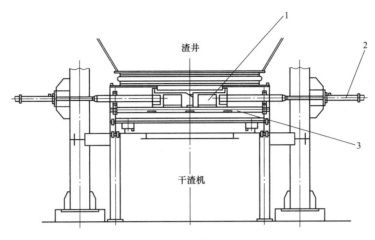

图 5-4　液压关断门结构示意图

1—关断门门板；2—油缸；3—不锈钢格栅

支撑横梁固定在渣井的立柱上，用销轴与关断门门板推杆连接。液压缸由液压泵站提供动力，液压阀控制换向，其间用油管连接。配有一套电气控制系统，两台油泵一用一备。

3. 干渣机

网带式干渣机分上下两层布置，上层布置输送带，由不锈钢网带加承载板组成，输送带下部设置链条刮板清扫系统。设备结构将在下节进行详述。

4. 碎渣机

干渣机出口通常设有单辊碎渣机（见图 5-5）或重锤式双翻板阀，在排渣通道中起隔绝作用，使外界不受控空气不能进入。单辊碎渣机主要由驱动机构（电动机、减速机）、碎渣机本体和底座框架组成，具有破碎能力强、结构紧凑、齿板耐磨损等特点。

5. 干渣仓

经冷却破碎后的干渣落入渣仓，渣仓顶部设有料位计和布袋除尘器，下部一般

图 5-5　单辊碎渣机实物图

设置 2 个排渣口，如有需要还可以加设 1 个事故排放口，布置有气动插板阀或圆顶阀。卸渣设备分别为加湿搅拌机和汽车散装机，将灰渣装车运至灰场或综合利用。

6. 渣仓卸料设备

渣仓卸料设备一般有加湿搅拌机和汽车散装机两类，将灰渣装车运至灰场或综合利用。渣仓落渣口布置有气动插板阀或圆顶阀。

7. 仪表及电气控制系统

干渣机、碎渣机采用程序自动控制，分为"程序控制"和"就地控制"两种方式，设就地操作和远程操作转换按钮，选择权由操作员决定。干渣机输送带和清扫链均采用变频

电动机驱动，可根据渣量大小实现无级调速。渣仓卸料设备采用就地手动控制，液压关断门采用就地手动控制。

### 三、干式排渣系统布置方式

干式排渣系统布置通常为一级进仓方式，如因空间受限，也可采用干渣机＋斗提机或两台干渣机串联的两级进仓方式。一级进仓方式系统简单，投资、运行维护成本较低，是目前火电厂的主流布置方式，如图 5-6 所示。

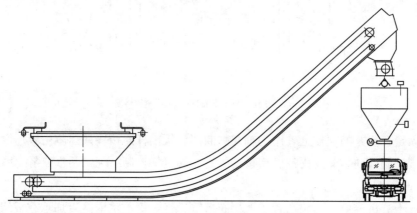

图 5-6　干渣机一级进仓布置示意图

## 第二节　干式排渣系统运行注意事项

干式排渣系统运行、启停流程与湿式捞渣机系统略有差异，主要表现在增加了一套清扫链和炉底为机械密封结构。本节以某电厂 660MW 机组配套的干渣机为例介绍其运行注意事项。

### 一、干式排渣系统启动前的检查项目

干式排渣系统初次安装完工后，需对干式排渣机、碎渣机、搅拌机等转动设备进行4h 以上的单机空载运行，并对相关功能作联机试车。对关断门及泵站作连续多次的开关动作。确认没有任何异常状况，或已采取了可靠的整改措施。

干渣机启动前的检查项目主要有：

（1）安装、检修完工，验收合格；临时安全措施已拆除，设备整洁，照明良好；干渣机、碎渣机、渣仓、搅拌机等设备内部无杂物，检查孔、门已关闭。

（2）干渣机钢带在滚筒中心；液压站管路、张紧系统无泄漏，张紧油压保持在 10～16MPa，各阀门灵活可靠。

（3）各电动机、减速机安装牢固，转向正确，接地良好，防护罩完好牢固；液压油箱、各减速机等轴承油位正常，油质良好。

（4）设备就地控制柜按钮、旋钮位置正确；各开关表计、报警保护准确可靠，指示正

确，并已投运。

## 二、干式排渣系统的启动和停止

干式排渣系统各设备启停操作必须按顺序进行，如图 5-7 所示。启动和停运操作都有一些注意事项，必须遵照执行。

1. 启动操作步骤和注意事项

（1）干渣机启动前，关断门应处于关闭位。

（2）将干渣机控制置于"就地"位，启动干渣机输送电动机，各功能自动投入运行。

（3）启动关断门液压泵站任一台油泵，油压在 12~16MPa，若确认液压关断门上无焦时，可缓慢开启各组液压关断门。关断门操作完毕后，泵站可关闭。

（4）启动干渣机，确定张紧装置在合适的位置。干渣机连续运行，输送速度可以根据渣量情况，通过变频器来调节。

图 5-7　干式排渣系统启停逻辑

（5）清扫链可连续运行，也可定时自动运行。在积灰不是很多的工况下，选用定时运行模式，每天运行一次，每次投运 1h。定时间隔及时间可调节。

（6）根据出渣量情况，调整干渣机槽体上各进风门的开闭，以有效控制不受控制的空气流入干渣机内部。

（7）渣仓料位到达设定高度后，会发出信号。运行中应密切监视渣仓料位，卸渣设备的运行周期，根据渣量情况确定。渣仓卸料设备的自动启动顺序：搅机机→电动给料机→圆顶阀。在开启圆顶阀的同时，开启进水阀。

（8）卸料设备第一次投入运行时，需要调节手动插板门的开度，以调节渣量，同时，调节进水管系统中手动进水阀的开度，以调节水量。使渣、水的比例达到合适状态。水量及渣量通过手动阀第一次调定后，在以后的运行过程中，就不再需要调节。除非对渣量、水量需要进行重新调整。

（9）如卸渣设备出现一时无法恢复的故障时，开启事故备用卸渣口。首先解下事故排渣管下口的法兰，打开手动插板门，直接向地面或斗车中排渣。注意：事故排渣时，由于渣温较高，小心高温炉渣烫伤。

2. 停止操作步骤和注意事项

（1）待确认干渣机内无焦渣时，停止干渣机输送带运行，逐步停止干渣机清扫链运行。

（2）待确认渣仓内无存渣后，停止卸渣系统设备的运行。

### 三、干式排渣系统运行注意事项

1. 运行中的检查项目

(1) 检查各设备连接牢固，螺栓无松动。检查各电动机及减速机无异声，油位正常，油质良好，温度、振动在额定范围，防护罩牢固。

(2) 检查干渣机钢带、清扫链运行正常，无异声，特别是无跑偏现象。检查干渣机钢带托辊、防跑偏轮及清扫链的托辊运行良好，无异声、松动现象。

(3) 检查张紧系统无泄漏，显示压力正常，紧度适宜。

(4) 根据干渣机底部灰量堆积情况，确定清扫链的运行方式：连续运行或定时自动运行。

(5) 检查渣仓料位显示。检查给料机、搅拌机的运行情况，发现问题及时处理。

2. 运行中的注意事项

(1) 在不停炉检修后，为防止输送带过载，在开启液压关断门时，先缓慢点动开启第一组门，待观察渣排完后，再点开第二组门进行排渣，然后，点开第三组门进行排渣。

(2) 整机空载试运或正常运行期间不锈钢输送带及清扫链严禁反转运行。

(3) 干式排渣机在投运的初期，为保证钢带不被压死，建议缩短锅炉吹灰时间，每班吹灰时间间隔在 1～2h 为宜。

3. 干式排渣系统紧急停止的条件

发现以下危害干渣系统正常运行的紧急缺陷时，应立即停止该系统：

(1) 干渣机钢带及清扫链跑偏，且通过调整无法恢复；钢带、清扫链发生断开、脱轨等故障。

(2) 各转动部位温度超过额定温度，且继续上升；主传动轴及轴承等出现有可能损坏的异常情况；减速机出现无法判断的异常。

(3) 输送带电动机跳闸；张紧系统控制压力低或中断，输送滚筒无法驱动。

(4) 干渣机排渣口下的管路出现堵塞，无法排料；卸渣设备出现故障无法恢复，而事故排渣口也无法解决卸料问题。

(5) 设备着火，液压马达冒烟，危及设备及人身安全。

## 第三节 干 渣 机 的 维 护

干渣机是干式排渣系统的核心设备，干渣机的不锈钢输送带由头部滚筒带动，头部滚筒是靠摩擦传动驱动能量的；尾部滚筒支撑在自动张紧装置上，自动张紧装置保持不锈钢输送带恒定的张力，同时吸收不锈钢输送带温度变化而产生的膨胀。

### 一、不锈钢输送带的跑偏调整

校准的不锈钢输送带必须在输送托辊的中心运行，在运行过程中不锈钢输送带既不碰输送程的防跑偏轮也不碰回程的防跑偏轮。只有在偶然和突然事故下才能导致输送带的短暂偏移。

1. 干渣机头部输送带向右侧跑偏的调整方法

如果不锈钢输送带碰触了排渣机头部输送带输送程和回程右侧的防跑偏轮，调整方法如下：

（1）松开左侧轴承座的固定螺栓，具体位置参考图5-8。

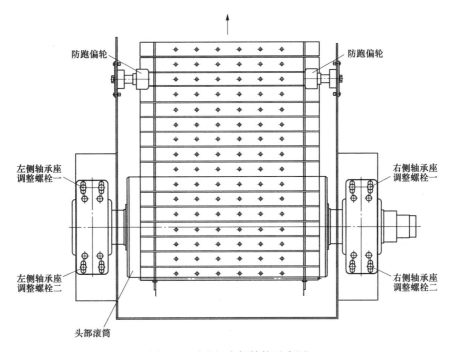

防跑偏轮　　　　　　　　　　　　　　防跑偏轮

左侧轴承座调整螺栓一　　　　　　　右侧轴承座调整螺栓一

左侧轴承座调整螺栓二　　　　　　　右侧轴承座调整螺栓二

头部滚筒

图5-8　干渣机头部结构示意图

（2）按照输送带的运行方向，松开左侧轴承座调整螺栓一（松开2mm），然后，拧紧左侧轴承座调整螺栓二。

（3）运行不锈钢输送带，让其转动几圈，检验不锈钢输送带是否回到正常运行位置，否则重复以上操作，将不锈钢输送带调整到正常的运行位置（尾部滚筒的中间位置）。

（4）拧紧所有松动的螺钉。

注意：如果左侧轴承座的固定螺栓已移到螺孔的边沿，不能再沿输送带运行方向向前移动右侧轴承座，头部滚筒的位置调整需要右侧轴承座向后移动来实现。

2. 干渣机头部输送带向左侧跑偏的调整方法

如果不锈钢输送带碰触了排渣机头部输送带输送程和回程左侧的防跑偏轮，调整方法如下：

（1）松开左侧轴承座的固定螺栓，具体位置参考图5-8。

（2）按照输送带的运行方向，松开右侧轴承座调整螺栓一（松开2mm），然后，拧紧右侧轴承座调整螺栓二。

（3）运行不锈钢输送带，让其转动几圈，检验不锈钢输送带是否回到正常运行位置，否则重复以上操作，将不锈钢输送带调整到正常的运行位置（尾部滚筒的中间位置）。

（4）拧紧所有松动的螺钉。

注意：如果右侧轴承座的固定螺栓已移到螺孔的边沿，不能再沿输送带运行方向向前移动右侧轴承座，头部滚筒的位置调整需要左侧轴承座向后移动来实现。

3. 干渣机尾部输送带向右侧跑偏的调整方法

如果不锈钢输送带碰触了排渣机尾部输送带输送程和回程右侧的防跑偏轮，尾部滚筒的位置如图 5-9 所示，应按如下步骤作轻微调整：

（1）松开左侧轴承座的固定螺栓。

（2）按照输送带的运行方向，松开左侧轴承座调整螺栓一（松开 2mm），然后拧紧左侧轴承座调整螺栓二。

（3）运行不锈钢输送带，让其转动几圈，检验不锈钢输送带是否回到正常运行位置，否则重复以上操作，将不锈钢输送带调整到正常的运行位置（尾部滚筒的中间位置）。

（4）拧紧所有松动的螺钉。

注意：如果左侧轴承座的固定螺栓已移到螺孔的边沿，不能再沿输送带运行方向向前移动左侧轴承座，尾部滚筒的位置调整需要右侧轴承座向后移动来实现。

4. 干渣机尾部输送带向左侧跑偏的调整方法

如果不锈钢输送带碰触了排渣机尾部输送带输送程和回程左侧的防跑偏轮，尾部滚筒的位置如图 5-9 所示，应按如下步骤作轻微调整：

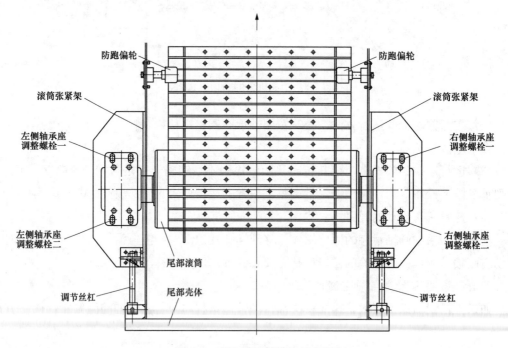

图 5-9　干渣机尾部结构示意图

（1）松开右侧轴承座的固定螺栓。

（2）按照输送带的运行方向，松开右侧轴承座调整螺栓一（松开 2mm），然后，拧紧右侧轴承座调整螺栓二。

（3）运行不锈钢输送带，让其转动几圈，检验不锈钢输送带是否回到正常运行位置，否则重复以上操作，将不锈钢输送带调整到正常的运行位置（尾部滚筒的中间位置）。

（4）拧紧所有松动的螺钉。

注意：如果右侧轴承座的固定螺栓已移到螺孔的边沿，不能再沿输送带运行方向向前移动右侧轴承座，尾部滚筒的位置调整需要左侧轴承座向后移动来实现。

## 二、输送带和托辊的日常维护

不锈钢输送带的所有上托辊、下托辊及防跑偏轮一般由碳钢或铸造件加工而成，虽然它们的运行速度很低，但长时间可能存在磨损。

1. 一侧防跑偏轮的磨损

（1）在正常运行条件下，不锈钢输送带在干式排渣机壳体的中心运行，不与位于壳体两侧的防跑偏轮接触。不锈钢输送带在长时间偏向一侧不规则运行时这些防跑偏轮才工作，即防跑偏轮起导向任务时才工作。

（2）如果不锈钢输送带输送程或回程的防跑偏轮磨损量超过轮体厚度的 1/3 时，必须将其更换掉。磨损的情况可"通过视觉"进行估算，或通过仪器测量。

（3）在更换防跑偏轮之前，不锈钢输送带必须被调整到正常运行状况，调整不锈钢输送带运行位置参照本节上文的跑偏调整步骤进行。

2. 不锈钢输送带下托辊的磨损

（1）支撑不锈钢输送带回程带的下托辊，磨损量不超过原厚度的 1/3。如磨损量超标必须更换。

（2）磨损的情况可"通过视觉"进行或通过仪器测量。

（3）下托辊的更换参见下托辊的拆卸和安装步骤。

（4）下托辊更换后，必须检查不锈钢输送带是否运行在正常的位置。

3. 不锈钢输送带拉伸检查

最初运行几小时后，由于不锈钢输送带的长度将被拉长，在尾部张紧装置向后移动的位移余量不大的特殊情况下，必须及时缩短不锈钢输送带的长度。缩短不锈钢输送带长度的步骤如下：

（1）拆除干式排渣机尾盖。

（2）在不损坏不锈钢板的情况下，磨开需缩短的不锈钢输送带长度上的不锈钢板与不锈钢板固定螺钉间的焊缝。

（3）卸掉固定螺钉。

（4）拆除不锈钢板。

（5）磨开要拆除的不锈钢网的网环两端与不锈钢网连接杆间的焊缝（要拆除的不锈钢网的网环数应是双数）。

（6）将尾部滚筒推到最起始的地方。

（7）从要拆除的不锈钢网两端的网环中抽出连接杆。

（8）移走拆除的不锈钢网。

（9）按上面已介绍的方法，在离拆开的不锈钢输送带两端各 500mm 的位置各拆除一片不锈钢板。

（10）将两块拉板分别装在上步拆除不锈钢板的不锈钢网中。

（11）按安装不锈钢输送带的相关步骤将不锈钢输送带连接成环形结构。

（12）按安装不锈钢输送带相关的步骤安装拆除的不锈钢板。

另外，建议在不锈钢输送带最初 200h 运行后检查不锈钢板的固定螺栓，并将缺少的不锈钢螺钉安装上去。

4. 张紧装置检查

（1）不锈钢输送带张紧装置的压力必须定期检查。

（2）检查油缸密封和管道接头处有无泄漏。

（3）在干式排渣机停止过程中，检查张紧装置支架在导轨和导槽中是否能自由滑动，支架滑轮是否运转自如。

5. 零速开关检查

（1）在尾部滚筒的轴上安装有滚筒旋转检测装置，对其必须定期进行机械和电气检查。

（2）滚筒旋转检测装置不是由于电气或机械原因造成的异常现象，应检查输送带张紧装置是否正确运行。

6. 不锈钢输送带托辊转动检查

（1）支撑不锈钢输送带的上、下托辊安装在带有注油器的轴承座上：为了托辊正常转动，必须每月通过注油器给每个轴承座内注入润滑油脂。

（2）建议依照定期检查计划，检查所有托辊的旋转情况。托辊的转动可以从外部观察到。如果有托辊不转动，首先应用扳手检查是否被卡住或松动。如果轴承部分被卡住，则必须更换轴承。

（3）建议至少一周检查一次托辊的运转情况，避免引起不锈钢输送带损坏。

7. 日常润滑管理

第一次运行大约 300h 后给减速箱换润滑油（先清洗后换油），在以后的运行过程中每4000h 换润滑油一次，输送带托辊每月补加润滑脂，驱动滚筒轴承、尾部滚筒轴承通常每8000h 更换或补加一次润滑脂。换润滑油时先将原润滑油清理干净再换油，避免润滑油混合。

### 三、清扫链的日常维护项目

清扫链安装在干式排渣机底部，避免从不锈钢输送带上掉下的细渣堆积在底部对不锈钢输送带造成磨损。清扫链由驱动装置（电动机和减速机）、高强度矿用圆环链和刮板组成。清扫链运行在清扫链托辊上，清扫链托辊由轴承座支撑在干式排渣机壳体外，托辊轴与壳体间用耐高温密封圈密封。为了达到良好的密封，清扫链设在干式排渣机底部壳体内，为方便检修链条托辊的轴承和轴承座设在壳体外。

1. 清扫链结构

（1）驱动链轮：驱动链轮安装在头部框架的链轮支架上，驱动装置由支撑在头部检修平台上的支架支撑。

（2）中间壳体：清扫链的中间框架由碳钢板加适度的加强筋制成，中间壳体与底板和输送带中间壳体连接。各部分的连接处用高强度螺栓连接。在壳体两侧钢板上，设有检查门可随时检查清扫链的运行情况；底部设有耐磨钢板。在壳体两侧设有链条托辊轴承座支架。

（3）链条托辊轴承座：清扫链回链由链条托辊支撑。托辊轮由碳钢铸造经机加工而成。托辊轮固定在 45 号钢的轴上，轴在特殊铸造的轴承座中转动。轴承座内设有两个径向球轴承。

（4）尾部部分：尾部链轮安装在尾部框架的链轮支架上，支架上装有轴承座和张紧装置。清扫链张紧装置由两个固定在壳体的滑道支撑，张紧油缸和尾部链轮装在滑道上的滑块上，滑块每侧各一个，它能给清扫链提供张力。

2. 清扫链的更换

带有各自刮板的清扫链在工厂被预先组装成几段。清扫链必须在干式排渣机各部分组装完，不锈钢输送带未组装前组装。

（1）接线至电动机，检查驱动链轮旋转方向是否正确。

（2）将清扫链从尾部沿底板拉至头部。

（3）由头部链轮驱动，在手动牵引下，从头部沿清扫链托辊拉至尾部。

（4）连接好连接环和刮板。

（5）检查链上底板上有无杂物，以防止刮板被卡住。

（6）检验所有清扫链托辊是否可以自由转动。

（7）检查回程链条是否均支撑在链条托辊上，并校验每根链条是否在平行的两条直线上。

（8）检查所有螺栓是否紧固。

3. 清扫链的日常检查和维护

为防止脱链，应始终保持适度的张紧，并注意记录链条磨损状况，检修期间应注意检查并更换链板与链条之间的插入式连接器，如果磨损后（或更换后）的链条组显得过长，张紧液压缸已接近最大行程，应拆掉 1～2 组链板，并且两侧对等相应截掉 4 节或 8 节链环（截掉链环数必须是 4 的倍数，并且保证两端平环或立环位置一致），将张紧油缸的预紧位置调整到合理范围。

# 第四节　干式排渣设备检修工艺

干渣机把锅炉底渣连续地输送至渣仓，经渣仓临时储存后经双轴搅拌机加湿后用自卸汽车运送灰场或经散装机装入灰罐车外运综合利用。本节主要介绍液压关断门、干渣机和碎渣机的检修工艺，渣仓的检修工艺见第三章。

## 一、干渣机本体检修工艺及质量标准

### (一) 检修前准备工作

1. 检修工艺

(1) 根据运行状况和前次检修技术记录，明确各部件磨损程度，确定重点检修项目及技术措施。

(2) 查阅易磨损配件清册，准备足够的备品及润滑油（脂）。

(3) 准备齐全检修专用工具，普通工具和量具。

2. 质量标准

(1) 工具齐全，计量器具定期效验合格。

(2) 备品充足。

(3) 安全措施到位，照明良好。

(4) 工作票合格。

### (二) 链条检修

1. 检修工艺

(1) 关闭冷灰斗上方的关断门。

(2) 把刮板链接头转至主动链轮下部，解开刮板磨损链接头，使链条断开。

(3) 陆续将刮板链拉出解体，检查刮板端部焊口有无开焊，刮板圆环链卡块磨损检查。

(4) 将更换的刮板、圆环链、卡块与原刮板链接头组装好。

(5) 将干渣机整体移出，挪运至检修位置。

2. 质量标准

(1) 链条（链板）磨损超过圆钢直径（链板厚度）的 1/3 应更换。

(2) 柱销磨损超过直径的 1/3 时应更换。

(3) 两根链条总长度相差值应符合设计要求，超过设计值时应更换。

(4) 刮板链双侧同步、对称，刮板间距符合设计要求。

### (三) 刮板的更换

1. 检修工艺

(1) 松开接链环。

(2) 解开链条使链条处于松弛状态。

(3) 抽开链板连接器。

(4) 卸下链板。

2. 质量标准

(1) 刮板磨损、变形严重无法保证与环链的正常连接，有脱落的趋势时应及时更换新刮板。

(2) 在锅炉未停运状态更换时，若更换过程历时较长，更换完几个刮板后让干渣机运行一段时间以清除槽体内存储的炉渣，然后再更换其余的刮板。

（四）液压自动张紧装置调节

1. 检修工艺

随着环链磨损而长度增加时，液压自动张紧将自动升高张紧轮轴，保持链条始终处于较紧的工作状态。当张紧调节链轮升至最高时，就要采取割去一段环链的方法使张紧链轮降至最低位置（如果还要更换刮板，应先更换刮板再做割去链条的工作）。割去一段环链的操作步骤如下：

（1）先做好截链前的准备工作。

（2）办理停机工作票。

（3）按液压张紧使用说明将张紧链轮退至最松弛位置。

（4）用手拉葫芦拉紧需截割以外的环链。

（5）截割长出的环链环。

（6）用接链环将断开的环链装入锁紧销重新接好。

（7）取下手拉葫芦，将插板推入。

（8）重新启动干渣机。

2. 质量标准

（1）备好接链环、气割设备、铁锤、铜棒、手拉葫芦等，并抽开尾部的插板。

（2）必须割断立环。

（五）拖动轮齿的更换

1. 检修工艺

（1）办理停机工作票，脱开链条。

（2）松开将轮齿固定在轮毂上的螺栓，拆卸轮齿。

（3）安装新的轮齿。

2. 质量标准

当链轮轮齿磨损严重无法保证与链条的正常啮合时，易造成脱链现象，应及时更换新的轮齿。

（六）主动轴及主动链轮检修

1. 检修工艺

（1）拆卸头部端盖，拆卸两侧轴承盖，脱开圆环链。

（2）吊出主动轴（连同滚子链轮、主动链轮和滚动轴承一起吊出）。

（3）拆卸滚子链轮及两侧轴承，清洗检查。

（4）拆卸主动链轮与轮壳连接的螺栓，分别取出两半链轮，清理检查链轮的磨损情况。

（5）主动轴清理检查。

（6）清洗零部件，组装。

2. 质量标准

（1）链轮齿高磨损应小于 1/3。

（2）主动轴两端轴向间隙为 0.10～0.20mm。

（七）张紧轮检修

1. 检修工艺

（1）吊住调节轮轴，将链条脱开。

（2）松开调节装置螺杆。

（3）吊出滑座与调节轮轴。

（4）清洗零件，组装。

2. 质量标准

调节轮磨损量不超过原厚度的 1/3。

## 二、液压关断门检修工艺及质量标准

1. 检修工艺

（1）检查液压门动作是否灵活。

（2）每 3 个月检查清洗滤油器。

（3）检查油管路有无泄漏。

（4）更换液压油。

2. 质量标准

（1）液压门动作灵活。

（2）滤油器清洁。

（3）油管路无泄漏。

（4）液压油合格。油位距油箱上平面不大于 100mm。

## 三、摆线针轮减速机检修工艺及质量标准

（1）拆卸减速机及滚子链罩壳。

（2）拆卸 V 形带及套筒滚子链。

（3）拆卸地脚螺栓，将减速机吊出解体。

（4）放出润滑油。拆卸安全带轮。

（5）拆卸连接螺栓，把针齿壳与机体分开。

（6）拆卸轴、弹性挡圈、轴端轴承和摆线齿轮，同时记下齿轮端面字号相对于另一摆线齿轮端面字号的对应位置。质量标准：销轴、销套无弯曲变形，磨损小于 0.10mm。摆线齿轮无裂纹，磨损小于 0.15mm。针齿销、针齿套无弯曲变形，磨损小于 0.15mm。

（7）滚动轴承的检修见第四章第四节。

（8）拆卸偏心套及滚动轴承。拆卸另一块摆线齿轮。取出针齿、针齿套。

（9）拆卸端盖、孔用弹性挡圈、输入轴及油封盖，用硬橡胶作垫敲击输出轴的端面，把输出轴从机体中取出。

（10）组装顺序与拆卸时相反，应注意以下几点：

1）摆线齿轮端面字号标记。零部件清洗干净。

2）输出轴装入机体时，允许用木锤敲击凹入部位，不可锤击销轴。

3）针套、销套内孔应加润滑油。

4）输出轴销轴放入摆线齿轮相应孔时，要注意间隙环的位置，用销轴套定好位置。

5）减速机组装结束后加入工业齿轮油，盘车检查。减速机初次运转300h后作第一次更换，更换时应去除油污。

（11）检修工作结束，减速机单独试转。减速机运转平稳、无异声，各部位不漏油。运行时，每天连续工作10h以上的，每3个月更换一次润滑油。

### 四、干渣机试转

1. 工艺要求

（1）空转前加润滑油脂。

（2）试转前进行全面检查，着重检查齿轮传动装置、润滑设备及电动机。

（3）检修工作完毕后，依次按慢、中、快三种刮板运行速度空运。

（4）检查刮板、链条与拖动轮的啮合情况。

（5）检查轴承温度。

（6）检查自动液压张紧装置是否灵活，有无漏油现象。

（7）试验过载、断链保护。

2. 质量标准

（1）在慢、中、快三种速度下各空转2h。

（2）刮板、圆环链条与链轮啮合良好，运转平稳无夹链、爬链及卡涩现象。

（3）过载、断链保护可靠。

（4）链条松紧适宜，调节机构调节自如。

（5）轴承温度小于80℃。

### 五、干渣机常见故障及处理措施

（一）脱链

1. 故障原因

（1）两侧张紧程度不平衡。

（2）因磨损使得链环的节距增大。

（3）刮板变形，驱动链轮磨损严重。

（4）异物卡涩。

2. 处理措施

（1）定期检查调节张紧装置。

（2）检查链条、链轮、刮板的磨损情况，必要时更换。

（3）检修后清除异物。

（二）断链

1. 故障原因

（1）检修后遗留的异物造成刮板变形或卡涩。

（2）过载保护失灵。

（3）过电流保护失灵。

2. 处理措施

检查槽体保证无杂物或遗留工具，检查保护装置。

（三）链条倾斜

1. 故障原因

（1）张紧装置电磁换向阀卡涩。

（2）底部余渣颗粒磨损。

（3）驱动主轴位置精度变化。

2. 处理措施

（1）检查两侧张紧力。

（2）清理下槽体积渣。

（3）调整主轴精度。

 **思考题**

1. 简述干渣机的工作原理。

2. 干渣机启动前应检查哪些项目？

3. 干渣机紧急停运的条件有哪些？

4. 简述干渣机头部输送带向右侧跑偏的调整方法。

5. 分析干渣机清扫链倾斜的原因。

# 第六章

# 气 力 除 灰 系 统

随着电力工业迅猛发展，燃煤电厂规模的扩大，灰渣对环境的污染日益严重，水资源越来越紧张，迫切需要寻找一种新的节能、节水便于灰渣综合利用的除灰技术。因此，水力除灰系统逐步淘汰，气力除灰系统应运而生。气力除灰是一门利用有压管流输送干灰的新兴的输送技术，可分为负压气力除灰和正压气力除灰两大类。近年来，国内外主要向正压和高浓度气力除灰技术方面发展。

## 第一节 气力除灰系统概述

火电厂粉煤灰中大部分颗粒是无定形的玻璃体和含量变化很大的碳，其颗粒大体可分为球形颗粒、不规则多孔颗粒和不规则颗粒，化学成分主要为氧化硅、氧化铝和其他氧化物。粉煤灰的流动效果主要与粒径分布、比表面积、堆积密度等参数有关。

### 一、飞灰在输送管道中的流动状态

在输送管道中，飞灰颗粒的流动状态随气流速度和灰气比的不同有显著变化。通常，气流速度越大，颗粒在气流中的悬浮分布越均匀；气流速度越小，粉粒则越容易接近管底，形成停滞流，直至堵塞管道。通过实验观察到的某类粉体在不同的气流速度下所呈现的流动状况可划为以下六种类型（见图6-1）：

（1）均匀（或悬浮）流。当输送气流速度较高、灰气比很低时，粉粒基本上以接近于均匀分布的状态在气流中悬浮输送。

（2）管底流。当风速减小时，在水平管中颗粒向管底聚集，越接近管底，分布越密，但尚未出现停滞。颗粒一面作不规则的旋转、碰撞，一面被输送走。

（3）疏密流。当风速再降低或灰气比进一步增大时，则会出现如图6-1所示的疏密流。这是粉体悬浮输送的极限状态。此时，气流压力出现了脉动现象。密集部分的下部速度小，上部速度大。密集部分整体呈现边旋转边前进的状态，也有一部分颗粒在管底滑动，但尚未停滞。

以上三种状态，都属于悬浮输送状态。

（4）集团流。疏密流的风速再降低，则密集部分进一步增大，其速度也降低，大部分颗粒失去悬浮能力而开始在管底滑动，形成颗粒群堆积的集团流。粗大颗粒透气性好，容易形成集团流。由于在管道中堆积颗粒占据了有效流通面积，所以，这部分颗粒间隙处风速增大，因而在下一瞬间又把堆积的颗粒吹走。如此堆积、吹走交替进行，呈现不稳定的

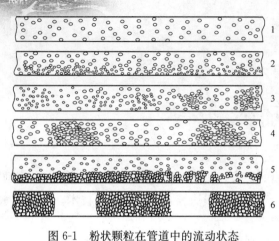

图 6-1　粉状颗粒在管道中的流动状态

1—悬浮流；2—管底流；3—疏密流；
4—集团流；5—部分流；6—栓塞流

输送状态，压力也相应地产生脉动。集团流只是在风速较小的水平管和倾斜管中产生。在垂直管中，颗粒所需要的浮力，已由气流的压力损失补偿了，所以不存在集团流。由此可知，在水平管段产生的集团流，运动到垂直管中时便被分解成疏密流。

（5）部分流。常见的是栓塞流上部被吹走后的过渡现象所形成的流动状态。在粉体的实际输送过程中，经常出现栓塞流与部分流的相互交替、循环往复现象；另一方面是风速过小或管径过大时，常出现部分流，气流在上部流动，带动堆积层表面上的颗粒，堆积层本身作沙丘移动似的流动。

（6）栓塞（或栓状）流。堆积的物料充满了一段管路，水泥及粉煤灰等不容易悬浮的粉料，容易形成栓状流。栓状流的输送是靠料栓前后压差的推动。与悬浮输送相比，在力的作用方式和管壁的摩擦上，都存在原则性区别，即悬浮流为气动力输送，栓塞流为压差输送。

## 二、气力除灰方式的分类

依据粉状颗粒在管道中的流动状态，气力除灰方式分为悬浮流（均匀流、管底流、疏密流）输送、集团流（或停滞流）输送、部分流输送和栓塞流输送等。传统的大仓泵正压气力除灰系统属于悬浮流输送，小仓泵正压气力除灰系统和双套管紊流正压气力除灰系统界于集团流和部分流之间，脉冲"气刀"式气力输送属于栓塞流输送。

依据输送压力的不同，可以将气力除灰方式分为正压系统和负压系统两大类。它把大仓泵正压输送系统、气锁阀正压气力除灰系统、小仓泵正压气力除灰系统、双套管紊流正压气力除灰系统、脉冲气力式栓塞流正压气力除灰系统等统归为正压系统。它把利用抽气设备的抽吸作用，使除灰系统内产生一定的负压，使灰与空气混合，一并吸入管道，这种输送方式归为负压系统。

依据输送压力种类，气力除灰方式又可分为动压输送和静压输送两类。悬浮流输送属于动压输送，气流使物料在输送管内保持悬浮状态，颗粒依靠气流动压向前运动。典型的栓塞流输送属于静压输送，粉料在输送管内保持高密度聚集状态，且被所谓的"气刀"切割成一段段料栓，料栓在其前后气流静压差的推动下向前运行，如：脉冲气刀式栓塞流气力输送技术。小仓泵正压气力除灰系统和双套管紊流正压气力除灰系统既借助动压输送，又有静压输送。

大家习惯上所说的气力除灰系统分类就是按《火力发电厂除灰设计技术规程》的规定进行分类的。其中，根据输送时灰气比的高低和输送时管道内气固两相流动的压力，气力输灰又可分为浓相、稀相、正压、微正压、负压等多种形式。

目前来说，各种类型的除灰方式国内都有使用。对负压系统来说，由于系统内的压力低于外部大气压力，所以不存在跑灰、冒灰现象，系统漏风不会污染周围环境；又因其供料用的受灰器布置在系统始端，真空度低，故对供料设备的气密性要求较低。但也有其缺点：对灰气分离装置的气密性要求高，设备结构复杂。这是因为其灰气分离装置处于系统末端，与气源设备接近，真空度高。并且，由于抽气设备设在系统的最末端，对吸入空气的净化程度要求高，故一级收尘器难以满足要求，需安装 2～3 级高效收尘器；受真空度极限的限制，系统出力不大、输送距离不远；系统输送速度大，灰气比低，管道磨损严重。

### 三、国内外气力除灰发展概况

正压高浓度气力输送系统正成为我国燃煤电厂粉煤灰气力除灰系统的主导系统，如图 6-2 所示。比较典型的系统有：小仓泵系统、脉冲栓流系统、多泵制正压系统、德国穆勒（Moller）公司紊流双套管系统、英国克莱德（Clyde）公司和芬兰纽普兰（Pneuplan）公司气力除灰系统等。

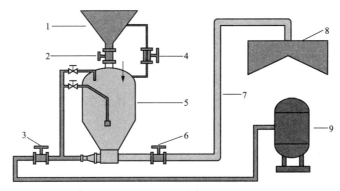

图 6-2 正压气力除灰系统示意图

1—灰斗；2—进料阀；3—进气阀；4—排空阀；5—仓泵；

6—出料阀；7—输灰管路；8—灰库；9—储气罐

1. 紊流双套管系统

管中管浓相气力输送系统是 20 世纪 80 年代国外发展起来的一种先进的气力输送技术。目前管中管除灰技术，已被西方国家的火电厂广泛采用，我国从 20 世纪 90 年代初开始引进管中管气力除灰系统。

众所周知，速度对于粉状物料的输送是一个很重要的因素，必须设法降低输送速度并保证管道不堵塞，为此德国穆勒公司开发了气力紊流双套管输送系统，其基本的部件是在输送管道内安装一个辅助内管，物料的输送速度慢，因此物料在输送管内开始形成物团，迫使积聚的输送空气流入输送管内的辅助内管，并在内管的下一个开口处流出，形成人为的附加紊流进行物团的疏松，从而避免了物料在管道内的堵塞。

该系统输送的基本原理是利用压缩空气的动能克服各种阻力将物料送往指定地点，它能单个或多个压力罐串接运行，每个串接组形成一个输送单元，同一输送单元的压力罐同步运行，相当于一个单台仓泵，这样能大大减少阀门（出料阀）的数量。该系统在国外有很多成功的运行业绩。具有运行可靠性高、稳定性好、能耗低、磨损率低的优点。

2. 英国克莱德系统和芬兰纽普兰系统

这两个系统十分相似，都属于"浓相"气力输送系统，但是该系统在输送距离不太长（300m 以内）的条件下，灰在管道中的输送凭借输送气体的动压进行携带输送，利用的是气栓的静压差进行推移输送，并且物料的流动是栓状流，因此栓流输送的输送速度可大大降低，耗气量也随之降低许多，系统及设备简单。由于速度低，故所引起的摩擦和冲刷磨损大大降低，系统具有低能耗、低磨损、高灰气比和高输送效率的特点。若输送距离再加长，则采用中转站加仓泵接力的二级系统。

系统进料阀采用世界上先进的气动圆顶阀。独特的灰气预混合技术，在发送器底部设置灰气预混合装置及长时稳定装置，既保证了高浓度输送，又保证灰持续进入输灰管道。系统配置简洁，系统内部零部件少，并采用圆顶阀作为气力输送系统的主要阀门；系统分单元制运行，配置简单可靠；系统运行方式灵活多变，可连续运行，也可定期运行。控制系统采用国外公司产品，实现了可靠的全自动化。

3. 国内的应用

紊流双套管系统、英国克莱德系统、芬兰纽普兰系统等当属现在国内外较为先进的气力输送系统，系统投资少，年运行维护费用低，系统配置合理，要求的除尘器安装高度也较低。而且由于设备、管道等的磨损小，检修维护量少，系统的维护仅在进、出料阀的密封圈的更换，系统能耗低，只需较低的费用就可保证系统安全可靠运行，一定程度地代表了今后一段时期的发展方向。近几年，这些系统已全部实现国产化，气力除灰系统的制造安装成本大大下降。

## 第二节　正压气力除灰系统

目前，国内大部分电厂均采用低正压气力除灰系统，以多仓泵配双套管使用范围较广，它在技术上比较先进，运行可靠，系统简单，故障率较低。设计原则是灰渣分除、干灰干排、粗细分排，省煤器、除尘器灰斗的飞灰分别送到粗细灰库，灰库干灰可以通过散装机直接装入干灰罐车进行再利用，也可以通过搅拌机加湿，再用自卸车运至灰场碾压。

目前，常见的多仓泵正压气力除灰系统如图 6-3 所示，一般由仓泵、管路、灰库、气源、控制等五个子系统组成。本节主要介绍仓泵和管路系统，气源设备和灰库将在后面的章节详述。

### 一、仓泵系统

仓泵系统主要由仓泵本体、进料阀、进气阀、排空阀、出料阀等组成。仓泵是带拱形封头、锥形筒底的圆筒型压力容器，进料阀、进气阀、排空阀、出料阀均为气动阀，有些系统不设出料阀。

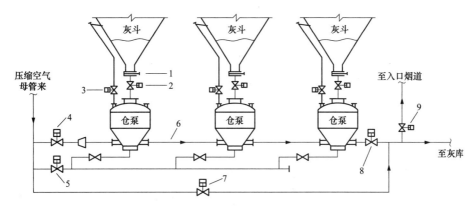

图 6-3  多仓泵正压气力除灰系统

1—手动插板阀；2—进料阀；3—排空阀；4—主进气阀；5—辅助进气阀；

6—泵间管道；7—管道助吹阀；8—出料阀；9—排堵阀

### 1. 仓泵

仓式气力输送泵简称仓泵，是一种压力罐式的供料容器，其自身并不产生动力，只是借助于外部供给的压缩空气对装入泵内的飞灰物料进行混合、加压，再经管道输送至中转仓或灰库。通常 3~8 台仓泵为一组，共用一根输灰管，将灰斗落下的飞灰送至灰库。按其出料管引出方向可分为上引式仓泵和下引式仓泵两大类。

上引式仓泵的进气阀安装在罐体的底部，在罐体下部的锥体段内部布有环形吹松管，马蹄形出料管装在进气阀的上部。如图 6-3 所示，下引式仓泵的工作原理与上引式仓泵有所不同，输送管的入口在仓泵底部的中心，不需要在罐内先将灰进行气化，而是靠灰本身的重力和背压空气作用力将灰送入输送管内。因此，理论上混合比可不受限制。

### 2. 进料阀

进料阀安装在灰斗的下部、仓泵的顶部，开启时飞灰通过重力直接落入仓泵。种类大致有两种，一种是圆顶阀，另一种是旋转闸板阀，前者无论从密封性还是使用寿命都优于后者，广泛用于火力发电厂正压气力输灰系统。进料阀的常见问题就是内漏和卡涩。圆顶阀内漏可以从运行时密封圈内压力是否过低来判断，处理方法就是更换橡胶密封圈，这是圆顶阀优于旋转阀的主要原因。卡涩的原因就是灰斗内异物落下卡在阀瓣上，其关键在于预防，除尘器内部检修时要使用工具袋，检修结束后必须清理灰斗，确保不留任何异物。

### 3. 进气阀

仓泵进气阀通常为气动蝶阀或气动球阀，还有近年从国外引进的气动角阀（见图 6-4），运行可靠性较高。在进气阀到仓泵之间的气源管上，通常安装有压力表、压力变送器和止回阀。压力变送器把系统的实时压力传到控制系统和上位机，作为系统运行状态的最主要的参考量。止回阀的作用是防止飞灰返到压缩空气系统，只能让压缩空气单向吹到仓泵内。

图 6-4  气动角阀实物图

4. 排空阀

排空阀又称排气阀、平衡阀，安装在仓泵的上部，通常为圆顶阀或气动插板阀。作用是在仓泵进料过程中，把仓泵内的空气不断排出去，消除阻碍物料流动的反向阻力。当进料阀开启和关闭时，排空阀同步开关。因排出的空气不可避免的含有少量飞灰，排空阀出口管一般接至灰斗上部。

5. 出料阀

出料阀安装在仓泵出口管上，如是多个仓泵的串联系统则安装在最后一个仓泵的出口。其作用是物料输送前在仓泵内憋压，使物料气化。出料阀因长时间受到高速的两相流体冲刷，磨损严重、内漏频繁。随着下引式仓泵的推广和气力除灰的发展，无须先将灰在泵内气化，很多系统都取消了出料阀。

## 二、管路系统

管路系统主要由输灰管道、耐磨弯头、助推管、助推器、排堵阀和切换阀等组成。输灰管道直管可采用厚壁无缝钢管，弯管应采用陶瓷、碳化硅等耐磨材料制成的复合管。对于较难输送的大颗粒灰，可在输灰管道上每隔4m左右装一道助推器。

1. 双套管

双套管（见图6-5）是德国穆勒公司发明并引入国内，在输灰管道内部加装一条较小直径的内套管并开孔，安装于灰管顶部，气流可以通过内套管的高速流动对管道内的灰进行扰动，以达到不堵管的目的。

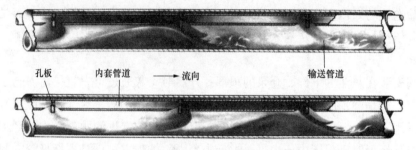

孔板    内套管道    → 流向    输送管道

图 6-5　双套管示意图

双套管相对于传统的单管输送系统，具有以下优势：不易堵管，可带灰启动；输送压力低、浓度高，灰气比高；输送速度低，对管道磨损小。但通过多年的工程运行，发现存在以下几个缺点：当煤质发生变化，密度变大、颗粒变大后，双套管起不到作用，还易发生堵管；运行一段时间后，套管磨损容易脱落，并且脱落后不容易发现脱落位置，查找、检修困难；制作工序复杂，安装成本高。所以，双套管一般仅安装在多个仓泵之间，以加强起始段的扰动，后续的管道多采用单管。

2. 助吹管

常规的助吹管是沿输灰管道加装一条伴气管道，在输灰管道上每隔几米加装一个助吹器，可以起到加强扰动、防止大颗粒沉降在管底的作用。助吹管可以随主输送气同步打开，也可以设定为当输灰压力高时打开阀门往输灰管道内补气，以消除堵管。在遇到大密度的物料时，还可以加大管路助吹的压力和风量。管路助吹的缺点是通过管路补气方法，增加了管道内物料流速，对弯头、管路系统造成了较大的磨损。

3．排堵阀

排堵阀通常为气动插板阀，安装在输灰管道的起始位置，出口接至入口烟道或灰斗上部。粉煤灰为半流体物料，进入输灰管道后，尤其是距离较远的，可能因各种原因导致堵管。当输灰系统堵塞、压力长时间不降，就需要关闭进气阀、打开排堵阀，将带压灰气排入灰斗，系统泄压后再次打开进气阀吹扫。如一次未排通，可重复多次直至吹通。

4．切换阀

切换阀通常为气动插板阀，可分为管路切换阀和库顶切换阀两种，前者是多个仓泵组公用一根输灰管时相互切换，后者是输灰管到达灰库顶部时落入不同灰库时使用。

### 三、其他系统简介

气源系统通常由螺杆空气压缩机、过滤器、干燥机、输气管路、储气罐等组成，通过这些设备可以得到洁净、干燥、压力平稳的压缩空气，提供输送飞灰的动力，也可作为除灰系统气动阀门的控制用气。

灰库是气力输送的终点，它既起到储灰的作用，又由灰库顶部的脉冲反吹式布袋除尘器实现气灰分离。灰库的设计遵循"先进先出"原则，其主要设备有布袋除尘器、料位计、真空压力释放阀、气化装置、湿式搅拌机、干灰散装机等。

控制系统是整套气力输送系统的枢纽，主要由程序控制器和就地控制箱组成。每台仓泵都配有就地控制箱，装有与本泵相关的电磁阀、压力开关。远方控制由 PLC 控制，主控画面包括控制、指示和报警信息。整套气力输送系统在程序控制器控制下自动运行，当需要手动运行某台仓泵时，可将该仓泵的就地控制箱上的"手动/自动"开关打到"手动"，进行手动操作。

### 四、正压气力除灰系统的工作流程

在锅炉正常运行时，飞灰会积累在除尘器灰斗。仓泵采用间歇式自动控制方式循环运行，系统按照设定的频率间歇输灰，以达到设计的输送出力。每个输送过程可分为四个阶段，由感应信号及程序控制。

1．进料阶段

仓泵的排空阀开启，所有进料阀打开，进气阀、出料阀、助吹阀等全部关闭，飞灰在重力作用下落入泵中。在填料期间，排空阀打开使得置换的空气排出，出料阀关闭防止空气由于电除尘器的负压通过管路被吸入。每个仓泵上装有料位计，指示是否填充物料。当料位计被覆盖时，经过一个短延迟，使得泵被完全填充，进料阀和排空阀关闭。

2．加压流化阶段

所有进料阀和排空阀都关闭后，控制系统检查是否有充足的输送压缩空气。如果输送空气不足，此系统进入等待队列，直到输送空气可用。当输送空气可用，进气阀开启，压缩空气通过流化盘进入仓泵，飞灰流化。当仓泵内压力升高到某一数值时，出料阀打开，结束加压流化。

3. 输送阶段

进气阀继续开启，打开出料阀，如果需要也可打开管路助吹阀。灰气混合物进入输送管道，此时仓泵内保持平稳的输送压力。当物料被排入终端灰库，输送压力降低。当仓泵内压力降到某一数值时，结束输送状态。

4. 吹扫阶段

助吹阀开启，进气阀、出料阀仍保持开启状态，压缩空气清扫仓泵及管道内的残余飞灰，以利于下一循环输送。吹扫结束后，进气阀、出料阀、助吹阀关闭，排空阀、进料阀开启，仓泵恢复到进料状态。

物料通过库顶切换阀被引入 1 号或 2 号粗灰库。每个灰库上的料位计会指示出灰库是否充满。如果充满，控制系统将切换至另一灰库，或禁止仓泵进一步运行。灰库中的压缩空气会通过布袋除尘器排入大气。即使输灰系统不运行，布袋除尘器的排气应一直保持通畅。这样可以确保泄漏进系统的压缩空气以及由于温度升高膨胀的空气可以安全排出。

## 第三节　气力除灰系统运行维护注意事项

随着国内气力除灰系统的发展，积累了大量的使用经验，运行和维护工作逐步规范。本节主要介绍正压浓相气力除灰系统的运行维护注意事项。

### 一、启动注意事项

1. 冷态启动准备工作

（1）在启动前，就地检查压缩空气管路、输灰管路、仓泵等设备安装到位，圆顶阀润滑油脂符合要求。

（2）检查压缩空气的压力是否满足要求，并保证相应条件。

（3）在控制空气满足要求后，拆下气控箱的过滤器对仪用空气管道进行吹扫 15～20min，吹扫沿支路由近到远进行，避免杂质对气控阀工作的影响。

（4）气控箱的过滤器回装后，首先必须进行 30min 以上吹扫，吹扫前将泵入口前的管道拆开对空吹，避免杂质对气控阀的阀芯和密封圈造成损坏。

2. 热态启动准备工作

（1）在控制气源压力符合要求的前提下，就地对各个部件（圆顶阀、气控阀）进行手动控制，检查气控管路连接的正确性和压力反馈的正确性。

（2）电除尘器第一次投运时，缩短所有泵入口圆顶阀装料时间，循环间隔时间为零，达到少量多送的目的，直至锅炉正常投粉运行。

（3）如果不是第一次投粉运行，每次在投静电除尘器前几小时，要求提前开动静电除尘器振打装置，将上次静电除尘器内的余灰清理干净。

（4）锅炉和静电除尘器停止运行后，静电除尘器的振打装置仍需运行几小时以上。此时灰温逐渐降低，需要降低泵的装灰量，输灰系统持续运行，直至确认灰斗清空为止，并应打开静电除尘器检查孔检查。

## 二、日常维护项目

在开始任何日常维护之前，必须确保系统电源和气源都隔离，且排放任何残余的压力。

1. 月维护

（1）建议为圆顶阀的轴和轴承添加润滑油（注油嘴位于圆顶阀阀体上）。根据运行循环频率时间间隔可以增加。

（2）检查安装在气控盘外侧和仪用空气气源及安装润滑油单元地方的润滑油单元。监视过滤器状况和按要求清洁。

2. 季度维护

（1）检查应用圆顶阀限位开关的设置。

（2）闸板阀：清除阀杆上的污垢，给阀杆加润滑油和检查功能。

（3）拆除输送空气管道过滤器的套筒，清洗和替换。系统球阀的一般功能检查。

（4）视觉检查料位计连接状况，看是否有损坏。

（5）清洗浓相稳定器。

3. 输灰管路堵塞时的处理方法

在干除灰系统正常运行中，发现输灰管路堵塞时，可按以下步骤进行排堵：

（1）停止系统运行。

（2）仅切断输送空气气源。

（3）打开排堵阀将使堵塞的管道泄压，进而排堵。

（4）当压力表显示输送压力为零时，关闭排堵阀。

（5）输送气源完全打开。

（6）切换系统为"吹扫"，空气将自动进入系统并且清扫输送管道。

（7）当系统压力已经下降，吹扫自动完成。

## 三、运行常见问题及处理方法

气力除灰系统运行中的常见问题主要有系统不启动、启动后不输送、输送压力高等现象，其发生原因及处理方法见表6-1。

表 6-1　　　　　　　　　　常见问题和处理方法

| 序号 | 故障现象 | 原因分析 | 处理方法 |
|---|---|---|---|
| 1 | 系统不启动 | 启停开关的位置不对 | 检查主泵气控箱上的启动信号 |
| | | 输送空气母管压力低 | 启动其他输送空气压缩机，打开相应阀门并检查储气罐就地压力表和压力开关、压力变送器 |
| | | 圆顶阀密封压力信号不对，控制气源故障 | 对照圆顶阀初始状态表检查所有圆顶阀的状态。有差异时检查控制气源及气控箱进气阀，检查、调整错误的密封压力反馈信号的相关条件 |

| 序号 | 故障现象 | 原因分析 | 处理方法 |
|---|---|---|---|
| 2 | 泵启动,泵内装料完成,圆顶阀关闭,但不输送 | 圆顶阀密封压力信号不对或限位开关不动作 | 检查、调整错误的密封压力反馈信号的相关条件。按照维修手册调整,若有故障则更换限位开关 |
| | | 圆顶阀未关严,外物卡住圆顶阀或轴 | 切断气路和电路,从底部弯头拆出管子做清理,清理容器。拆去汽缸,手动操作,检查限位开关的动作 |
| | | 喷吹阀不工作或输送空气管道的手动阀门关闭 | 检查阀的供气。若供气良好,则修理或更换阀门。若没有供气,检查喷吹电磁阀的动作或限位开关 |
| 3 | 系统开始输送后,管道输送压力居高不下 | 输送管道堵塞且不能自行疏通 | 人工就地排堵 |
| | | | 检查供气管道和供电电磁阀;确认各阀门的工作状态 |
| | | | 从管路的最远点开始,轻敲管子以确定堵管位置,切断管道入口的供气;拆除阻塞段管道,查找堵塞原因并进行处理 |
| | | 泵出口物料起拱 | 检查泵出口物料是否颗粒过大或潮湿。 |
| 4 | 输送时入口圆顶阀或排气圆顶阀内漏 | 密封空气压力下降至接近传送压力 | 检查供气管路 |
| | | 圆顶阀密封开裂 | 更换密封圈,按维修手册检查球顶和密封圈之间的间隙 |
| | | 过滤器堵塞 | 拆除并清理 |
| 5 | 落灰不正常 | 与正常情况对比灰量小,输送压力大大低于正常输送压力 | 确认除尘器、电加热板等设备在工作状态,并确认灰斗内确实有灰 |
| | | | 敲打灰斗振打铁和刚质短节 |
| | | | 调整气化风量 |
| | | | 检查设备的排气管的工作状态。排除故障 |
| | | | 利用设备上的排气阀增加排气,促进落灰 |
| 6 | 管道/弯头磨损严重 | 气量(调节器)孔板设置不当,物料流动太快 | 调整孔板气量(或调节器输出压力) |
| | | 输送部分负荷小 | 检查容器充满时间、排气阀、振动器设置;提高落入泵内灰量 |
| 7 | 圆顶阀密封压力信号反馈不对 | 气源压力低于设计要求 | 检查储气罐的就地气源压力。并排除 |
| | | 限位开关没有被接通 | 就地检查限位开关和控制气路连接 |
| | | 调整螺栓需要调整 | 调整螺栓的长度 |
| | | 气路连接错位 | 检查密封气路连接情况、气源压力 |
| | | 异物阻挡关闭动作 | 检查是否有杂物影响关闭到位 |

## 四、故障时的曲线特征和解决方法

通过监视气力输送系统的运行曲线,可以发现常见故障,其曲线特征和处理方法见表6-2。

表 6-2 堵管故障曲线特征和处理方法

| 序号 | 输灰曲线特征 | 原因分析 | 处理方法 |
|---|---|---|---|
| 1 | 主要特点：曲线振荡 | 在管道内有大块的物料 | （1）（振幅较小）将泵间管道解体，取出大块的物料。<br>（2）（振幅较大）需要确定堵塞的位置，将管道解体，取出大块物料 |
| 2 | 主要特点：压力在一次下降并上升后，长时间曲线的下降趋势弱 | 进气管路不通畅 | （1）检查所有气控阀的电磁阀工作，并处理故障。<br>（2）检查所有的止回阀、孔板，保证畅通，处理故障 |
| 2 | | 气量与灰量不匹配 | 调整气量或灰量，改变两者之间的比例 |
| 2 | | 灰质颗粒粗大 | （1）改善灰的粒度。<br>（2）采用少量多送的方式，适当调整运行 |
| 2 | | 灰质潮湿 | （1）查找水分的来源，并解决。<br>（2）检查气化风机和电加热器的工作状态，提高风量和温度 |
| 2 | | 空气含水量大 | （1）检查空气压缩机、冷干机的工作，调整相关参数。<br>（2）定时排水 |
| 2 | | 管道漏气 | （1）检查管道漏灰、漏气，并排除。<br>（2）检查有关阀门是否关闭到位 |
| 3 | 主要特点：压力在达到一定的压力后，长时间内的下降趋势很弱 | 圆顶阀无真实的密封 | 检查所有的入口圆顶阀、排气圆顶阀是否关闭并有真实的密封 |
| 3 | | 在输送结束后，管道内的余灰多 | （1）输送前对管道进行吹扫。<br>（2）在程序内将设置的结束压力值降低，或将安全输送时间缩短 |
| 3 | | 进气阀的关闭、重新打开不合理 | 调整有关进气阀在高压力时的关闭的压力，并调整重新打开的压力 |

# 第四节　气力除灰设备检修工艺

干灰通过进料阀落入仓泵后，与压缩空气混合形成流态化物料，将干灰送入管道直达灰库。圆顶阀和旋转阀常用做仓泵的入口进料阀和排空阀，是气力除灰系统的主要转动部件，也是易损部件。

## 一、圆顶阀检修工艺

圆顶阀是英国克莱德公司的专利产品，具有运行可靠、实时报警、维护方便等特点，广泛应用于气力输灰系统的进料阀、排空阀等。

1. 圆顶阀的结构和工作原理

圆顶阀主要由阀体、阀芯、充气密封圈和驱动气缸组成，如图 6-6 所示。圆顶阀阀芯是一个球面圆顶，采用耐磨材料制造，表面进行硬化处理，利用其光滑坚硬的表面，可保证与橡胶密封圈良好的紧密接触，以保证可靠的密封。圆顶阀在开关过程中，阀芯与阀体密封口处保持有 1～2mm 间隙，使之可以无接触的运动，其目的使阀芯与阀体之间不产生摩擦。当阀门关闭时，密封圈充气实现弹性变形，圆顶阀的气动执行元件为全密封气缸，直接驱动圆顶阀转动，有效地防止了灰尘进入其中造成的磨损、泄漏等问题。橡胶密封圈采用特殊配方的橡胶制成，具有耐腐蚀、耐磨损、耐老化等特点。

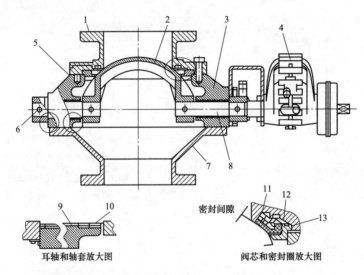

图 6-6　圆顶阀结构示意图

1—上短接；2—阀芯；3—阀座；4—气缸；5—垫片；6—耳轴销子；7—下短接；
8—耳轴；9—轴套；10—O 形圈；11—密封圈；12—嵌入环；13—支撑环

圆顶阀的核心部件是一个半球状的圆顶（阀芯），在开/关过程中，在半球状的圆顶与密封圈之间保持有 0.2～0.4mm 的间隙，这样可以使得圆顶阀门能够顺畅开启和关闭，这样设计可以让阀的磨损程度达到最小。当阀关闭时，密封圈充气膨胀从而压紧半球状圆顶，可以形成一个非常完好的不透气密封圈，因此可阻挡在管道中的输送的散料。气动装置通常是直行程气缸和扇形气缸，前者用于大直径圆顶阀，后者用于小直径圆顶阀，如DN50 排空阀。

2. 圆顶阀密封圈的更换和检查

（1）拧出顶板的螺钉，拿起顶板，取出嵌入环、密封圈和支撑环。

（2）检查调整垫片的厚度，由 0.4mm、0.8mm、1.5mm 组合的垫片厚度要达到所要求的密封公差。

（3）从嵌入环中拿出密封圈，观察有无磨损或损坏，如有，应立即进行更换。

（4）手动旋转半球状阀芯来观察它的轴承润滑，如果轴承卡死或坏掉，则更换。

（5）重新装回阀门时，应保证阀门顶板不会被腐蚀，所有的阀面都清理干净。

（6）放下支撑环后安装好调整垫圈到阀体上并且安装好密封圈3/2。

（7）放下顶板到合适位置，不要弄坏密封圈，压紧盖子。

（8）检查阀与密封圈是否处于正确的安装公差范围内（在关闭状态下），所要求的安装公差在本章节的图表中有列出。

3. 圆顶阀轴承的更换

（1）拆下圆顶阀顶部密封组件。

（2）拆下气缸的防护装置。

（3）拆下在气缸连接组件前部的卡簧片，并且轻轻地取出销钉。

（4）取出气缸。

（5）把阀门旋转180°，拆下加油嘴。

（6）将阀芯耳轴的弹性销取出。

（7）分开阀芯耳轴，抬起阀芯。注意：耳轴处有很多小垫片，这些小垫片一般是安装在工件上用于大修备用。

（8）轴承和密封圈在将它们转向阀中心后可移除。

（9）所有阀的相关面都要严格清理并检查。

（10）检查阀芯的表面及轴，如果有需要可以更换，清理边沿毛刺，防止损坏替换的密封圈和轴承。

（11）安装替换密封圈到轴，并且将轴承就位，润湿油管嘴口旋转1/8" NPT，装好密封圈后，随后可以安装其他组件，用润湿油或相当的润滑液将密封圈封严及将轴承封严。

（12）旋转轴臂直到轴臂的孔与阀芯的半球顶在同一水平直线上，将弹性销涂润滑脂并安装好。

（13）将阀旋转180°，重新装好气缸组件，确保安装正确。

（14）重新装好密封顶部组件，安装限位开关松开顶丝的螺栓的螺母，当圆顶全部关闭好后，松开螺母直到六角头螺栓接触到活塞的限位开关，将螺栓旋进3mm深使活塞压紧。

4. 圆顶阀使用注意事项

（1）圆顶阀轴承需要每2周注油一次。

（2）为避免划伤密封圈，在物料中不允许有锋利和可以造成钝伤的金属杂质。

（3）入口圆顶阀、排空圆顶阀和管路切换阀等部位安装的圆顶阀在无密封信号反馈时，不允许在程序和线路上强制和短接该信号，必须进行实际的解决。圆顶阀密封压力信号必须是真实的。

（4）更换密封圈后，需要重新检测阀芯的圆顶和密封圈之间的间隙。在0.5~0.8mm为最佳。

（5）安装在不同位置、起不同作用的圆顶阀，其"打开"和"关闭"的动作是在电磁阀线圈获得不同的"得电"或"失电"的命令后进行。

（6）水平安装的圆顶阀在打开时，阀芯的圆顶必须在管道的上方或侧上方，不允许圆顶在管道下方，避免出现圆顶快速磨损。

## 二、旋转阀检修工艺

旋转阀通过旋转轴带动阀板运动，使得阀门开关动作时的运动力为旋转运动。气动执行机构的活塞杆、密封填料不与介质直接接触，大大延长了气动执行机构的使用寿命。同时新颖独特的设计很好地解决了同类阀门轴密封处物料外漏的情况。阀体采用精密铸钢件，密封填料采用耐磨耐高温氟橡胶密封件，阀板与阀座间密封面采用耐磨硬质合金材料或耐磨增韧结构陶瓷，表面光滑，硬度可达 60～70HRC，解决了密封面因物料冲刷而易被冲蚀、寿命不高的问题，使用寿命比普通材料阀门长 5～10 倍，为用户带来理想的使用效果和经济效益，大大提高了设备运行的安全性、稳定性。旋转阀结构如图 6-7 所示。

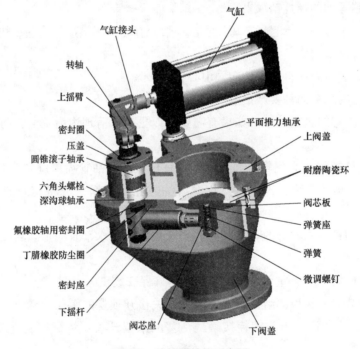

图 6-7　旋转阀结构示意图

1. 安装使用注意事项

（1）请置于干燥清洁的室内。长期存放后应先清洁后安装，并检查各螺栓是否有松动现象。

（2）安装前应仔细阅读本说明，并核对阀门型号、通径及技术参数。

（3）严禁装上阀门后施焊法兰，以免损坏阀门密封圈。管道间预留的阀门安装距离应适当，法兰两边加垫片。安装应保证阀门工作、维修、更换时方便。

（4）两管道中心与阀门通径中心应保持同轴，法兰面应平整，不允许法兰面有较大的偏斜，以保证阀门的夹紧和正常工作。拧紧螺栓应做到均匀对称。

（5）装卸过程中，吊索不允许作用于气缸及活塞杆上。

2. 故障及解决方法

旋转阀常见故障有开关不到位、内漏、外漏等，其产生原因和解决办法见表6-3。

表 6-3　　　　　　　　　　　旋转阀故障解决办法

| 故障现象 | 产生原因 | 预防及解决方法 |
|---|---|---|
| 阀门不动作或开关不到位 | 气源压力不够 | 增大气源压力 |
| | 气缸缸筒是否损坏 | 检查缸筒是否失圆，如损坏更换缸筒 |
| | 电磁阀或行程开关信号故障 | 检查或更换电磁阀、行程开关 |
| | 阀体与阀板间（阀腔内）卡有污垢物、积灰 | 清洗修整去除污垢延长空送时间 |
| | 密封圈压得过紧或歪斜 | 调整密封圈压盖上的调节螺母，在阀杆上添加润滑油 |
| 填料处渗漏 | 密封圈未压紧 | 旋紧密封圈压盖上的调节螺母 |
| | 密封圈磨损 | 更换密封圈（同时检查阀杆是否磨损） |
| 阀体与中间体间渗漏 | 阀体上螺母未旋紧或松紧不匀 | 调整螺母 |
| | 垫片损坏或有污物 | 更换垫片，去除污垢 |
| 密封面渗漏 | 阀板关闭不到位 | 调整阀杆及圆螺母 |
| | 密封面磨损或有污物 | 研磨密封面，清洗，更换阀板、阀座 |

### 三、仓泵的安装和检修工艺

气力除灰系统的仓泵结构比较简单，部分工艺标准简单罗列如下：

（1）仓泵和管道连接的法兰必须使用套焊，焊接要求：法兰端面与管道端面应对齐，管道端面不得突出法兰端面，误差小于 0.5mm；法兰与管道四周为角焊缝，焊脚高度为 5mm。如图 6-8 所示。

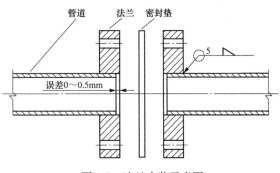

图 6-8　法兰安装示意图

（2）出口泵的手动排堵管或输送管路上安装的排堵管应大于 60°上升，与灰斗接口应高于灰斗高料位，但低于电除尘器要求的安全距离，如图 6-9 所示。排堵阀距离输送管道中心线的距离小于 800mm。

（3）输送管道上的辅助进气装置应竖直向下与水平管道连接，或垂直于垂直的输送管道成水平安装。

（4）连接入口圆顶阀上与插板门之间的短节时，需要保证圆顶阀的圆顶四周无杂物。

（5）所有设备安装后，（单个电场）做系统压力试验。用压力为 0.7MPa 的压缩空气

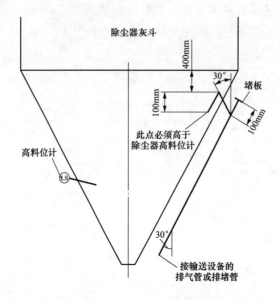

图 6-9　排堵管安装示意图

作气密试验，压降在 30min 内小于 0.1MPa，用肥皂水检查泄漏点，保证管道无泄漏点。

（6）现场安装的设备，在安装圆顶阀等设备前，必须将泵体上的螺纹盲孔重新过丝，保证螺纹的安装长度。

（7）所有设备安装完成后，必须将输送设备及其相关设备（如灰斗）清理干净。

### 四、管道和膨胀节的安装和检修工艺

（1）膨胀节（补偿器）的安装要符合图纸要求。金属波纹膨胀节在安装后需要将（补偿器）的运输用的固定螺栓松开 20mm 以上。

（2）套筒膨胀节安装结束后，将螺栓重新对角、均匀紧固并保证密封。

（3）保证（泵体入口阀上方的）柔性接头的固定两短节之间的安装间隙为 25～30mm。

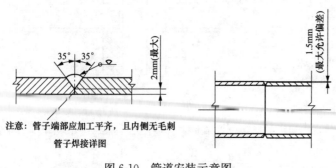

注意：管子端部应加工平齐，且内侧无毛刺

管子焊接详图

图 6-10　管道安装示意图

（4）大小头（方圆节）法兰的连接要保证密封，必要时可以在法兰垫上涂润滑油脂。

（5）管道直线度：在管道连接时，其中心线偏差不得超过 1.5mm，如图 6-10 所示。管道法兰：法兰连接侧平面与管道要齐平，并且法兰只在单侧进行焊接。

（6）管道查漏：用压力为 0.7MPa 的压缩空气作气密试验，压降在 30min 内小于 0.1MPa，用肥皂水检查泄漏点，保证管道无泄漏点。

（7）在输送管道上安装助吹管和助吹器时，要保证安装尺寸并与管道中心线垂直。

（8）管道上所有弯头内径的尺寸必须与管道内径相同，误差小于 1mm。

（9）每段管道拼接前，须清理每段管子内部杂物；焊接时需使管子内部平滑，内侧焊缝无凹陷，焊缝凸起小于 2mm，且焊渣不能进入管内。

（10）检查每个滑动和固定管道支架是否正确安装。滑动支架的 U 形螺栓内侧与钢管顶面有 1mm 以上的间隙。每个固定管道支架与钢管紧固牢靠。

## 第五节　气力除灰的气源设备

气源系统通常由螺杆空气压缩机、过滤器、干燥机、输气管路、储气罐等组成，通过这些设备可以得到洁净、干燥、压力平稳的压缩空气。空气压缩机是用来生产一定压力和流量的压缩空气的专用设备，可分为螺杆式、活塞式、离心式等几种类型。螺杆式空气压缩机技术成熟，运行稳定，在火力发电厂应用较为广泛。干燥机可分为冷冻式、吸附式和组合式等几种类型，除灰用压缩空气一般经冷冻式干燥机处理即可。本节主要介绍双螺杆空气压缩机和冷冻式干燥机。

### 一、螺杆式空气压缩机工作原理及结构

螺杆式空气压缩机的主机主要由一对阴阳转子和壳体组成，属于容积式。其工作过程由吸气过程、压缩过程和排气过程组成。

（一）工作原理

螺杆式空气压缩机主要依靠主机两个转子相互啮合进行空气的吸入、压缩和排出，如图 6-11 所示。由于气体在主机内被压缩，气体温度升高，所以主机内必须喷入适量机油，机油有润滑、冷却、密封三方面作用。

（二）系统组成

螺杆式空气压缩机系统主要分为电气和主机两大部分，如图 6-12 所示。

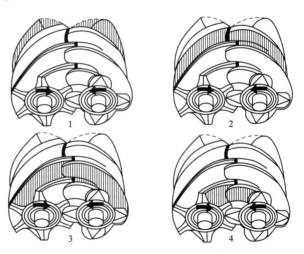

图 6-11　螺杆式空气压缩机工作原理示意图

1. 电气部分

主要由电动机、控制系统、操作面板等组成。

2. 主机部分

主要包含主机头、进气控制器、单向阀、断油阀、最小压力阀、电磁阀、冷却器、油分离系统等。

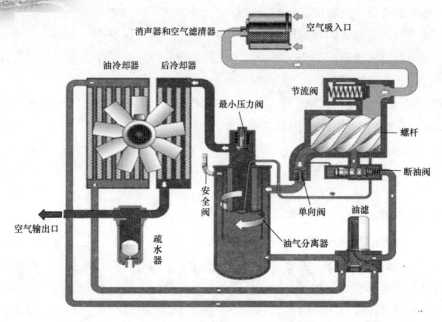

图 6-12  微油螺杆式空气压缩机流程图

（三）分系统流程和结构

1. 空气系统

空气由空气滤清器滤去尘埃之后，经由进气阀进入主压缩室压缩，并与润滑油混合。与油混合的压缩空气排至油气桶后，再经由油细分离器、压力维持阀及后冷却器之后送入使用系统中。空气系统主要部件：

（1）空气滤清器：空气滤清器为一干式纸质过滤器，其主要功能是滤除空气中的尘埃，避免螺杆转子过早磨损，油过滤器和油细分离器过早阻塞。通常每工作 500h，应取下清除其表面的尘埃。清除的方法是使用低压空气将尘埃由内向外吹除。

（2）进气阀：进气阀为蝶式进气阀，主要是通过进气阀内蝶片的开启和关闭来进行空重负荷的控制。在现场实际中，经常发生因进气阀卡涩导致空气压缩机发分离前压力低报警，一般的处理方法是在空气压缩机停运状态摁急停按钮然后复位。此时进气蝶阀会自行进行一次开关动作，如此反复几次可通过其灵活程度排除是否由于机务原因导致报警，若明显存在卡涩或进气阀关闭状态特别严密，可通过调节限位使蝶阀在关闭状态留出 5mm 左右的缝隙。

（3）油气桶：油气桶有油气分离和储油两种功能。压缩后的油气混合物排至油气桶，在油气桶内旋转可以分离出大部分的润滑油；油气桶内存较多的润滑油，避免刚分离出来的热油立即参与下一个循环，有利于降低排气温度。油气桶侧面装有油位指示计。由于油气桶的宽大截面积，可使压缩空气流速减小，有利于油滴分离，起到初步除油的作用。

（4）油气分离器：油分离筒体以中间隔板为分界点，隔板以下为初级分离，隔板以上为次级分离。初级分离采用离心式，压缩后的气体与冷却剂混合在一起从主机排出经过止回阀进入分离筒体，通过导向装置使油气混合体产生旋转，在离心力的作用下将冷却剂分离出来留在筒体内部，分离后的压缩空气经过次级分离后从最小压力阀排出。次级分离的工作原理为凝聚加过滤。

（5）安全阀：当油气桶内气体压力比额定排气压力高出 1.1 倍时，安全阀即会自动起跳而泄压，使压力降至额定排气压力以下。检查安全阀的方法是在压缩机满载工作时，轻拉安全阀上的泄气拉杆，若安全阀能向外排气，则视为正常。

（6）最小压力阀：位于油气桶上方油分离器出口处，开启压力设定为 0.40MPa。主要有以下功能：

1）起动时优先建立起润滑油所需的循环压力，确保机器的润滑；

2）油气桶气体压力超过 0.4MPa 之后方行开启，可降低流过油细分离器的空气流速，除确保油分离效果之外，还可保护油细分离器免因压力差太大而受损；

3）止回功能：当停机后油气桶内压力下降时，防止管路压缩空气回流。

（7）后冷却器：由最小压力阀流出的压缩空气，通至后冷却器。后冷却器与油冷却器分体布置，其结构相同，皆为管壳式。

2. 润滑油系统

油气桶内之压力将润滑油压出，经油冷却器、油过滤器除去杂质颗粒，然后分成两路，一路从机体下端喷入压缩室，冷却压缩气体。另一路通到主机两端，润滑轴承组，而后各部分的润滑油再聚集于压缩室底部，由排气口排出。与油混合的压缩空气排入油气桶后，绝大部分的油沉淀于油气桶的底部，其余的含油雾空气再经过分离器，进一步滤下剩余的油，并参与下一个循环。润滑油系统主要部件：

（1）温控阀：温控阀的主要功能是通过控制喷入机头的润滑油湿度来控制压缩机的排气温度，以避免空气中的水汽在油气桶内凝结而乳化润滑油。

（2）油冷却器：油冷却器一般为管壳式，管程走水壳程走油。为了确保机组运行可靠，机组在运行时的主机排气温度应控制在 80～98℃，一旦温度接近或超过 98℃应及时清理油冷却器。

（3）油过滤器：油过滤器是一种纸质过滤器，其功能是除去油中的杂质，如金属微粒、灰尘、油之劣化物等，保护轴承及转子的正常运行。若油过滤阻塞，则可能导致喷油量不足影响主机轴承使用寿命，机头排气温度升高甚至停机。

（4）油分离系统：油分离系统由油分离器筒体、油分离芯、回油管（包括回油过滤器）、安全阀、最小压力阀组成。原理和作用详见上文。

3. 气路控制部分

气路控制部分主要部件有：

（1）加载电磁阀：为两位两通常闭电磁阀，通过电磁阀的得电和失电，控制气路的通、断状态，实现加载、卸载功能。

（2）放空阀：当卸载运行或停机时，此阀即打开，释放油气桶内的压力，使空气压缩机低负荷运转，或保证在无负载的情况下重新启动。

（3）反比例阀：超过设定的调节压力才起作用，此时比例阀（即系统的排气压力）越高，输出的控制压力就越低。而控制压力越低，通过气缸伸缩控制的进气卸荷阀蝶片的开度就越小，空气压缩机的进气量也就越小，使空气压缩机的供气量与耗气量保持平衡，实现无级气量调节功能。

## 二、空气压缩机维护及故障处理

### （一）维护

当空气压缩机已经运行一段时间后，必须进行周期性维护和定期检修，时间间隔取决于设备以及工况类型。包括以下内容。

1. 每日维护内容

（1）检查空气滤清器滤芯和冷却剂液位。

（2）检查软管和所有管接头是否有泄漏情况。

（3）检查记录，如果易耗件已经到了更换周期必须停机予以更换。

（4）检查记录，若发现分离器压差超标时应停机更换分离芯。

（5）检查冷凝水排放情况，若发现排水量太小或堵塞，必须停机清洗水分离器。

2. 每月维护内容

（1）检查油冷却器和后冷却器表面，必要时予以清洗。

（2）清洗水分离器。

（3）检查所有电线连接情况并予以紧固。

（4）清洁电动机吸风口表面和壳体表面的灰尘。

3. 每季度维护内容

（1）向主电机加注润滑脂。

（2）清洁油冷却器。

（3）检查最小压力阀。

（4）检查传感器。

4. 每年维护内容

（1）更换润滑油。

（2）检查止回阀（包括主机供气母管）。

（3）检查冷却风扇。

（4）检查液压缸或步进线位装置。

（5）安全阀校准（送指定单位强制检验）。

### （二）常见故障及其处理方法

1. 机组排气温度高（超过 100 ℃）

（1）机组润滑油液位太低（应该从油窥镜中能看到，但不要超过一半）。处理方法：补油或更换。

（2）油冷却器脏。判别冷却器脏的方法主要看其进油口温度与出油口温度之间的温差，正常的温差为 20~30 ℃。如果是外部灰尘堵塞散热器，只需用压缩空气吹干净就可以，如吹不掉，则需要用专业的清洗剂清洗。如散热器内部堵塞，则需要用清水泵循环清洗。如是水冷式的散热器堵塞，最好的办法是拆开前后端盖用铜条对钢管内部进行清洁。

（3）油过滤器堵塞。处理方法：更换。

（4）温控阀故障（元件坏）。处理方法：更换。

（5）环境温度超过所规定的范围（38℃或46℃）。处理方法：开窗使空气流通。

2．机组油耗大或压缩空气含油量大

（1）冷却剂量太多，正确的位置应在机组加载时观察，此时油位应不高于一半。

（2）回油管堵塞；处理方法：检查并疏通。

（3）回油管的安装（与油分离芯底部的距离）不符合要求；处理方法：检查并调整位置。

（4）机组运行时排气压力太低；处理方法：检查并疏通。

3．机组排气压力低

（1）实际用气量大于机组输出气量；处理方法：检查使用方漏气点并治理。

（2）放气阀故障（加载时无法关闭）；处理方法：更换。

（3）进气阀故障；处理方法：检查进气阀是否卡涩。

（4）空气滤清器堵塞；处理方法：更换空气滤清器。

4．电动机运行电流大

（1）电压太低；处理方法：检查电源电压。

（2）机组压力超过额定压力；处理方法：停机检查系统。

（3）油分离芯堵塞；处理方法：更换。

（4）主机故障；处理方法：盘车检查是否卡涩，如必要解体处理。

（5）主电动机故障。处理方法：检查轴承和绝缘。

### 三、冷冻式干燥机工作原理及结构

从空气压缩机出来的压缩空气含有一定量的雾状润滑油、水蒸气及杂质，会对后续压缩空气用户造成影响，因此在空气压缩机出口必须加装干燥设备除去压缩空气中的油、水及杂质。除灰压缩空气系统中，一般仅使用冷冻式干燥机（简称冷干机）作为干燥设备。

（一）冷干机工作原理

冷干机是根据空气冷冻干燥原理，利用制冷设备使压缩空气冷却到一定的露点温度，使压缩空气中含水量趋于超饱和的状态，析出相应所含的水分，并通过分离器进行气液分离，再由自动排水阀将水排出，从而达到冷冻除湿效果的装置。同时，压缩空气中 $3\mu m$ 及以上的固体尘粒及微油量成分都被滤除，使气源品质达到清洁、干燥的要求。

（二）冷干机工艺流程

冷干机主要有空气和制冷两个系统。

1．空气系统

含有水分、油分的压缩空气进入气对气热交换器，使压缩空气预冷，降低压缩空气的温度，除去一部分水分，再进入气对制冷剂热交换器，使压缩空气冷却到 $2\sim10℃$ 的露点温度。水分、油分及部分杂质在此被凝结，冷却后的气体和已凝结的水分、油分及部分杂质通过气液分离器被分离，然后水分、油分被自动排水阀排出，干燥后的压缩空气通过气对气热交换器升温后输出。

2. 制冷系统

低温液态制冷剂在气对制冷剂交换器吸收热量而蒸发成气态，气态制冷剂从交换器的制冷剂出口通过汽化器和吸气过滤器进入制冷压缩机吸气口，汽化器和吸气过滤器是为了防止液态制冷剂和杂质进入压缩机内而设置，压缩机将低温低压的制冷剂压缩成高温高压气体，根据旁通阀的自动调节，有小部分气体直接进入气对制冷剂热交换器，而大部分气体则进入冷凝器冷凝并降温，从冷凝器出来的低温液态制冷剂通过贮液器及干燥过滤器进入膨胀阀。贮液器和冷凝器的作用是保证制冷剂在膨胀阀的入口处为纯净的液态。液态制冷剂经膨胀进入气对制冷剂热交换器，又在交换器中冷却压缩空气，从而开始了新一轮的循环。

（三）冷冻式干燥机结构及组成

冷干机主要组成结构有：压缩机、膨胀阀、旁通阀、蒸发器、冷凝器、干燥过滤器、油分离器、汽化器，水量调节阀。

1. 压缩机

压缩机是将低压气体提升为高压气体的一种从动的流体机械，是制冷系统的心脏。它从吸气管吸入低温低压的制冷剂气体，通过电动机运转带动活塞对其进行压缩后，向排气管排出高温高压的制冷剂气体，为制冷循环提供动力，从而实现压缩→冷凝（放热）→膨胀→蒸发（吸热）的制冷循环。

2. 膨胀阀

热力膨胀阀安装在蒸发器入口，常称为膨胀阀，主要作用有两个：

（1）节流作用：高温高压的液态制冷剂经过膨胀阀的节流孔节流后，成为低温低压的雾状的液压制冷剂，为制冷剂的蒸发创造条件。

（2）控制制冷剂的流量，保证蒸发器的出口完全为气态制冷剂。若流量过大，出口含有液态制冷剂，可能进入压缩机产生液击；若制冷剂流量过小，提前蒸发完毕，造成制冷不足。

3. 旁通阀

旁通阀作用是感知蒸发器出口的压力变化，调节高温高压氟利昂的流量。

4. 蒸发器

蒸发器是冷干机主要换热部件。压缩空气在蒸发器中强制冷却，其中大部分水蒸气凝结成水排出机外，从而使压缩空气得到干燥。

5. 冷凝器

冷凝器在冷干机中的作用是将制冷剂压缩机排出的高压、过热制冷剂蒸气冷却成为液态制冷剂，使制冷过程得以连续不断进行。

6. 干燥过滤器

干燥过滤器进端为粗金属网，出端为细金属网，可以有效地过滤杂质。内装吸湿特性优良的分子筛作为干燥剂，以吸收制冷剂中的水分，确保制冷剂管路畅通和制冷系统正常工作。

7. 油分离器

油分离器的作用是将制冷压缩机排出的高压蒸汽中的润滑油进行分离，以保证装置安全高效地运行。油分离器安装在压缩机出口和冷凝器进口之间。

8. 汽化器

汽化器是一种工业和民用的节能设备，作用是把液态的气体转化为气态的气体。

9. 水量调节阀

在制冷系统中利用制冷剂冷凝高压的变化来控制水量调节阀的开度，从而调节冷却水量的大小，冷凝压力高时，开启度变大，冷却水量增加使冷凝高压回落，这样可以保证制冷系统工况稳定。

### 四、冷干机的维护和故障处理

（一）维护项目

1. 每日检查项目

（1）检查疏水阀是否堵塞。

（2）冷干机露点温度是否<10℃。

（3）冷干机蒸发温度是否<10℃。

（4）冷干机冷凝温度是否<30℃。

（5）冷干机制冷剂高低压是否正常，高压应为 1.2～1.5MPa；低压应为 0.3～0.5MPa。

（6）压缩机是否运行平稳无杂音。

2. 半年检查项目

（1）反冲洗冷凝器。

（2）调整制冷剂高低压，高压应为 1.2～1.5MPa，低压应为 0.3～0.5MPa。

（3）变季节时调整冷却水流量及旁通阀，保证制冷剂高低压及露点温度正常。

3. 年度检查项目

（1）检查压力开关、温度传感器是否正常。

（2）补充压缩机冷冻油，补充制冷剂。

（3）更换前后置过滤器滤芯，清理压差表。

（4）检查汽化器、油水分离器、膨胀阀等是否堵塞。

（二）常见故障现象和原因分析

1. 压缩机过载跳闸

原因如下：

（1）连续启动，每次启动须隔 3min 以上。

（2）压缩机过负荷，减少空气处理量。

（3）冷干机入口温度过高，增设冷却器或加大功率改善通风。

（4）电源接触不良。

（5）接点不良。

2. 制冷剂压力低

原因如下：

（1）漏氟利昂，查找漏点，处理漏点后补氟利昂。

（2）氟利昂不足，补充制冷剂（即氟利昂）。

3. 制冷剂压力高的

原因如下：

（1）环境温度超过规定。一般环境温度要求≤42℃。

（2）冷疑器堵塞、水冷却系统不符合要求。一般要求水压在 0.2MPa 以上，水温≤32℃。

（3）蒸发器内漏。补焊漏点或更换蒸发器。

（4）冷却水供水门开度不够。调整冷却水开度。

4. 压缩机回气口结霜

原因如下：

（1）膨胀阀液态制冷剂供应量正常，但蒸发器不能正常吸热供应制冷剂膨胀。

（2）蒸发器吸热工作正常，但节流阀制冷剂供应量过多，也就是制冷剂流量过多，我们通常理解为氟利昂多了，需放掉一部分氟利昂，或热汽调整旁通阀。

（3）北方冬季环境温度太低，进入蒸发器的压缩空气温度较低，进入压缩机的制冷剂不能完全汽化，导致结霜，所以季节更换需调整热汽旁通阀。

5. 制冷压缩机发热

原因如下：

（1）环境温度超过规定、机器负荷过大、选型不当。

（2）冷疑器堵塞。

（3）制冷剂高压过高。

（4）蒸发器内漏。

6. 压缩空气含水量大

原因如下：

（1）压缩空气旁路没有关闭。

（2）排水器不良。

（3）冷干机制冷效果差。

 **思考题**

1. 圆顶阀密封圈的更换和检查有哪些过程？

2. 旋转阀有哪些维修保养注意事项？

3. 干除灰系统输灰不畅的原因有哪些？

4. 如何处理输灰管路堵塞？

5. 微油螺杆空气压缩机空气流程是什么？

# 第七章

# 灰库及其附属设备

燃煤电厂的灰库作为气力除灰系统的终端设备，用来接收仓泵输送来的飞灰，暂时存储并经卸料设备装上皮带或专用输灰车辆，运送至用灰地点。为保障灰库内部飞灰不板结，设有灰库气化风系统。每座灰库通常都安装有干灰散装机、加湿搅拌机等卸灰设备，部分灰库还设置了干灰分选系统，供综合利用。

## 第一节　灰库结构及系统概述

灰库根据其基本功能可分为储灰库和中转灰库。储灰库的主要功能是将干灰收集下来并在一定期限内储存在库内，储灰库可以建在厂内或厂外，距离电除尘器较远。中转灰库的主要作用是先将干灰集中并短时间储存，再利用其他设备将灰向厂外转运。中转灰库一般建在厂内，距离电除尘器较近。

通常，2×600MW 及以上机组设有三座灰库，其中两座粗灰库、一座细灰库，每座灰库间可以相互切换，并且可满足两台机组同时满负荷运行 48h 排灰量的储存要求。灰库的功能和设备配置与灰的后续处理方式、场地条件和投资等许多因素有关，许多大型灰库同时具备中转和储存的功能。

### 一、灰库的结构

大容量的灰库一般为平底的钢筋混凝土筒仓结构，高度可达 25～28m、直径可达12～15m，由上至下一般分为库顶层、储灰层、卸灰设备层和库底层等四个功能层，如图 7-1 所示。

1. 库顶层

库顶层主要安装有气力除灰管道、库顶切换阀和灰气分选设备，如布袋除尘器或旋风分离器等，输灰用的压缩空气经由布袋除尘器净化后排放到大气中。此外，还有压力释放阀、料位计、配气箱、起重设备等附属装置。

2. 储灰层

储灰层即是灰仓，干灰由顶部落入仓内自然沉降堆积。钢筋混凝土结构的平底筒仓事实上并非平底，只是锥度很小。为了保证灰库干灰顺畅排出，灰仓底部呈放射形布置若干气化槽。气化风从下部的卸灰设备层的环形母管接入，气源由罗茨风机产生，经电加热器加热后供给。储灰层下部侧壁一般设有检修用的人孔门。

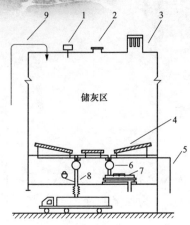

图 7-1　灰库系统示意图

1—料位计；2—压力真空释放阀；
3—除尘器；4—气化槽；5—气化风母管；
6—电动锁气器；7—湿式搅拌机；
8—干灰散装机；9—输灰管道

3. 卸灰设备层

灰仓底部分成 4 个象限，预留有 4 个下灰口，分别安装有干灰散装机、湿式搅拌机等卸灰设备，所以此区域称为卸灰设备层。

4. 库底层

库底层即是零米层，是灰外运的通道，应具有足够的空间高度，便于大型自卸车、罐装车进出，或布置皮带机等输灰设备。

## 二、灰的转运方式

（1）干式直接转运。利用气力除灰方式或机械输送方式将干灰转运到厂外的储灰库、灰用户或灰场。

（2）干灰调湿后转运。利用湿式搅拌机将干灰加水搅拌成湿灰后，再利用运灰汽车或其他机械式输送方式转运至干灰场或装车。

（3）干灰集中制浆。利用干灰制浆设备将干灰制成高浓度的灰浆，再利用灰渣泵等水力除灰渣设备长距离输送至灰场。此种方式一般使用于老电厂改造项目。

## 三、灰库内部检修

灰库内部检修涉及积灰坍塌、人员窒息、粉尘污染等危险因素，施工难度大、危险程度高。因此，负责此项工作的管理人员必须高度重视安全和环保风险。灰库内部检修是在灰库内部进行，检修项目主要有积灰清理、气化板更换、气化槽清理等工作。

1. 施工准备及安全要求

（1）工具准备：带漏电保护器的固定防爆灯具 3 盏、有限空间出入登记本、防尘口罩、防护眼镜、手套、反光背心、全身式安全带、防滑胶鞋、安全绳；施工用的倒链、绳扣等起重工具等。核实工器具是否检验合格。

（2）气力输灰管道切换至其他备用灰库，管道切换阀加堵板，防止因切换阀不严干灰再次进入库内。抽调运灰车辆尽可能拉空灰库内的积灰。

（3）确定好清灰人员数量，每次进入库内人员不得超过 2 人，另有 2 人在外严密监护。工作人员必须戴防尘口罩、防护眼镜，穿专用的防护工作服并佩戴头灯，配备对讲机。

（4）进入灰库内部前，确认库顶压力释放阀已开启，打开人孔门后将口部积灰清理干净，然后通风至少 30min。

（5）确认灰库内无明显扬尘后，用红外测温仪测量灰库内部温度，测量点不少于 3 处，确认每点温度不超过 40℃。

（6）从人孔门处检查灰库内上部侧壁的挂灰情况，确认四壁无明显挂灰后，方可安排施工人员进入灰库内部开展清灰等工作。

2. 施工步骤及工艺要求

（1）确认灰库内部积灰已拉空、人孔门口部积灰已清理、灰库内部侧壁无挂灰现象。打开人孔门时，不许将螺栓一次性拆下，防止内部积灰造成人孔门崩开伤人。开门时工作人员站在人孔门侧面，必须系好安全带并挂在牢固的构件上。

（2）打开人孔门后，在人孔门处铺设不少于 40cm 宽的跳板。作业人员沿人孔门向两侧清理积灰，将积灰装入编织袋，再从人孔门处将其运出。

（3）进入内部工作必须使用安全带及安全绳，安全绳必须挂在人孔外面的固定构件上。安全绳应由监护人负责一直保持在稍微拉紧的状态。

（4）灰库内清灰作业要严格执行从上向下清理原则，服从指挥，严禁违章作业。

（5）待人孔门两侧清理出 2m 左右空间后，其余积灰从干灰散装机处扔到下方车内。清灰前应将灰库零米大门用苫布围好，防止造成扬尘污染。

（6）积灰清理干净后，拆下所有气化布固定螺栓，并将螺栓保管好，同时检查修理气化风管。

（7）将气化槽内积灰清理干净后，人员全部撤离灰库，临时封闭人孔门。用气化风对该灰库进行吹扫，将气化风管及气化槽内余灰吹扫干净。施工人员再次进入库内，安装气化布。

（8）气化槽应均匀分布于底板上，其总气化面积最小不宜小于库底截面积的 15%，斜度宜为 6°，并应尽量避免死区；当库底设有两个排灰孔，且其中心距≥1.8m 时，应在两孔间装设坡度相反的气化斜槽。

（9）所有工作全部结束后，清点工具及人员并做好检修记录。封闭人孔门，结束本次灰库内部检修工作。

## 四、灰库系统的主要设备

每座灰库均布置有卸灰装置、袋式除尘器、气化风系统、粗细灰分选装置、压力真空释放阀、料位计等设备，以确保干灰转运、乏气外排、日常监视和安全运行等功能。本节简要介绍除尘器、气化风系统等其他设备，卸灰装置将在下节详细介绍。

1. 卸灰装置

卸灰装置是灰库的主要转机设备，加湿搅拌机可以将干灰加湿后装车，干灰散装机直接将干灰装入罐车进行综合利用。

2. 袋式除尘器

为保障灰库内的乏气排放时不污染环境，灰库顶部设有除尘过滤器，型式通常为脉冲反吹式袋式除尘器，气源取自仪用压缩空气。脉冲袋式除尘器是利用高压空气（0.5～0.8MPa）从袋内向外喷吹的方式进行清灰，可以通过调节脉冲周期来改变喷吹操作的持续时间和间隔时间，使滤袋保持良好的过滤状态。

输送空气在每一座灰库中经袋式除尘器进行过滤，然后排放到大气中。在输灰系统运行过程中，除尘器必须连续进行反吹清洗。任何时候，除尘器都要保证工作在畅通无阻地对大气排放的状态。同时还要保证泄漏到系统中的压缩空气或者由于温度升高引起膨胀的空气能够被安全排放。

### 3. 气化风系统

灰库设有四台气化风机,三台运行,一台备用。气化风机一般使用罗茨风机,其原理和结构详见第二章第四节。每台气化风机出口通过电加热器,把加热后的空气供给灰库库底气化板,透气后进入灰仓底部辅助卸料。

### 4. 分选系统

为提高粉煤灰综合利用价值,部分灰库设置了分选系统。在粗灰库下设有一个分选系统卸灰口,原灰从卸灰口下经稳流给料装置排入输灰管中,与一次风均匀混合成气、固两相流进入分级机。分级后的粗灰通过锁气卸料装置排入粗灰库,细灰则随气流经旋风分离器分离后排入细灰库。含有少量超细颗粒的气体经耐磨离心风机循环,其中95%左右的含尘气体经回风管返回下料点,形成闭路循环系统。另有5%左右的含尘气流经放风阀进入细灰库,经库顶布袋除尘器净化后排出。

### 5. 压力真空释放阀

压力真空释放阀安装在灰库顶部,由阀座、阀盖、挡环、真空环、隔膜等组成,如图7-2所示。其作用是调整灰库的工作压力在正常范围之内,使灰库不承受过高的正压或负压,从而保证灰库安全。该阀特点为动作可靠、密封严密、使用寿命长,是灰库系统中不可缺少的重要设备。

该阀正常运行中,阀盖与阀座保持密封状态;当灰库内压力升高达到设定的压力值时,克服阀盖的

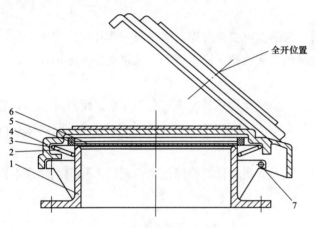

图7-2 压力真空释放阀示意图

1—阀座;2—挡环弹簧;3—挡环;

4—阀盖;5—真空环;6—隔膜;7—柱销

质量,将阀盖顶起释放压力;直到灰库内部压力下降到设定值以下时,阀盖回到正常位置。当灰库内压力低于大气压力,内部真空达到设定值时,大气压力作用到隔膜上举起真空环,此时空气进入库内;直到库内真空小于设定值时,真空环回到正常位置靠在隔膜上。

### 6. 料位计

料位计是灰库系统中重要的信号控制装置,常用的有射频导纳料位计和重锤料位计。通过料位计,能准确显示灰库内灰位的高低,确保灰库正常、安全、可靠运行。

## 第二节 灰库的卸灰设备

灰库常见的卸灰设备有加湿搅拌机和干灰散装机,干灰经开启的手动插板阀和气动圆顶阀落入电动锁气器,由匀速转动的转子连续均匀地输送到搅拌机或散装机装车外运,气

化风和压缩空气被隔绝在灰仓内。

## 一、电动锁气器

电动锁气器适用于灰库和干灰输送管道中，用作锁气及均匀给料。该设备主要结构由壳体、转子组件、传动机构、电动机及机械保护装置等组成，如图7-3所示。

1. 电动锁气器工作原理

电动锁气器的电动机与摆线针轮减速机直接连接，然后由链轮通过链条带动转子，由带有若干叶片的转子在机壳内旋转，物料从上部灰仓落下到叶片之间，然后随叶片转至下端，使物料排出，实现定量给料。

2. 电动锁气器检修工艺

（1）清理锁气器外表积灰，擦拭漏油处，清理现场卫生。

（2）检查锁气器出口、入口管道焊口是否有破损漏灰现象，法兰连接处是否有泄漏现象。

（3）检查电动机和减速机地脚螺栓是否有损坏、松动现象。

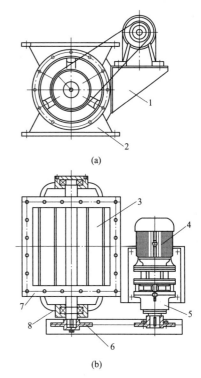

图 7-3　电动锁气器（正视和俯视）结构图
（a）正视图；（b）俯视图
1—电动机底座；2—锁气器壳体；3—转子；
4—电动机；5—减速机；6—传动轮；
7—连接法兰；8—轴承室

（4）检查转子的叶片有无磨损，测量转子和壳体的间隙是否超标。

## 二、加湿搅拌机

加湿搅拌机又称双轴搅拌机，由箱体、电动机及减速机、传动齿轮组、双轴及叶片、喷水加湿管及喷嘴等构成，如图7-4所示。

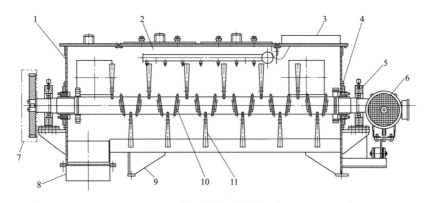

图 7-4　加湿搅拌机结构示意图
1—箱体；2—加湿水管；3—进料口；4—盘根室；5—轴承室；6—电动机和减速机；
7—传动齿轮；8—落灰筒；9—支撑；10—主轴；11—叶片

（一）加湿搅拌机工作原理

干灰经开启的气动阀进入电动锁气器，由匀速转动的转子将灰连续均匀地输送到搅拌机箱体内，随着两根搅拌轴作相向转动，使得干灰随之得到翻动搅拌。与此同时，喷嘴喷出的雾化水流不断将灰调湿。这样边调湿边搅拌边受螺旋叶片的推力作用，最终干湿均匀的调湿灰从出料口排出，落入自卸车或输灰皮带上。

（二）加湿搅拌机检修工艺

1. 修前准备和现场检查

（1）办理检修工作票，准备工器具和备件，布置现场。

（2）清理擦拭搅拌机外表面积灰和漏油处，清理现场卫生。

（3）检查搅拌机出入口管道焊口是否有破损漏灰现象，法兰连接处是否有泄漏现象。检查搅拌机及减速机地脚螺栓是否有损坏、松动现象。

2. 加湿搅拌机解体

（1）拆卸防护罩，移出防护罩并放至固定位置保存好，测量链轮之间的径向偏差和中间距离并做好记录。

（2）拆卸减速机地脚螺栓，移出减速机，注意减速机地脚垫片收集好并做好标记放到指定位置。

（3）使用拉马器拆卸传动齿轮，做好标记放至固定位置保存好。使用一字螺钉旋具取出键，放至固定位置保存好。

（4）拆卸搅拌机上盖板螺栓并移出盖板，拆卸搅拌轴上叶片螺栓，取出叶片做好标记，放至固定位置保存好。

（5）拆卸透盖，取出并检查油封。拆卸前轴承座，拆卸轴承。放至固定位置保存好。取出压盖和填料圈做好标记放至固定位置保存好，使用盘根钩将盘根全部取出。

（6）把两根搅拌轴从箱体内部吊出，做好标记放至固定位置检修。

3. 各部件清洗和修理

（1）搅拌机轴分为主动轴和从动轴。外观检查：轴用 320 号水砂布清扫干净，目测外观检查轴颈无划碰伤痕、磨损、裂纹缺陷，键槽完好。必要时对轴颈进行渗透探伤（PT）检查有无裂纹。

（2）轴弯曲的测量：按检修记录中图示轴弯曲测量部位测量，找出轴弯曲最大点，并绘出弯曲曲线。根据弯曲最大点，采用冷态校正方法，对轴弯曲最大区域进行捻打，直至弯曲值满足技术标准要求。

（3）叶片擦拭干净，检查叶片磨损情况，叶片磨损程度超过原长度的 1/3 或折断要更换。

（4）清洗轴承盖和轴承，检查轴承内、外圈和滚动体隔离架表面质量，有无裂纹、疲劳剥落的麻坑、重皮变色现象，测量轴承游隙并记录。轴承盖如有损坏，更换新轴承盖。

（5）齿轮清洗检查，检查齿轮啮合和磨损情况。啮合间隙应为 0.25~0.40mm，啮合面积不少于 60%~80%，若磨损超过原厚度 1/4 时应更换。

（6）主轴、底部耐磨板、喷淋水管路检查测量，主轴与轴承部位磨损量＜0.18mm，与轴承的配合表面不应有凹陷、毛刺、锈蚀现象，搅拌轴磨损量＜10mm，喷淋水管道和水嘴通畅无堵塞、老化现象。

4. 加湿搅拌机回装

（1）搅拌机的回装顺序与拆卸顺序相反，所有部件检验合格，结合面清理，箱体内部清洗干净进行回装。回装轴、填料压盖、透盖、轴承座和轴承时，按拆卸的相反顺序进行。

（2）轴承回装常采用热装法及使用轴承加热器将轴承加热到100℃，使轴承内圈受热膨胀，将轴承推入轴颈。轴承冷却后轴承加润滑脂，加油量为轴承体空间的2/3，装上透盖紧固螺栓。

（3）回装键和齿轮，键在轴上的键槽中必须与槽底接触与键槽两侧有紧力，装键时用软材料垫在键上，将其轻轻打入键槽中，使用铜棒将齿轮均匀安装在轴上。两齿轮啮合间隙应为0.3～0.4mm。

（4）回装齿轮护罩、键、链轮、叶片，组装时为了防止螺纹咬死或锈蚀，对一般的螺纹连接件应抹上黄油或二硫化钼润滑剂。

（5）减速机回装并找正。

（6）填料箱加盘根，盘根接口应错开90°～180°，每放入两圈就应用盘根压盖压紧一次。拧紧压盖螺栓，压盖四周的缝隙要均匀，盘根松紧要适度，过紧会使盘根发热，甚至冒烟，过松会增加泄漏。

（7）减速机、齿轮箱加油，加油量到油位线。

（三）加湿搅拌机常见故障及处理方法

加湿搅拌机是灰库卸灰设备中故障最多的设备，其常见故障、原因分析和处理方法见表7-1。

表7-1 加湿搅拌机常见故障及处理方法

| 序号 | 常见故障 | 故障原因 | 处理方法 |
|---|---|---|---|
| 1 | 减速机振动 | （1）叶片安装不同心；<br>（2）基础螺栓松动；<br>（3）轴承间隙大或者损坏；<br>（4）叶片上有缠绕物；<br>（5）电动机振动传导至减速机；<br>（6）缺油 | （1）校正；<br>（2）紧固螺栓；<br>（3）更换轴承；<br>（4）检查清理叶片；<br>（5）消除电动机振动；<br>（6）加油 |
| 2 | 电动机电流超额定电流 | （1）下灰量太大；<br>（2）泵不同心；<br>（3）电动机或泵轴承坏；<br>（4）电压低或断相运行 | （1）关小下料阀；<br>（2）校正；<br>（3）更换轴承；<br>（4）检修变压器开关或电动机 |
| 3 | 轴承超温 | （1）润滑油太少；<br>（2）润滑油进水、进杂质；<br>（3）轴承损坏；<br>（4）润滑油太多，散热太慢；<br>（5）电动机与搅拌轴不同心；<br>（6）轴承跑外圈 | （1）添加润滑油；<br>（2）更换润滑油；<br>（3）更换轴承；<br>（4）放油至合适油位；<br>（5）校正；<br>（6）修复轴承孔 |

续表

| 序号 | 常见故障 | 故障原因 | 处理方法 |
|---|---|---|---|
| 4 | 密封处泄漏 | 盘根磨损 | 更换盘根 |
| 5 | 加湿搅拌不均 | (1) 喷嘴堵塞；<br>(2) 供水不足 | (1) 疏通喷嘴；<br>(2) 检查供水系统 |

### 三、干灰散装机

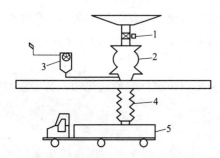

图 7-5 干灰散装机工作原理示意图

1—气动插板阀；2—电动锁气器；3—抽尘风机；

4—散装头（伸缩筒）；5—干灰罐车

干灰散装机是常用的灰库卸灰设备，安装在灰仓下面，直接把干灰物料装入罐车。该设备主要由阀门启闭装置、升降驱动装置、散装头等部分组成，并配有电气控制柜，如图 7-5 所示。

（一）干灰散装机工作原理

当干灰罐车的进料口对正散装头下方时，按下抽尘风机启动按钮，然后按散装头下降按钮。当散装头接通罐口时，散装头下降自动停止，自动打开进料阀门并启动给料装置（电动锁气器）。当干灰罐车的料罐装满后，散装头上的料位器发出信号，下料装置停止工作，进料阀门关闭，散装头自动上升，到起始位置后自动停止，风机停转。然后整机停运，完成一次装车过程。

（二）干灰散装机维护项目和周期

定期检查钢丝绳的磨损情况，及时更换（每 6 个月更换一次）。每天检查一次减速机是否有异音、漏油现象。定期检查减速机润滑油的损耗情况，一般运行初期（6 个月内）每月更换一次，以后每 3 个月更换一次。

1. 干灰散装头的检修

（1）拆卸散装头料位计上下线开关和卷扬电动机。

（2）拆下散装头与下料口连接法兰螺栓，将散装头整体吊至地面检修专用框架上。拆下散装头下料口和所有套箍、钢丝绳卡，取下防尘管。

（3）检查伸缩管、钢丝绳和防尘管。帆布除尘管应无孔洞破损现象，钢丝绳完好无断股，伸缩管间距均匀（180mm）无开焊、变形。

（4）干灰散装机卷扬装置拆卸检查。拆下卷扬钢丝绳、减速机、卷扬轮盘，检查钢丝绳、滑轮、蜗杆、蜗轮。钢丝绳无断股、散股，滑轮无破损，支架无变形开焊，滑轮与支架轴向间隙不大于 1mm，蜗轮与蜗杆间隙不大于 0.5mm。

2. 抽尘风机的检修

（1）拆卸风机入口管，检查风机叶轮。叶轮铆钉无松动，与轴配合应有紧力。

（2）拆卸风机叶轮，检查叶轮磨损和粘灰情况并清理。

（3）用卡尺检查叶轮磨损情况。叶轮局部磨损超过原厚度的 1/3 时，进行补焊；超过原厚度的 1/2 时，应更换叶轮。

（4）检查叶轮焊口，如有裂纹，需将该焊口铲除，重新焊接。检查叶轮与轮毂的结合铆钉，若磨损 1/3，应更换新铆钉。

（5）叶轮回装和入口管回装。要求叶轮不与外壳相碰，密封严密。

 思考题

1. 灰库的常见结构是什么？
2. 灰库系统主要由哪些设备组成？
3. 压力真空释放阀的原理和作用是什么？
4. 简述加湿搅拌机的工作原理。
5. 干灰散装机的维护项目和周期有哪些？

第二篇

# 脱硫系统及设备

# 第八章

# 脱 硫 技 术 概 述

能源和环境是当今社会发展的两大主题，而我国每年能耗数亿吨煤，煤中所含的杂质硫在燃烧时会生成酸性气体 $SO_2$，这种气体在高空被雨雪溶解而形成酸雨，可导致动植物大量死亡，给生态系统造成很大的破坏，严重侵蚀桥梁、楼屋、船舶车辆、机电设备等，给经济的发展带来严重影响，并对人类的健康造成危害。随着人类社会的不断进步与发展和人们环保意识的增强，消减 $SO_2$ 排放总量是今后中国环保工作的重点，烟气脱硫是目前控制二氧化硫污染最有效和最主要的技术手段。

燃煤后烟气脱硫（Flue Gas Desulfurization，FGD）是目前世界上唯一大规模商业化应用的脱硫技术，主要利用各种碱性的吸收剂或吸附剂捕集烟气中的二氧化硫将之转化为较为稳定且易机械分离的硫化合物或单质硫，从而达到脱硫的目的。根据脱硫过程是否有水参与及脱硫产物的干湿状态可分为湿法、半干法和干法烟气脱硫。

## 一、湿法脱硫技术简介

湿法烟气脱硫技术主要包括石灰石（石灰）—石膏法、氨水吸收法、海水洗涤法、氧化镁法等。

1. 石灰石（石灰）—石膏湿法脱硫

它是以石灰石或石灰粉浆液作为吸收剂，烟气中的二氧化硫与浆液中的碳酸钙以及鼓入的氧化空气进行化学反应，生成硫酸钙（$CaSO_4$），以石膏形式回收，是目前世界上应用最广泛的一种脱硫技术。它是以价廉易得的石灰石粉作为吸收剂，烟气中的二氧化硫与浆液中的碳酸钙以及鼓入的氧化空气进行化学反应，最终副产品为石膏。该法技术成熟、脱硫效率高，而且对煤种适应性强。但是投资大，设备腐蚀、磨损、堵塞严重，运行维护费用高。

2. 氨法烟气脱硫

氨是一种良好的碱性吸收剂，其碱性大于钙基吸收剂。用氨吸收烟气中的 $SO_2$ 是气—液相或气—气相反应，反应速率快，吸收剂利用率高，吸收设备体积可大大减小，其脱硫副产品硫酸铵可作为肥料。该工艺的主要技术特点是脱硫效率高，能满足任何当地的环保要求；对烟气条件变化适应性强；整个系统不产生废水或废渣；能耗低、运行安全可靠。我国一些较大的化工厂使用该法处理吸收烟气中的 $SO_2$ 气体。

3. 海水烟气脱硫

海水烟气脱硫是利用海水的天然碱度来脱除烟气中的 $SO_2$。海水通常呈弱碱性，pH值为 $7.5 \sim 8.3$，自然碱度为 $1.2 \sim 2.5$ mmol/L。该技术不产生废物，具有技术成熟、工艺简单、系统运行可靠、脱硫效率高和投资运行费用低等特点，在一些沿海国家和地区得到日益广泛的应用。

**4. 氧化镁法烟气脱硫**

氧化镁法是用氧化镁的浆液吸收烟气中的 $SO_2$，得到含结晶水的亚硫酸镁和硫酸镁的固体吸收产物，经脱水、干燥和煅烧还原后，再生出氧化镁，循环脱硫，同时副产品是高浓度的 $SO_2$ 气体。该技术在我国极少应用。

## 二、干法脱硫技术简介

干法主要有干法石灰旋转喷雾干燥法、循环流化床、炉内喷钙增湿活化法等烟气脱硫技术。

**1. 石灰旋转喷雾干燥法烟气脱硫**

以石灰浆液为吸收剂，浆液被雾化成细小液滴（小于 $100\mu m$）与热烟气接触，液滴蒸发干燥并与 $SO_2$ 反应生成亚硫酸钙。目前，该工艺在全世界约有 130 套装置应用于燃煤电厂，市场占有率仅次于湿法。这种装置相对于石灰石/石膏法来说，具有工艺简单、投资较低、占地面积较小、运行较为可靠等优点，适用于燃用中、低硫煤的锅炉。但是脱硫率相对较低，副产品一般无用。而且吸收塔内结垢、旋转喷雾器堵塞、喷嘴磨损严重等问题一直未能得到很好的解决。

**2. 循环流化床烟气脱硫**

循环流化床脱硫技术主要是根据化工和水泥生产过程中的流化床技术进一步开发发展而来的。这一技术原理是根据循环流化床理论，采用悬浮方式，使吸收剂在吸收塔内悬浮、反复循环，与烟气中的 50% 充分接触，利用循环流化床强烈的传热和传质特性在吸收塔内进行脱硫反应的一种烟气脱硫方法。循环流化床烟气脱硫技术具有系统简单、投资和运行费用较低、占地少、运行可靠等优点，适合一般中小型锅炉加装烟气脱硫设施。

**3. 炉内喷钙增湿活化法烟气脱硫**

其工艺原理是用高压风机将石灰粉喷入炉膛内 900～1200℃ 的温度区，$CaCO_3$ 迅速分解成 $CaO$ 和 $CO_2$，部分 $CaO$ 和 $SO_2$ 反应，生成 $CaSO_4$ 和 $CaCO_3$，并在尾部烟道处将水雾化喷入烟气中，使其进一步反应完全，雾滴被加热干燥，形成固体粉末，被干式除尘器收集。该法工艺流程简单、占地面积小、无废水处理问题，投资和运行费用较低。但其钙硫比大，脱硫效率中等，可能引起炉内结垢，影响热效率。该法适用于现有燃用低硫煤锅炉的改造。

## 三、湿法和干法脱硫技术比较

湿式石灰石/石膏法脱硫技术在工业上应用较早，具有技术成熟、运行可靠、脱硫效率高、适用煤种广等优点。但该法产生的副产物石膏销路不畅、系统复杂、投资多、占地面积大、运行费用高等问题日益显现，并且运行过程中烟温也会降低，不利于二氧化硫等大气污染扩散。湿法烟气脱硫技术中的海水烟气脱硫和氨法烟气脱硫由于无二次污染物产生、脱硫副产品硫酸铵可作肥料等优点，可考虑在有条件的地方推广使用。

　　干法烟气脱硫技术具有工艺流程简单、占地面积小、投资和运行费用较低等优点，在脱硫市场上占有一定份额。缺点是脱硫效率较低、钙硫比高、副产物不能商品化、且需增加除尘负荷等，在某些场合限制了其推广应用。

　　总的来看，湿法脱硫具有较大优势，也是目前在火力发电企业中运用最广、始终占据着主导地位的脱硫技术。根据统计，目前我国采用湿法脱硫工艺占脱硫总装机容量的80%以上，发达国家的比例都在90%以上。石灰石价格低廉易得；其副产物石膏对环境不造成二次污染等优点在燃煤电厂及燃煤锅炉上获得广泛应用，也成为当今世界上燃煤发电厂所采用的主流湿法烟气脱硫技术。有鉴于此，本书下面的章节将详细介绍石灰石—石膏烟气脱硫技术的反应原理、工艺流程、系统设备和故障处理等内容。

 **思考题**

　　1. 为什么要对烟气进行脱硫？

　　2. 烟气脱硫有哪些方法？

　　3. 简述石灰石—石膏湿法脱硫的原理。

　　4. 简述石灰旋转喷雾干法脱硫的原理。

　　5. 湿法和干法脱硫技术各有什么优缺点？

# 第九章

# 石灰石—石膏湿法脱硫技术

湿法烟气脱硫（简称 WFGD）技术的特点是整个脱硫系统位于燃煤锅炉烟道的末端、除尘系统之后，脱硫过程在溶液中进行，脱硫剂和脱硫生成物均为湿态，其脱硫过程的反应温度低于露点，所以脱硫以后的烟气一般需经再加热才能从烟囱排出，否则烟囱必须进行防腐处理。

## 第一节　石灰石—石膏湿法脱硫工艺流程

湿法烟气脱硫（石灰石—石膏法）是通过对烟气喷入含有石灰石的雾滴或液膜，脱除烟气中的二氧化硫、三氧化硫、氯化氢、氟化氢等酸性气体的一种脱硫工艺。随着脱硫系统的大量投运，其布置模式和工艺也经历了不断发展和完善的过程。

### 一、湿法烟气脱硫工艺的几种模式

石灰石湿法烟气脱硫工艺按设备布置方式一般可以分成如图 9-1 所示的四种模式。每种模式可以采用强制氧化方式，也可以改为自然氧化方式。

图 9-1 中，模式（a）是 20 世纪 80 年代早期的典型布置形式。预洗塔用来去除飞灰等杂质，以确保良好的石膏质量。烟气在预洗塔中冷却，然后进入吸收塔脱除 $SO_2$，净化后的烟气从烟囱排出。在吸收塔中生成的亚硫酸钙浆液被送入氧化器中强制氧化成石膏。在氧化器中，通过加入硫酸调节 pH 值在 4.0～4.5，以促进氧化过程。模式（b）去掉了预洗塔，因此降低了基建投资和废水量，石膏的质量由于含有少量的飞灰而有所下降。

模式（c）取消了氧化器，氧化空气直接鼓入到吸收塔底部的浆液中，现在已成为最常用的方法。模式（a）和（b）中通过氧化器进行的氧化称为场外氧化，模式（c）中在吸收塔内直接进行的氧化称为就地氧化。模式（d）是石灰石湿法烟气脱硫工艺中最简单的布置形式，取消了预洗塔和氧化，目前已成为 FGD 系统的主流。所有的化学反应都是在一个一体化的单塔中进行，可以大大降低投资和能耗。而且，单塔所占的面积较小，非常适用于现有火电厂的改造。

在石灰石湿法烟气脱硫工艺中有强制氧化和自然氧化之分，其区别在于吸收塔底部的浆液中是否充入强制氧化空气。在强制氧化工艺中，吸收塔浆液中的亚硫酸（$HSO_3^-$）几乎全部被充入的空气强制氧化成硫酸（$HSO_4^-$），脱硫产物主要为石膏。对于自然氧化工艺，吸收浆液中被烟气中剩余的氧气部分氧化成硫酸（$HSO_4^-$），脱硫副产物主要是亚硫酸钙和亚硫酸氢钙。强制氧化工艺不论是在脱硫效率还是在系统运行可靠性等方面均比自

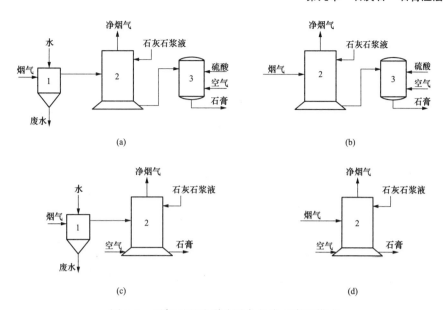

图 9-1　石灰石湿法脱硫设备的常见布置模式

（a）早期布置形式；（b）去掉预洗塔的形式；（c）目前常用形式；（d）最简单布置形式

1—预洗塔；2—吸收塔；3—氧化器

然氧化工艺更优越，见表 9-1。目前，国际上湿法烟气脱硫工艺主要以强制氧化为主。

表 9-1　　　　　　　　　　　　　　强制氧化和自然氧化的比较

| 氧化方式 | 副产品 | 副产品晶体尺寸 | 用途 | 脱水 | 运行可靠性 |
|---|---|---|---|---|---|
| 强制氧化 | 石膏 90%；水 10% | 10～100μm | 熟石膏水泥 | 容易<br>水力旋流器＋过滤器 | ≥99% |
| 自然氧化 | 硫酸钙和亚硫酸钙 50%～60%；水 40%～50% | 1～5μm | 墙板填埋 | 不容易<br>沉降槽＋过滤器 | 95%～99%<br>有结垢问题 |

## 二、湿法烟气脱硫典型工艺流程

现阶段，我国燃煤机组脱硫系统大多上述类型（d）的模式。图 9-2 是燃煤机组典型石灰石—石膏湿法脱硫系统工艺流程图。来自锅炉引风机的未经处理的原烟气进入脱硫系统，由增压风机送到烟气再热器（最常见的是回转式烟气—烟气加热器，简称 GGH）。在 GGH 中，原烟气（温度为 110～160℃）与来自吸收塔的净烟气（温度为 50℃左右）进行热交换。冷却后的原烟气进入吸收塔，与逆向喷淋的吸收剂液滴反应从而脱除二氧化硫。脱硫后的烟气经除雾器后进入 GGH 被加热至 80℃以上，经净烟气出口挡板进入烟囱排放。吸收塔装液池中亚硫酸钙被氧化风机鼓入的空气氧化成石膏，经石膏浆泵送至石膏脱水系统，制成满足品质要求的石膏产品出售。

该工艺系统主要由石灰石浆液制备系统、烟气系统、$SO_2$ 吸收系统、石膏脱水系统、工艺水系统、排空系统、压缩空气系统及废水处理系统等组成。

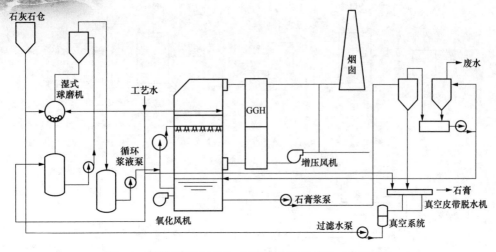

图 9-2 燃煤机组石灰石—石膏湿法脱硫系统工艺流程图

1. 石灰石浆液制备系统

某 600MW 火电工程采用湿磨制浆系统，2 台 FGD 配 1 套公用石灰石浆液制备系统，设 2 台湿式球磨机及石灰石浆液旋流分离器。主要设备包括 2 套卸料装置、2 套振动给料机、2 台除铁器、2 台波纹挡边输送机、1 座可满足 2 台锅炉 100% 脱硫 5 天用量的混凝土石灰石仓、2 台皮带称重给料机、2 套湿式球磨机、1 个石灰石浆液贮罐。每座吸收塔设 2 台石灰石浆液输送泵及输送到吸收塔的管道，设 1 个石灰石仓和 1 个石灰石浆液箱，石灰石浆液箱总有效容积按不小于 2 台锅炉 100% BMCR 工况下燃用设计煤种时 6h 的石灰石浆液量设计。浆液池内的石灰石浆液的浓度通过密度计控制在 20%～30% 。调制好的石灰石浆液通过石灰石浆液泵（每台机组各配置 2 台，1 用 1 备）送入吸收塔。配有 1 条石灰石浆液输送回流管，再循环回到石灰石浆液箱，石灰石浆液通过循环管上的分支管道输送到吸收塔，以防止浆液在输送管道内沉淀堵塞。

2. 烟气系统

从锅炉来的热烟气经引风机换热器后进入吸收塔，向上流动穿过喷淋层，在此烟气被冷却到饱和温度，烟气中的 $SO_2$ 被石灰石浆液吸收。除去 $SO_x$ 及其他污染物的烟气通过烟囱排放。

烟道包括必要的烟气通道、冲洗和排放漏斗、膨胀节、法兰、导流板、垫片、螺栓材料以及附件。在 BMCR 工况下，烟道内任意位置的烟气流速不大于 15m/s，烟道壁厚 6mm（包括 1mm 的腐蚀余量），烟道留有适当的取样接口、试验接口和人孔。本系统不设置增压风机、设置旁路烟道。

3. $SO_2$ 吸收系统

$SO_2$ 吸收系统采用单元制设置。主要设备包括吸收塔（包含喷淋层、除雾器）、浆液循环泵、氧化风机、石膏排出泵等设备。每座吸收塔内设 3 层喷淋层，每座吸收塔配 3 台浆液循环泵，上部由 3 层喷淋层和 2 级除雾器组成。运行的浆液循环泵数量根据锅炉负荷的变化和对吸收浆液流量的要求来确定。每套 FGD 装置的吸收塔设 2 台氧化风机，一运一备。

氧化风机将氧化空气鼓入反应池。氧化空气分布系统采用喷管式，氧化空气被分布管注入到搅拌机桨叶的压力侧，被搅拌机产生的压力和剪切力分散为细小的气泡并均布于浆液中。一部分 $HSO_3^-$ 在吸收塔喷淋区被烟气中的氧气氧化，其余部分的 $H_2SO_3^-$ 在反应池中被氧化空气完全氧化。吸收剂（石灰石）浆液被引入吸收塔内中和氢离子，使吸收液保持一定的 pH 值，中和后的浆液在吸收塔内循环。每座吸收塔浆池设 3 台搅拌器，使浆液混合均匀，防止沉淀。每座吸收塔配 2 台石膏排出泵 1 运 1 备。吸收塔石膏排出泵连续地把吸收浆液从吸收塔送到石膏脱水系统。通过排浆控制阀控制间断排出浆液，维持循环浆液浓度在大约 25%。

4. 石膏脱水系统

每台脱硫装置设置 1 台石膏旋流站、2 台石膏脱水机，石膏脱水机共用设备，石膏脱水机每台容量为 2 台机组 BMCR 工况下 100% 的容量，2 台石膏脱水机互为备用。滤液回收水系统、废水处理系统共用系统。石膏处理系统的主要设备有石膏旋流站、真空皮带脱水机、石膏皮带输送机、真空泵、滤液回收水箱、滤液回收水泵等，每台真空皮带脱水机配备 1 个滤布冲洗水箱和 2 台滤布冲洗水泵。

5. 排空系统

事故浆液储存使用公用事故浆液箱。在脱硫系统解列或出现事故停机需要检修时，吸收塔内的吸收浆液由石膏浆液排出泵排出，存入脱硫装置公用的事故浆液箱中，以便对脱硫塔进行维修。在 FGD 重新启动前，事故浆罐的石膏浆液由事故浆液返回泵打入本脱硫塔浆池中，为 FGD 装置启动提供晶种。

6. 工艺水系统

2 台 FGD 共用 1 套工艺水系统。主要用于系统密封、吸收塔补给、除雾器以及其他设备管道冲洗等。在脱硫岛内设置 1 座工艺水箱，2 台工艺水泵供吸收塔补给、管道冲洗等。4 台除雾器冲洗水泵供除雾器冲洗。

7. 压缩空气系统

脱硫岛内设仪用、杂用压缩空气储罐。气源来自电厂压缩空气。仪用压缩空气主要用于 CEMS 吹扫、仪表用气及工艺设备用气、仪表的吹扫等。

8. 废水系统

脱硫废水的水质与脱硫工艺、烟气成分、灰及吸附剂等多种因素有关。脱硫废水的主要超标项目为悬浮物、pH 值、汞、铜、铅、镍、锌、砷、氟、钙、镁、铝、铁以及氯根、硫酸根、亚硫酸根、碳酸根等。

## 第二节　化学原理及能流物流平衡

由于石灰石脱硫剂中有 Ca、Mg 及其他碱性物质，烟气中有二氧化硫、三氧化硫、氯化氢、氟化氢、二氧化碳、氧气、氮氧化合物等多种酸性气体，飞灰中含有 Na、K、Cl 等物质，所以用石灰石浆液脱除烟气中二氧化硫是一个十分复杂的气、液、固三相反应过程。为了维持吸收液恒定的 pH 值并减少石灰石耗量，石灰石被连续加入吸收塔，同时吸收塔内的吸收剂浆液被搅拌机、氧化空气和吸收塔循环泵不停地搅动，以加快石灰石在浆液中的均布和溶解。

## 一、化学原理

石灰石—石膏湿法脱硫的反应主要在吸收塔中进行，包括二氧化硫的吸收、石灰石的溶解、亚硫酸盐的氧化以及石膏的结晶四个部分。

### 1. 二氧化硫的吸收

原烟气进入吸收塔与吸收剂装液接触，其携带的气相 $SO_2$ 进入液相被吸收，发生的反应为：

$$SO_2(g) \longleftrightarrow SO_2(aq)$$
$$SO_2(g) + H_2O \longleftrightarrow H^+ + HSO_3^-$$
$$H^+ + HSO_3^- \longleftrightarrow H_2SO_3$$

### 2. 石灰石的溶解

固态的石灰石一方面消耗溶液中的氢离子，另一方面提供生成石膏所需的钙离子，发生的反应为：

$$CaCO_3(s) \longleftrightarrow Ca^{2+} + CO_3^{2-}$$
$$CO_3^{2-} + H^+ \longleftrightarrow HCO_3^-$$
$$H^+ + HCO_3^- \longleftrightarrow H_2O + CO_2(aq)$$
$$CO_2(aq) \longleftrightarrow CO_2(g)$$

### 3. 亚硫酸盐的氧化

在吸收塔中，通过氧化风机鼓入足量的空气，将亚硫酸盐氧化成硫酸盐，发生的反应为：

$$HSO_3^- + \frac{1}{2}O_2 \longleftrightarrow HSO_4^- \longleftrightarrow H^+ + SO_4^{2-}$$

### 4. 石膏的结晶

硫酸盐结晶是吸收的最后阶段。石灰石—石膏湿法脱硫工艺生成的是硫酸钙，析出石膏，发生的反应为：

$$Ca^{2+} + SO_4^{2-} + 2H_2O \longleftrightarrow CaSO_4 \cdot 2H_2O$$

发生副反应：

$$Ca^{2+} + SO_3^{2-} + \frac{1}{2}H_2O \longleftrightarrow CaSO_3 \cdot \frac{1}{2}H_2O$$

由此，吸收的总反应可以写成：

$$SO_2 + CaCO_3 + \frac{1}{2}O_2 + 2H_2O \longleftrightarrow CaSO_4 \cdot 2H_2O + CO_2$$

## 二、吸收塔能量平衡

图 9-3 所示为脱硫吸收塔的热平衡图。脱硫系统稳定运行时，以吸收塔为控制体，入

塔的各项能量之和等于出塔的各项能量之和。

由于新鲜浆液、返塔浆液和工艺水带入热量和废水、石膏带走的能量两项占总热量的份额较少，在具体计算时可忽略。则热平衡方程可表示为：

$$E_{in} + E_1 = E_{out}$$

式中　$E_{in}$——进塔湿烟气的焓值；

　　　$E_{out}$——出塔湿烟气的焓值；

　　　$E_1$——反应放热。

脱硫吸收塔中的化学反应可近似为在恒压下进行，主要包括与二氧化硫和碳酸

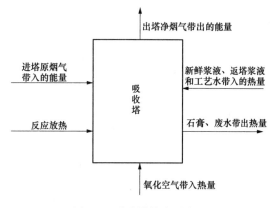

图 9-3　脱硫塔能流平衡图

钙在溶液中的放热反应，亚硫酸钙被氧气氧化的放热反应以及硫酸钙的结晶放热过程。

### 三、吸收塔物料平衡

1. $SO_2$ 脱除量

$SO_2$ 脱除量计算公式为：

$$m_{SO_2} = C_{SO2\,in} Q_{indry} \eta \times 10^{-6}$$

式中　$m_{SO_2}$——吸收塔脱除 $SO_2$ 的质量流量，kg/h；

　　　$C_{SO2\,in}$——吸收塔入口烟气中 $SO_2$ 的浓度，$mg/m^3$；

　　　$Q_{indry}$——吸收塔入口的干态烟气流量，$m^3/h$（标况）；

　　　$\eta$——$SO_2$ 的脱除率，%。

2. 氧化空气

在脱硫吸收塔中，通过氧化风机向吸收塔鼓入足量空气，保证塔内生成石膏的氧化反应顺利进行，吸收塔所需的空气量计算公式为：

$$Q_{air} = \frac{22.4\, m_{SO_2}(1 - \eta_1)}{64 \times 2 \times 0.21 \times \eta_2}$$

$$Q_{N_2} = 0.79\, Q_{air}$$

$$Q_{O_2} = 0.21\, Q_{air}$$

式中　$Q_{air}$——吸收塔所需的氧化空气体积流量，$m^3/h$（标况）；

　　　$\eta_1$——吸收塔喷淋区的氧化率，一般为 0.5～0.6；

　　　$\eta_2$——吸收塔氧化池的氧气利用率，一般为 0.25～0.3；

　　　$Q_{N_2}$——氧化空气中氮气含量，$m^3/h$（标况）；

　　　$Q_{O_2}$——氧化空气中氧气含量，$m^3/h$（标况）。

空气经过氧化风机时被压缩而温度升高，当气体增压比较大时，则可能导致排气温度较高，而风机轴承离排气腔很近，对气体的传热比较敏感，故要求风机排气温度不宜过高。因此需要对氧化空气增湿降温处理（通常将水喷入到氧化空气管中，水蒸发使氧化空气降温），氧化空气带入水量计算公式为：

$$Q_{H_2O} = \frac{Q_{air} \times \dfrac{p_1}{p_{en}}}{\left(1 - \dfrac{p_1}{p_{en}}\right) i}$$

式中　$Q_{H_2O}$——氧化空气带入水量，$m^3/h$（标况）；

　　　　$p_1$——最热月平均气温饱和蒸气压，Pa；

　　　　$p_{en}$——当地大气压，Pa；

　　　　$i$——最热月平均相对湿度，%。

$$Q'_{O_2} = Q_{O_2} - \frac{22.4\, m_{SO_2}}{64 \times 2}$$

式中　$Q'_{O_2}$——进入吸收塔的氧化空气中多余未参加反应的氧气量，$m^3/h$（标况）。

3. 反应生成二氧化碳

反应生成二氧化碳量计算公式为：

$$Q'_{CO_2} = \frac{22.4\, m_{SO_2}}{64}$$

式中　$Q'_{CO_2}$——吸收塔中反应生成 $CO_2$ 量，$m^3/h$（标况）。

4. 水蒸气

吸收塔出口净烟气在 50℃ 左右且烟气中的水蒸气已经达到饱和状态。净烟气携带的水蒸气量可以近似计算如下：

$$Q_{outH_2O} = \frac{22.4\, m_{outdry}\, d_{out}}{18}$$

$$d_{out} = \frac{m_{H_2O}}{m_{airdry}} = 0.622 \frac{p_{H_2O}}{p_{airdry}} = 0.622 \frac{p_{H_2O}}{p_{en} - p_{airdry}}$$

式中　$Q_{outH_2O}$——吸收塔出口净烟气含水蒸气量，$m^3/h$（标况）；

　　　　$m_{outdry}$——干态下吸收塔出口净烟气质量流量，kg/h；

　　　　$d_{out}$——吸收塔出口净烟气含湿量，kg/kg；

　$m_{H_2O}$、$m_{airdry}$——分别为湿空气中水蒸气和干空气的质量，kg；

　$p_{H_2O}$、$p_{airdry}$——分别为湿空气中水蒸气和干空气的分压，Pa。

干饱和水蒸气分压可由 Antoine 方程（适用温度范围：290～500K）计算：

$$\ln(p_{H_2O}) = 9.3876 - \frac{3826.36}{T_{out} - 45.47}$$

即

$$p_{H_2O} = e^{9.3876 - \frac{3826.36}{T_{out} - 45.47}}$$

式中　$T_{out}$——吸收塔出口净烟气温度，K。

5. 净烟气量

净烟气量计算公式为：

$$Q_{outdry} = Q_{indry} + Q_{airN_2} + Q'_{airO_2} + Q'_{CO_2} - Q'_{SO_2}$$

式中　$Q_{outdry}$——干态吸收塔出口净烟气流量，$Nm^3/h$。

$$Q_{outwet} = Q_{indry} + Q_{airN2} + Q'_{airO2} + Q'_{CO2} - Q'_{SO2} + Q_{outH2O}$$

式中　$Q_{outwet}$——湿态吸收塔出口净烟气流量，$Nm^3/h$。

### 四、水耗计算

石灰石—石膏湿法脱硫工艺的水系统包括工业水系统和工艺水系统。工业水取自机组补水，经过滤处理后注入工业水箱，主要用于冷却脱硫装置大型辅机装置，如湿式球磨机油冷却器用水、湿式球磨机轴承冷却用水、各转动机械的冷却及密封用水等。这部分水可以循环利用，不计入脱硫系统水耗。脱硫系统工艺水一般取自循环水排水，用于提供足够的水量以补充脱硫系统运行期间水的散失。总之，脱硫系统水耗主要包括烟气带走的水蒸气、烟气携带液态水、石膏带走的水量和系统排放的废水，各耗水点计算方法如下。

1. 烟气带走的水蒸气

烟气带走的水蒸气是脱硫系统水耗的最主要方面。当烟气流经脱硫吸收塔时，与逆向的石灰石浆液发生传热传质作用，烟气温度迅速降低，同时吸收塔内大量的水分蒸发，烟气中的水蒸气迅速达到饱和状态。吸收塔出口处烟气在50℃左右时，烟气中的水蒸气已经达到饱和状态。烟气带走的水蒸气即为吸收塔出口净烟气携带水蒸气与吸收塔入口原烟气携带水蒸气量之差。

烟气带走的水蒸气量计算公式为：

$$m_1 = m_{out} - m_{in} = m_{outdry} \, d_{out} - \frac{18(Q_{inwet} - Q_{indry})}{0.024} \times 10^{-6}$$

式中　$m_1$——烟气带走的水蒸气量，$t/h$；

$m_{out}$——吸收塔出口净烟气携带水蒸气，$t/h$；

$m_{in}$——吸收塔进口处原烟气携带水蒸气，$t/h$；

$m_{outdry}$——干态净烟气质量，$t/kWh$；

$d_{out}$——净烟气含湿量。

2. 烟气携带液态水

脱硫后的净烟气在离开吸收塔时会携带一定量的液滴，从而带来脱硫系统的水耗。这部分水耗相对于吸收塔的蒸发水耗而言较小，取除雾器的最低保证值计算，一般烟气最大携带液态水量为$75mg/m^3$，因此净烟气携带液态水量与烟气流量大小有关。

烟气携带液态水量计算公式为：

$$m_2 = 75 Q_{outwet} \times 10^{-6}$$

式中　$m_2$——烟气携带液态水量，$t/h$。

3. 石膏带走的水量

来自吸收塔的石膏浆液用泵打入石膏脱水系统，经旋流脱水和脱水机脱水后石膏主要成分为$CaSO_4 \cdot 2H_2O$，纯度为$90\% \sim 95\%$。不考虑石膏脱水过程中回收用于其他循环利用的水分，脱硫石膏带走的水主要包括石膏结晶水和石膏所含游离水。一方面脱硫石膏以结晶水的形式带走一部分水分，其大小主要由脱硫吸收塔的脱除量决定，脱除量越大，生成的脱硫石膏量越大，这部分水耗也越大。另一方面经过两级脱水后脱硫副产物石膏含游离水含量在 10％左右，这部分水量也随着脱硫石膏产量的增加而增加。总体而言，石膏带走的水量也相对较小。

石膏带走的水分计算公式为：

$$m_3 = m_{31} + m_{32} = \left( \frac{2 \times 18\ Q_{indry}\ C_{SO2\,in}\ \eta}{64} + \frac{172\ Q_{indry}\ C_{SO2\,in}\ \eta\ W_{H2O}}{64\ W_{CaSO_4 \cdot 2H_2O}} \right) \times 10^{-9}$$

式中　$m_3$——石膏带走的水分，t/h；

　　　$m_{31}$——石膏含结晶水，t/h；

　　　$m_{32}$——石膏所含的游离水，t/h；

　$W_{CaSO_4}$——石膏的纯度；

　$W_{H_2O}$——石膏和含水率，一般为 0.1。

4. 外排的脱硫废水

脱硫系统的废水主要来自石膏脱水系统的旋流器溢流液、真空皮带机的滤液或冲洗水。其中一部分循环使用，另外一部分经处理达标后排放。脱硫系统废水排放的目的主要是用来控制氯离子的浓度从而保证较高的石膏品质。根据氯离子的平衡关系，排放的废水量可由下式计算：

$$\frac{m_1 + m_2 + m_3 + m_4}{\rho} C_{pr} + C_m\ Q_{indry} \times 10^{-3} = \frac{C_w m_4}{\rho_{H2O}}$$

式中　$m_4$——排放的废水量，t/h；

　　　$C_{pr}$——工艺水中氯离子浓度，mg/L；

　　　$C_m$——吸收塔入口烟气中氯离子浓度，mg/m³；

　　　$C_w$——废水中氯离子浓度，mg/L；

　　$\rho_{H2O}$——水的密度，kg/m³。

$$C_m = \frac{BCl_{ar}}{35.5\ Q_{indry}} \times 10^4$$

5. 脱硫总水耗

脱硫系统总水耗计算公式为：

$$w = m_1 + m_2 + m_3 + m_4 + m_5$$

式中　$w$——脱硫系统水耗量，t/h。

## 五、吸收剂耗量计算

1. 吸收剂理论消耗量

吸收剂理论消耗量计算公式为：

$$m^0_{CaCO3} = \frac{100 m_{SO2}}{64} = \frac{100 \eta\ Q_{indry}\ C_{SO2\,in}}{64} \times 10^{-6}$$

式中　$m^0_{CaCO3}$——吸收剂的理论消耗量，kg/h。

2. 吸收剂实际消耗量

吸收剂实际消耗量计算公式为：

$$m_{CaCO_3} = \frac{m^0_{CaCO_3}(Ca/S)}{W_{CaCO_3}\beta} = \frac{100\eta\, Q_{indry}\, C_{SO_2 in}(Ca/S)}{64\, W_{CaCO_3}\beta} \times 10^{-6}$$

式中　$m_{CaCO_3}$——吸收剂的实际消耗量，kg/h；

　　　$Ca/S$——吸收剂量与吸收 $SO_2$ 量的摩尔比；

　　　$W_{CaCO_3}$——吸收剂纯度，它由电厂购买的石灰石吸收剂的品质决定；

　　　$\beta$——吸收剂的利用率，主要受浆液 pH 值大小影响。

### 六、石膏产量计算

1. 脱硫石膏理论产量

石膏的理论产量计算公式为：

$$m^0_{CaSO_4 \cdot 2H_2O} = \frac{172 m_{SO_2}}{64} = \frac{172\eta\, Q_{indry}\, C_{SO_2 in}}{64} \times 10^{-6}$$

式中　$m^0_{CaSO_4 \cdot 2H_2O}$——脱硫副产品石膏的理论产量，kg/h。

2. 原烟气中粉尘脱除量

原烟气中粉尘脱除量计算公式为：

$$m_{ash} = \eta_{ash}\, Q_{indry}\, C_{ash,in} \times 10^{-6}$$

式中　$m_{ash}$——原烟气中粉尘脱除量，kg/h；

　　　$\eta_{ash}$——脱硫吸收塔的粉尘设计脱除效率；

　　　$C_{ash,in}$——原烟气中粉尘的浓度，$mg/Nm^3$。

$$C_{ash,in} = (1 - \eta_{cc}) C_{ash}$$

式中　$C_{ash}$——除尘器前烟气中粉尘浓度，$mg/m^3$（标况）；

　　　$\eta_{cc}$——除尘器的脱除效率。

$$C_{ash,in} = \frac{1000 f A_{ar}}{V_y}$$

式中　$f$——飞灰率；

　　　$A_{ar}$——燃煤的收到基灰分，%。

3. 未反应的吸收剂量

未反应的吸收剂量计算公式为：

$$m'_{CaCO_3} = (1 - W_{CaCO_3}) m_{CaCO_3}(1 - \beta) = \frac{(1 - W_{CaCO_3})\eta\, Q_{indry}\, C_{SO_2 in}(1 - \beta)}{64\, W_{CaCO_3}\beta} \times 10^{-6}$$

式中　$m'_{CaCO_3}$——剩余的未参与反应的吸收剂量，kg/h。

4. 脱硫石膏实际产量

石膏实际产量计算公式为：

$$
\begin{aligned}
m_{CaSO_4 \cdot 2H_2O} &= \frac{m^0_{CaSO_4 \cdot 2H_2O} + m'_{CaCO_3} + m_{ash}}{1 - W_{H_2O}} \\
&= \left[ \frac{172\eta\, Q_{indry}\, C_{SO_2 in}}{64(1 - W_{H_2O})} + \frac{(1 - W_{CaCO_3})\eta\, Q_{indry}\, C_{SO_2 in}(1 - \beta)}{64\, W_{CaCO_3}\beta(1 - W_{H_2O})} + \right. \\
&\quad \left. \frac{\eta_{ash}\, Q_{indry}\, C_{ash,in}}{1 - W_{H_2O}} \right] \times 10^{-6}
\end{aligned}
$$

式中 $m_{CaSO_4 \cdot 2H_2O}$——脱硫副产品石膏实际产量，kg/h。

## 第三节 影响脱硫效率的主要因素

石灰石湿法烟气脱硫工艺涉及复杂的化学和物理反应过程，脱硫效率取决于多种因素。在原料方面，工艺水品质、石灰石粉的纯度和颗粒细度等直接影响脱硫化学反应活性；在工艺控制方面，石灰石粉的制浆浓度、石膏旋流站排出的废水流量设定等都与脱硫率有关，而 FGD 关键设备的运行和控制方式将决定脱硫效果和终产物石膏的品质；机组原烟气参数如温度、$SO_2$ 浓度、氧量、粉尘浓度等也不同程度地影响脱硫反应进程。

从湿法烟气脱硫工艺过程可以发现，吸收塔是烟气脱硫反应的关键设备，烟气在吸收塔内与完成洗涤、除雾等主要工序。所以，提高烟气与石灰石浆液的接触反应时间、增加浆液循环量、增加氧量、控制吸收塔浆液合理的 pH 值等措施都将有利于 $SO_2$ 的吸收、脱硫效率的提高。另外，影响脱硫效率的因素还有烟气流速，烟气流速越快，提高了浆液液滴下降时的扰动，能够促进烟气中 $SO_2$ 与浆液的反应速度，对提高脱硫效率有利。

### 一、脱硫原料的影响

#### 1. 石灰石粒度及纯度

脱硫系统对吸收剂石灰石颗粒越细，其表面积越大，$SO_2$ 反应越充分，$SO_2$ 吸收速率越快，石灰石的利用率越高。石灰石粒度要求 90％ 通过 325 目筛。石灰石纯度越高，对于等量的石灰石，$SO_2$ 吸收率越高，一般石灰石纯度要求大于 85％。过高的纯度和过细的细度会导致吸收剂（$CaCO_3$）制备价格的上升，使系统运行成本增加。

#### 2. 工艺水的要求

湿法脱硫工艺水系统主要由工艺水箱、滤水器、管路和阀门等构成，主要作用是维持 FGD 系统内的水平衡，向下列用户供水：①吸收塔烟气蒸发水；②石灰石浆液制备用水；③除雾器、浆液管路、地坑等冲洗水；④设备冷却水及密封水。目前，脱硫工艺水一般来自电厂循环水（或循环水补充水）、中水或其他工业水系统，参照《城市污水再生利用工业用水水质标准》（GB/T 19923—2005），FGD 系统工艺水中主要的水质指标应达到表 9-2 的要求。

表 9-2　　　　　　　　　　　　　FGD 系统工艺水水质要求

| 项目 | 总硬度<br>（$CaCO_3$，L） | pH 值<br>（25℃） | 悬浮物<br>（mg/L） | $CL^-$<br>（mg/L） | $SO_4^{2-}$<br>（mg/L） | COD<br>（mg/L） | 总磷<br>（mg/L） | 油类<br>（mg/L） |
|---|---|---|---|---|---|---|---|---|
| 控制要求 | 250 | 6.5～9.0 | 50 | 1000 | 400 | 30 | 5 | 0 |

当烟气通过脱硫吸收塔时，烟气中的 HCl 溶于吸收浆液中，造成浆液中 $Cl^-$ 含量高，造成脱硫效率的降低。因此，应降低浆液中 $Cl^-$ 的含量。电厂工业废水回收用于 FGD 的工艺水从技术上来说只要水质达到要求就是可行的，实践证明即使个别指标达不到要求，也可以采取部分工业废水回用的方案。由于有机物及油类物资对 FGD 的副作用较明显，

对处理合格的生活污水和含油废水不建议回收用于脱硫系统。

## 二、脱硫运行参数的影响

### 1. 吸收液的 pH 值

根据化学反应平衡，脱硫反应很大程度上取决于吸收液的 pH 值，当 pH<2 时，被吸收的 $SO_2$ 主要以 $H_2SO_3$ 的形式存在；当 pH 值升至 4~5 时，被吸收的 $SO_2$ 存在形式为 $HSO_3^-$；当 pH>6 时，$SO_2$ 主要存在形式为 $SO_3^{2-}$。pH 值对石膏溶解度的变化见表 9-3。总之，pH 值越大 $SO_2$ 溶解、吸收越大。然而 pH 值越高 $Ca^{2+}$ 浓度减小、不利于 $Ca^{2+}$ 的析出，易发生吸收塔结垢、堵塞现象。这二者互相对立，因此选择合适的 pH 值对烟气脱硫反应至关重要。

表 9-3　　　　50℃时 pH 值对 $CaSO_3 \cdot 1/2H_2O$ 和 $CaSO_4 \cdot 2H_2O$ 溶解度的影响

| | pH 值 | 7.0 | 6.0 | 5.0 | 4.5 | 4.0 | 3.5 | 3.0 | 2.5 |
|---|---|---|---|---|---|---|---|---|---|
| 溶解度 (mg/L) | Ca | 675 | 680 | 731 | 841 | 1120 | 1763 | 3135 | 5873 |
| | $CaSO_3 \cdot 1/2H_2O$ | 23 | 51 | 302 | 785 | 1873 | 4198 | 9375 | 21 995 |
| | $CaSO_4 \cdot 2H_2O$ | 1320 | 1340 | 1260 | 1179 | 1072 | 980 | 918 | 873 |

在实际石灰石—石膏湿法脱硫运行中，为提高石灰石溶解并防止吸收塔结垢，并且保证脱硫率，一般将 pH 值控制在 5~6。在烟气脱硫系统运行期间，由于石灰石浆液输送管路部分堵塞，会出现造成吸收塔的石灰石浆液供给不足，从而导致吸收塔内吸收液 pH 值过低，严重影响机组脱硫效率，脱硫效率最高值在 88% 以下（一般设计煤脱硫效率值不低于 95%、校核煤不低于 90%）；当浆液 pH 值为 4.0 时，吸收液呈酸性，对设备也有腐蚀。一般吸收塔 pH 值控制在 5.2~5.8，脱硫效率才可达到 96% 以上。

### 2. 烟气与脱硫剂接触时间

原烟气进入吸收塔后，自下而上流动，与喷淋而下的石灰石浆液雾滴接触反应，若接触时间越长，反应进行得越充分、彻底、完全。因此长期投运对应高位喷淋盘的循环泵，有利于烟气和脱硫剂充分反应，相应的脱硫率也高。

通常，吸收塔内每层喷淋对应一台浆液循环泵，如图 9-4 所示。循环泵的投运方式和数量关系着脱硫效率和系统运行的经济性。实践证明，投运最上层循环泵加其他两台泵时，脱硫效率比不投时高出 1%~2%。也就是说，烟气与脱硫剂的接触时间越长，脱硫效率越高。

### 3. 液气比和钙硫比

液气比（L/G，$L/m^3$）是指吸收塔的浆液喷淋量与流经吸收塔的烟气量的体积比，它决定了酸性气体吸收所需要的吸收表面。在其他参数一定的情况下，提高液气比相当于增大了吸收塔内的喷淋密度，使浆液与烟气的接触面积增大，脱硫效率也将增大。在实际工程中，提高液气比将使浆液循环泵流量增大，还会使吸收塔内压力损失增大，从而增加浆液泵和风机的投资和能耗，因此应寻找合适的液气比。据美国电力研究院优化计算，液气比以 $16.57L/m^3$ 为宜，图 9-5 所示是液气比对脱硫效率的影响曲线，可知在 pH=7，液气比为 $15L/m^3$ 时，脱硫率已接近 100%。继续增大液气比，脱硫率的提高变得非常缓慢。

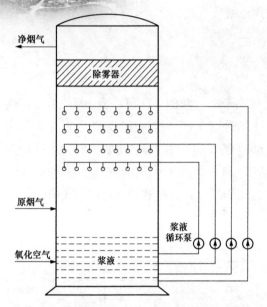

净烟气

除雾器

原烟气

浆液循环泵

氧化空气

浆液

图 9-4　某 600MW 火电机组 FCD 吸收塔结构示意图

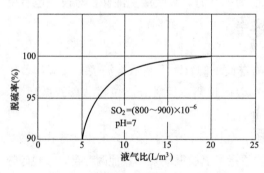

$SO_2=(800\sim900)\times10^{-6}$
pH=7

脱硫率(%)

液气比(L/m³)

图 9-5　液气比对脱硫率的影响

钙硫比（Ca/S）是指注入吸收剂量与吸收 $SO_2$ 量的摩尔比，它反应单位时间内吸收剂原料的供给量，通常以浆液中吸收剂的浓度作为衡量指标。在保持浆液量不变的情况下，钙硫比增大，注入吸收塔内吸收剂的浓度相应增大，引起浆液 pH 值上升，可增加中和反应的速率，提高脱硫效率。但由于吸收剂（$CaCO_3$）的溶解度较低，它的增加会导致浆液浓度的提高，将引起吸收剂的过饱和凝聚，最终使反应的表面积减少，影响脱硫效率。实践证明，吸收塔的浆液浓度选择在 20%～30% 为宜，Ca/S 在 1.02～1.05 为宜。

## 三、烟气参数的影响

### 1. 烟尘含量

原烟气中的飞灰在一定程度上阻碍了 $SO_2$ 与脱硫剂的接触，降低了石灰石中 $Ca^{2+}$ 的溶解速率，同时飞灰中不断溶出的一些重金属会抑制 $Ca^{2+}$ 与 $HSO_3^-$ 的反应。烟气中粉尘含量持续超过设计允许量，将使脱硫率大为下降，喷头堵塞。因此，运行中应确保脱硫前一级除尘设备（电除尘器或袋式除尘器）的高效运行，保证脱硫入口烟尘含量小于设计值，实现超低排放的燃煤机组一般应小于 $50mg/m^3$（标准状态下）。

### 2. 烟气流速

提高进入吸收塔的烟气流速可以提高气液两相的湍动，降低烟气与液滴间的膜的厚度，提高传质效果。同时，喷淋液滴的下降速度相对降低，使单位体积内持液量增大，即增大了传质面积，相应增加了脱硫效率。但烟气流速增加，又会使气液接触时间缩短，脱硫效率也可能下降。试验表明，将吸收塔内烟气流速控制在 3.5～4.5m/s 较为合理。

### 3. 烟气温度

进入吸收塔烟气温度越低，越利于 $SO_2$ 气体溶于浆液，形成 $HSO_3^-$，即低温有利于 $SO_2$ 吸收。实际运行中应将烟气温度冷却到 60℃ 左右再通入吸收塔进行 $SO_2$ 吸收操作最为适宜，较高的吸收操作温度，会使 $SO_2$ 的吸收效率降低。

4. 烟气含氧量

氧气（$O_2$）参与烟气脱硫的化学过程，使 $SO_3^-$ 氧化为 $SO_4^{2-}$。在烟气量、$SO_2$ 浓度、烟温等参数基本恒定的情况下，随着烟气中含氧量的增加，$CaSO_4 \cdot 2H_2O$ 的形成加快，脱硫效率也呈上升趋势。当原烟气中含氧量一定时，可以人为往吸收塔浆液中增加氧气，即多投运氧化风机可提高脱硫效率。试验证明，当烟气中 $O_2$ 含量为 6.0% 时，运行 2 台氧化风机比运行单台氧化风机的脱硫效率提高 2% 左右。

### 四、运行调节注意事项

对于 $SO_2$ 吸收系统，运行和维护人员必须加强监视和检查。运行人员必须按规定要求巡视设备并做好运行记录，对运行参数与设计值比较，发现偏差及时查明原因并采取措施。运行中应保持脱硫系统的清洁。除雾器压降增大时必须加强冲洗，防止除雾器被石膏浆粒堵塞。所有的浆液系统在启动前及停运后必须按要求进行冲洗。当吸收塔在线 pH 计发生故障时，必须 2h 手动测量一次 pH 值。运行中必须严格控制吸收塔运行参数，主要参数定值见表 9-4。

表 9-4　　　　　　　　　　　　　吸收塔运行参数

| 序号 | 项目 | 单位 | 标　　准 |
|---|---|---|---|
| 1 | 吸收塔浆液浓度 | kg/m³ | 1.08～1.15 |
| 2 | 吸收塔浆液 pH 值 | | 4.8～5.6（正常运行）<br>5.4～5.8（空负荷） |
| 3 | 吸收塔浆液高度 | m | 9.5～10.2 |
| 4 | 石膏溢流器压力 | kPa | 200～300 |

运行中要注意检查转动设备润滑油位、油质是否正常。检查转动设备的压力、振动、噪声、温度及严密性是否符合要求。搅拌器启动前必须保证浆液浸过搅拌器叶片。

浆液管路发生沉积时可从下列两个现象得到反映：①在相同泵的出口压力下，浆液流量随时间而减小；②在相同的浆液流量下，泵的出口压力随时间而增加。若不能维持正常运行的压力或流量时，必须对管道进行冲洗，冲洗无效时必须拆管进行机械除去沉积物。

# 思考题

1. 石灰石湿法脱硫系统主要由哪些设备系统组成？
2. 石灰石湿法脱硫反应由哪几个部分组成？
3. 石灰石湿法脱硫的水耗包括哪些方面？
4. 石灰石湿法脱硫工艺中的液气比指什么？
5. 影响石灰石湿法脱硫效率的主要因素有哪些？

第十章

# 脱 硫 烟 气 系 统

石灰石石膏湿法脱硫系统按照工艺流程划分，通常包括以下几个主要部分：脱硫烟气系统，SO₂吸收系统，石灰石浆液制备系统，石膏排出和脱水系统，脱硫废水处理系统及其电控系统。其中，脱硫烟气系统是比较重要的一个系统，因为烟气系统实际上起到了引导烟气流向，使整个系统形成完整的烟气通路，将烟气导入反应区域内，使烟气中的二氧化硫被吸收，然后从烟囱排出，达到洁净烟气的作用。

## 第一节  脱硫烟气系统流程和设备组成

脱硫烟气系统的主要功能是为脱硫设备的运行提供畅通的烟气通道。脱硫系统和主机系统的接口，就是主机锅炉侧的引风机出口挡板门，也就是脱硫系统原烟道的起点，脱硫系统和烟囱的分界点，就是脱硫净烟道和烟囱的接口处，也就是脱硫系统净烟道的终点。从烟气流动过程的角度来划分脱硫系统的范围，脱硫烟气系统的起止点，就是脱硫系统的起止点。

### 一、脱硫烟气系统的工作流程

脱硫烟气系统的主要设备一般包括原烟道、原烟道挡板、净烟道、净烟道挡板、旁路烟道、旁路烟道挡板、挡板门密封系统、烟道补偿器、增压风机以及它的辅助系统、烟气换热器以及它的辅助系统、事故喷淋系统。在原烟道和净烟道上还布置有烟气检测系统CEMS的取样装置。

脱硫烟气系统的工作流程是比较简单的，在最初设计的脱硫系统中，它的功能包括进行脱硫系统的投入和切除，提供烟气流动的动能，克服系统阻力，前后烟气换热等，这种烟气系统的典型布置方式如图10-1所示。

在最开始的烟气系统设计流程中，脱硫烟气系统是这样工作的：在正常运行期间，脱硫系统的旁路烟道上的挡板门关闭，进、出口挡板门打开。从锅炉来的热烟气通过引风机后进入原烟道，经增压风机增压后进入烟气换热器（GGH）冷却，在吸收塔内与石灰石浆液逆流充分接触后，烟气中的SO₂溶解于石灰石浆液并被吸收。洗涤后除去SO₂及其他污染物的烟气通过除雾器离开吸收塔，进入净烟道，经GGH加热至75℃以上，通过烟囱排放。发生紧急情况时，旁路挡板门自动打开。在脱硫装置停运期间，旁路挡板门打开，进、出口挡板门关闭，烟气通过旁路烟道进入烟囱。

经过优化的脱硫烟气系统主要由原烟道、净烟道、事故喷淋系统、金属膨胀节、非金

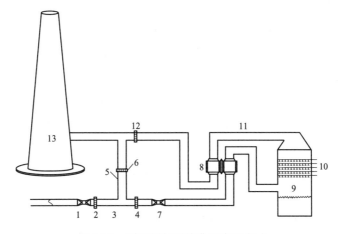

图 10-1　脱硫烟气系统典型布置方式

1—引风机；2—引风机出口挡板；3—原烟道；4—原烟道挡板；5—旁路烟道；6—旁路烟道挡板；
7—增压风机；8—烟气换热器；9—吸收塔；10—喷淋层；11—净烟道；12—净烟道挡板；13—烟囱

属膨胀节、烟道疏水系统等设备组成，取消了增压风机、旁路烟道和 GGH。优化后，脱硫系统组成大为简单，而且实际运行效果可满足脱硫需求。

## 二、脱硫烟气系统组成

1. 原烟道

从引风机出口挡板门后开始，到吸收塔入口干湿界面处，联通这一段烟气流程的烟道被称为脱硫原烟道。原烟道，顾名思义，就是原本的未经处理的烟气所流经的烟道，它是整个脱硫系统开始的地方。

原烟道一般由外部支撑钢梁、内部支撑钢管和外部钢板组成，外部支撑钢梁形成烟道骨架，外部钢板焊接形成烟道壁，内部支撑钢管增强烟道整体强度。烟道壁外部包覆保温层。保温层一般采用岩棉等防火保温材料。保温层外部包覆波纹铁皮等外护板。原烟道的形状可以灵活多变，最开始的设计大部分是方形烟道，后来又出现了圆形烟道。这两种烟道都可以根据现场实际情况灵活布置。

原烟道与锅炉炉膛出口烟道相类似，流经的气体都是未经处理的烟气，烟气温度比炉膛出口烟道低，烟气温度一般在 125～150℃。夏季或者负荷高的时候温度高一些，冬季或者负荷低的时候温度低一些。这个温度正好在烟气酸露点附近，所以原烟道有时候会出现酸腐蚀的情况，但是不太严重。

脱硫原烟道布置在除尘装置之后，烟气的含尘量大幅下降，一般烟气中粉尘浓度能够下降到 $50mg/m^3$（标准状态下）以下。部分新建机组的除尘装置效率更高，除尘效果更好，能直接将除尘装置出口烟气中粉尘浓度降低到 $10mg/m^3$（标准状态下）左右。因此，原烟道内一般不需要专门做防磨损措施，只在个别支撑管迎风面上布置防磨护瓦即可。

2. 净烟道

净烟道与原烟道总体结构是一样的，不同的是流过的气体为经过脱硫塔清洗后的烟气。烟气经过浆液喷淋，携带大量水分，烟气温度大幅降低，一般在 50℃ 左右。由于烟气温度低、湿度高，烟气中的水分大量凝结，所以净烟道内部是非常潮湿的，有大量冷凝水需要排出，必须设置疏水系统。排水设施由合金材料或者玻璃钢材料制作，排水将返回到 FGD 排水坑或者吸收塔浆液池。

同时，由于净烟气虽然经过了吸收塔的洗涤，仍含有低浓度的 $SO_2$、$SO_3$ 等气体凝结于冷凝水中，形成了酸性疏水。如果净烟道不做防腐，腐蚀速度很快，烟道寿命极短，所以净烟道必须要采取防腐蚀措施。净烟道内通常采取的防腐蚀措施有：①烟道内壁涂覆玻璃鳞片树脂内衬；②烟道内壁进行衬胶处理；③烟道内壁贴焊合金板；④净烟道整体采用玻璃钢材质制作。

按照现行的环保政策要求，必须在脱硫原烟道和净烟道上布置环保监测设备，对吸收塔的入口和出口污染物数据进行检测，以便于国家环保部门对环保设施运行情况进行实时监督。同时，可以对电厂运行人员及时调整参数提供依据。

3. 烟气挡板

烟气挡板门具有电厂锅炉烟风管道系统中截流介质的作用。为了保证脱硫装置的停运不影响机组烟风系统的正常运行，在烟道上分别设置了原烟气挡板、净烟气挡板以及旁路挡板门。这些挡板门具有全开、全关两个功能，使介质在管道中全部流通或关断，一般不起调节作用。烟气挡板具有启闭转动灵活、驱动力矩小、热态不会卡死、密封严密、并可承受系统中较高压力和温度的优点，烟气挡板门一般都配置密封风机，专门给挡板门供应密封空气。

原烟气挡板门，又称增压风机入口烟气挡板门，设置在增压风机之前的烟道上，其目的是将原烟气引向烟气脱硫系统或防止烟气渗入烟气脱硫系统。净烟气挡板，又称脱硫出口挡板，设置在 GGH 升温后的烟道上，目的是将净烟气引向烟囱进行排放。旁路挡板位于旁路烟道上，其作用是当烟气脱硫系统或锅炉处于事故状态的情况下使烟气绕过 FGD 而通过旁路直接排入烟囱，在系统正常运行情况下，旁路挡板门关闭，烟气不得通过旁路烟道进入烟囱。

烟气挡板有单百叶窗与双百叶窗型两种形式，具有开启/关闭功能，由本体、叶片、轴、密封系统、驱动机构、控制部分等组成。执行机构为电驱动或者气动驱动。所有挡板都配有密封系统，以提高烟气挡板门的严密性，保证"零"泄漏。密封空气由密封空气站提供。

4. 烟气—烟气换热器

烟气—烟气换热器的英文缩写是 GGH，是利用热烟气所带的热量加热吸收塔出来的冷的净烟气的换热设备。它的作用是利用原烟气加热脱硫后的净烟气，使排烟温度在烟气露点之上，以减轻对烟道和烟囱的腐蚀，同时降低进入吸收塔的烟气温度，降低塔内对防腐的工艺技术要求。

湿法脱硫工艺系统中，自锅炉引风机来的烟气将进入吸收塔中洗涤脱硫，这时的烟气温度一般为 120～150℃。为保护吸收塔中的元件以及防腐层，同时减少吸收塔中的蒸发水量，降低水耗，可在吸收塔进口前的烟道上设置换热器将烟气温度降低至 95℃。烟气经过吸收塔洗涤冷却后，将被冷却到 45～55℃。为了保证烟气能充分扩散，防止冷烟气下沉，同时避免冷烟气在排放时结露，一般需要将烟气加热到 75～80℃。在设计条件下且没有补充热源时，GGH 可将净烟气的温度提高到 75℃以上。

烟气换热器有多种形式，一般分为蓄热式和非蓄热式。蓄热式主要有回转式 GGH（见图 10-2）、分体水媒式、分体热管式以及整体热管式；非蓄热式则指借助能源如蒸汽、燃气等，将冷烟气重新加热，其初始投资较小，但是能耗、运行费用较大。通常采用最多的是回转式蓄热式烟气换热器。

回转式烟气换热器的安装方式一般为主轴立式，至少包括以下部件：

（1）全部烟气进出口及换热器外壳，包括烟气进出口的防腐；

（2）驱动机构；

（3）可更换的换热组件；

（4）密封系统，包括密封风机、电加热器及管道系统；

（5）吹扫设备，包括泵、空气压缩机、管道和吹灰器；

（6）必需的测量装置和保护装置；

（7）其他辅助系统，例如管道、膨胀节、支座等。

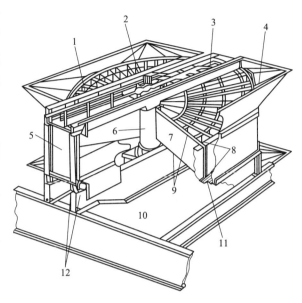

图 10-2　烟气换热器结构示意图

1—换热元件；2—驱动装置；3—径向隔板；4—过渡管道；5—轴向隔板；6—轴；7—径向隔板；8—周边密封；9—径向密封；10—支点；11—轴向密封；12—支撑结构

烟气换热器的选材要求如下：

（1）所有与烟气接触的设备及部件采取防腐措施；

（2）冷端仓隔板应采用不低于 Corton 钢材质；

（3）换热元件可采用碳钢涂覆搪瓷（进口镀搪，蓄热元件钢板厚度为 1.2mm），搪瓷涂层均匀牢固，表面光滑平整，易清洁，使用寿命在 50000h 以上；

（4）壳体防腐采用碳钢内衬玻璃鳞片。

5. 增压风机

脱硫增压风机又称脱硫风机（Boost Fan，BF），是用于克服 FGD 装置的烟气阻力，将原烟气引入脱硫系统，并稳定锅炉引风机出口压力的主要设备。它的运行特点是低压头、大流量、低转速。在加装脱硫装置的情况下，如锅炉送、引风机压头可以克服 FGD 的烟气阻力，则可以不设置增压风机。

湿法脱硫工艺系统中，自锅炉引风机来的烟气进入吸收塔中，被喷淋而下的浆液洗涤脱硫，经脱硫后送回尾部烟道进入烟囱排放。由于烟气流经原烟道、烟气换热器（GGH）、吸收塔、净烟道、挡板门等阻力设备，需设置增压风机来克服整个脱硫系统设备的阻力。增压风机的选型、布置位置和结构形式等对满足环保要求、降低脱硫工程的造价、优化脱硫系统方案都有较大影响，是保证脱硫系统运行性能和可靠性的重要设备。

脱硫增压风机布置于吸收塔上游的干烟区，每台锅炉通常布置一台。增压风机包括电动机、风机本体、润滑油系统、密封空气系统等。该风机通常采用动叶可调轴流风机的形式，由进气室、集流器、叶轮、后导叶、扩压器和动叶调节机构及附属系统等部件组成。

## 第二节　烟气系统设备的日常维护

脱硫烟气系统在运行中需要特别注意监视观察，如果出现异常，可能导致整个脱硫系统退出运行，甚至导致整台机组停运，造成大的事故。本节主要介绍烟气挡板门、烟气换热器、增压风机等设备的日常维护要点。

### 一、烟气挡板门的日常维护项目

（1）连杆关节、螺纹驱动装置加润滑油。通常情况下，给挡板的螺纹驱动装置加润滑油脂，建议每隔半年加注一次，也可以参考厂家提供的加油清单的说明，按照说明中要求的加油位置、加油数量、加油间隔来执行。

（2）检查轴封。调整密封压盖紧定螺母，如果出现泄漏，并且调整紧定螺母还不能解决问题，则更换新密封填料。

（3）停运后的内部检查。在常规的机组停运设备检修期间，应当对烟气挡板内部的情况进行检查。清除掉挡板内部积累的灰尘，清理密封件、叶片边缘、轨道、驱动装置，必须保证叶片能够平稳的开启和闭合。

（4）烟气挡板在日常运行中应当进行如下日常检查项目：

1）执行器手柄的操作应该灵活，如果操作很困难，就应当检查执行器驱动机构、传动齿轮是否正常，检查连杆连接处是否卡涩。

2）检查滑动零部件是否已经加注足够的润滑油脂，如果没有，需要立即加入充足的润滑油脂。

3）检查电气线路的绝缘是否老化，如果老化应及时更换。

4）检查供应的气压或者油压是否正常，是否达到设计值。

5）检查挡板上是否积累或者黏附很多灰尘，挡板内的叶片是否触及外壳的内壁导致外壳变形或者轴等零部件发生变形、偏移。

6）检查挡板密封件和叶片的接触是否正常，如果不正常应清除灰尘或者更换密封件。

7）检查各部件螺栓是否松动。

8）检查是否有气体从叶片部分漏出，拧紧密封件或者更换。

9）检查叶片套环上是否有足够的润滑脂，如果油脂不够多应该添加充足的润滑油脂。

10）检查挡板是否失灵，如果失灵首先应检查挡板本身是否有损坏，或者检查传动机构是否发生了故障，在有手柄的场合，用手柄来检查操作时省力还是费力。

## 二、增压风机的日常维护项目

增压风机停运前，不可拆卸防护装置或者拆卸风机外壳的连接螺栓。日常检查和维护需要注意如下要点：

（1）每次停车时，检查进口导叶、叶轮叶片、后导叶的磨损程度，记录磨损情况，找出磨损、损坏和污染的原因，做好记录并排除。检查叶轮叶片和风机风筒之间的间隙，应当没有摩擦痕迹，间隙符合标准。

（2）检查主轴承箱油位指示器的油位，不足时予以补充。

（3）检查油位指示器的通气管的观察窗，如果观察窗上有油，应该立即排掉（窗内有油会形成气垫，造成油位指示错误）。

（4）检查供油装置的油位，必要时予以补充。

（5）检查泵和供油系统的压力，检查主轴承箱和叶片液压调节装置。

（6）检查主轴承的温度。对于滚动轴承的正常温度为 $60\sim70℃$，如果温度超过正常温度，寻找风机停运机会，检查温度上升的原因，如果风机轴承温度超过 $100℃$，应当紧急停车。

长时间运行后，应当更换供油装置和主轴承箱的用油，检查废油中的垢污和润滑能力，检查是否有漏油部位。

（7）检查主轴承间隙，充入新密封剂、润滑剂，确保密封剂的作用，对叶片指示和调节机构的轴承进行检查清洗并再次润滑。

（8）校正执行器操作，可使所有进口导叶调整一致，外部指示和导叶位置相符。

（9）检查进口导叶连杆接头的破损、磨损程度，进行油脂润滑。

（10）检查叶轮的积灰、锈蚀和磨损，做好记录，清理干净。

（11）检查叶片焊缝有无裂纹。

（12）检验联轴器。

（13）检验进口导叶的轴承，转动正常，充满油脂。

（14）清理进出口管路，并保持进出口管路干净无异物。

## 三、烟气换热器的日常维护项目

1. 维护前的注意事项

（1）开工前分析危险点，做好防范措施，办理工作票。确保 GGH 停机并且与锅炉切断，确保 GGH 的电源切断并锁定在断电状态。

（2）打开所有烟道的检查门，在进入烟道之前确保内部空气流通和空气进入，检查内部温度适宜，无有毒气体存留。

（3）准备好用于烟道内的手提照明设备，检查吹灰器的空气和水的供应是否完全切断，电动阀门是否完全关闭以及整个装置是否切断电源。

（4）准备好进入到 GGH 转子下方所必需的的两个烟道内的脚手架，确保脚手架牢固。穿戴适当的防护服和安全帽。

2. 检查内容

（1）对顶部和底部的径向密封、轴向密封、环向密封进行检查。检查密封片在各种工况下是否有摩擦迹象，密封间隙是否有变化，更换和紧固中心筒密封盘根，检查密封空气管路连接是否有损坏或者泄漏。

（2）每三个月检查一次整个驱动装置的运行和连接情况，特别是抗扭矩臂两侧与扭矩臂支座的横向间隙以及扭矩臂支座的连接固定状态。同时检查减速箱润滑油通气口和润滑油油位。

（3）每周检查一次顶部和底部轴承箱的润滑油位并保证正确的油量和加油等级，每三个月检查一次轴承系统的噪声、安全、漏油、清洁情况。

（4）检查所有玻璃鳞片涂层是否有损坏，并在等级检修期间修复。

（5）检查换热元件：停炉后用吹灰器对换热元件进行吹扫，除去表面积灰。检查换热元件表面是否存在腐蚀或者吹灰器无法去除的沉积物。如果换热器的阻力过大，表明换热元件已经堵塞或者腐蚀。堵塞过多，可进行水冲洗。如果损坏严重，则需要进行更换。换热元件的釉面是否有损坏需要检查。

（6）等级检修期间，还需要检查换热器内部是否有腐蚀和锈蚀迹象，内部螺栓和螺母是否有破坏和腐蚀现象，所有密封是否有漏风现象，做好详细记录。

（7）设备运行时，需要有运行人员对换热元件进行压缩空气的吹扫。如果吹扫无效果，应当在停机时进行低压水冲洗，反复冲洗直到冲洗干净为止。

（8）换热器的顶部轴承和底部轴承在长时间运行，比如 10 000h 后，需要更换润滑油。如果有必要，应当将轴承的油全部放掉，进行优质油冲洗，冲洗完毕后，在正确加入适量的润滑油。应当注意：加油不要过量，合成油和矿物油不能混用，废油不能随意抛弃。

（9）驱动装置减速箱在正常运行 10 000h 后或者两年后，应当进行一次换油。使用过程中应当随时注意检查有无漏油情况，并通过油位观察窗定期观察系统油位是否在规定油位限制范围内。

# 第三节　脱硫烟气系统检修工艺

为了确保脱硫烟气系统各主要设备的检修维护质量，保证脱硫烟气系统的可靠运行，运行和检修人员应熟悉系统和设备的原理、结构和性能，熟悉相关检修工艺和质量要求，并掌握与之相关的理论知识和基本技能。

## 一、脱硫烟气系统原烟道、净烟道检修

1. 检修前准备
（1）确认各项安全措施已执行。
（2）准备好所需的备品、材料、工器具、防护用品。
（3）按照平面布置图布置检修场地。

2. 原烟道、净烟道框架结构检查

（1）清除干湿界面的硬灰垢。

（2）将烟道内积灰清除干净。

（3）对烟道壁变形及开焊情况进行检查处理。对损坏的烟道壁、防腐层进行修补。

（4）发现烟道壁、加强筋、支撑管件有裂纹，采取焊补或挖补的措施进行处理，消除裂纹部位。

（5）非金属膨胀节出现破损，开裂等现象，应及时对其更换。

（6）如发现烟道支吊架有断裂、松动、变形等缺陷时应及时处理。

3. 净烟道防腐层的检查与修复

（1）将烟道内积灰清除干净。

（2）用电火花仪检查防腐内衬有无损坏，用测厚仪检查内衬的磨损情况。

（3）挖除烟道内壁破损的防腐，露出金属表面，用角磨机、砂纸等打磨金属表面，使之具有一定的粗糙度，刷底涂、玻璃鳞片，重做防腐。

（4）对烟道内部支撑的腐蚀处进行焊接修补，重新防腐。

4. 检修质量标准

（1）烟道壁及加强筋不得有裂纹。

（2）烟道漏点补焊钢板最小面积为 200mm×200mm，钢板厚度为 6mm，焊接后无焊接缺陷。

（3）漏点补焊完需进行打磨并防腐，打磨面积为补焊面积外扩 150～200mm，打磨后在 12h 内做好底涂，若 12h 内未能做好，需重新打磨。新做的防腐不能有起泡现象。

（4）整个烟道应无漏泄现象。

（5）烟道焊缝不应有裂纹和砂眼等缺陷。

（6）烟道检修结束后，应及时清除内外杂物、尘土和临时固定物。

（7）与烟道连接的设备法兰应有密封垫。

（8）烟道检修后中心线偏差应符合相关标准。

（9）非金属膨胀节不得有裂纹等缺陷，大法兰接合面无渗漏。

（10）各部位螺栓无松动。

（11）支吊架应完好，无断裂、松动、裂纹、变形等缺陷，各吊杆应受力均衡。

（12）活动支架在受力后活动自如。


## 二、脱硫增压风机检修

1. 检修前准备

（1）停运增压风机，办理工作票，切断风机电源，挂警告牌。

（2）停运增压风机油站，切断电源，挂警告牌。

（3）关闭脱硫系统入口、出口挡板门，切断电动头电源，挂警告牌。

（4）准备好所需的备品、材料、工器具、防护用品，检查合适，试验可靠。

（5）按照平面布置图布置检修场地。

2. 风机的检查鉴定

(1) 打开人孔门，转子采取制动措施。

(2) 检查转子口环、叶片根部有无开焊和疲劳裂纹，决定修补或更换叶轮。

(3) 检查蜗壳有无漏风及疲劳裂纹。

(4) 测量集流器与叶轮口环的轴向与径向间隙。

(5) 检查叶轮有无裂纹，螺栓螺母有无松动。

(6) 检查轴向调节挡板装置的开关连接情况。

(7) 检查框架、基础、出口挡板和轴承等主要部位是否有异常情况。

3. 挠性联轴器的解列

(1) 联系电动机检修人员拆除电动机动力电缆。

(2) 拆除联轴器保护罩。

(3) 检查并做好两个半联轴器的组装位置记号。

(4) 拆除联轴器连接螺栓。

(5) 测量联轴器对轮间隙和轴径向偏差，并做好记录。

(6) 测量联轴器螺栓孔的磨损情况。

4. 转子吊出

(1) 拆下两侧进气箱、机壳的上部分。

(2) 拆下两侧进风口豁口部分。

(3) 拆下两侧护筒。

(4) 准备好支撑转子的专用支架。

(5) 在转子上挂好钢丝绳，拉紧后检查受力及平衡情况，然后起吊 50～100mm 高度，停止 5min 后，检查是否有异常情况。确认无任何差错后方可继续起吊。转子起吊过程中要保持平稳。

(6) 转子放置在专用支架上后，做好防转动措施，叶轮不得与支架和地面接触。

5. 叶轮检修

(1) 用专用工具拆下对轮，检查对轮有无裂纹及变形。

(2) 认真检查叶轮有无疲劳裂纹，有裂纹的地方应冲开坡口进行焊接，坡口的深度应保证被焊透为准。

(3) 检查叶轮紧固螺栓有无松动现象，松动的螺栓要根据紧固力矩重新紧固。更换的螺栓长度要适宜。

(4) 叶轮需拆卸时，其拆卸方法如下：

1) 拆下叶轮紧固螺母，组装好专用拆卸工具和配套千斤顶，顶紧主轴。

2) 用烤把缓慢加热轴盘至 150～200℃。

3) 将叶轮穿上钢丝绳吊起至主轴不受叶轮重力为止。

4) 推动千斤顶，顶出叶轮后，将叶轮放置指定位置。

5) 检查叶轮与主轴的配合紧力。

6. 轴承箱解体检查

（1）将轴承箱外部清扫干净，放掉轴承箱内润滑油。

（2）拆卸轴承箱端盖螺栓，移开端盖，保存好螺栓，拆卸前做好位置记号。

（3）松开轴承箱上盖螺栓，吊开轴承箱上盖，放在指定位置，检查并记录对口垫片数量、厚度及位置。

（4）清除轴承外表积油，测量轴承上盖与轴承外套的上部间隙，检查有无夹帮和跑套现象。

（5）检查每个箱体端盖的推力和膨胀间隙。

（6）用煤油将轴承箱体及所有零部件清洗检查，油室内要用抹布或白面擦拭清理干净。

（7）松开轴承箱紧固螺栓，拆下轴承箱。

（8）用准备好的专用工具拆卸风机转子两侧轴承。

（9）清洗并检查拆卸下的风机轴承及其零部件。

（10）拆卸轴承时禁止用烤把直接加热轴承，以防损坏轴承。

7. 回装叶轮

（1）检查主轴部件是否齐全。

（2）用铜棒将键打入键槽内并校对装配尺寸，将键槽部位转到主轴上方，均匀涂上润滑油。

（3）叶轮上挂好钢丝绳，将叶轮键槽部位置于上方。起吊应有专人指挥，先进行试吊，检查无差错后方可进行起吊。

（4）将叶轮吊到合适部位，用烤把将轴盘加热到 $100\sim120℃$，然后对准轴孔及键槽部位，用专用工具或枕木撞击打入。上好止动垫、拧紧轴头螺母，使轴肩与轮毂紧密接触。待轮毂降至室温后检查螺母紧力，扳倒止动垫卡入花槽。

8. 转子就位及回装轴承

（1）风机轴承箱下部按原标记就位，垫好垫片。

（2）将风机轴承放进预先准备好的油池中进行加热。

（3）将主轴与轴承装配面处擦拭干净，涂一定的润滑油。

（4）将轴承装至主轴上，使轴承内套靠紧轴肩，紧固锁紧环。

（5）擦净轴承和轴承底座。

（6）检查主轴上应装部件是否齐全，然后将钢丝绳捆在主轴上，试吊检查，确认无误后进行吊装。

（7）将叶轮、转子轻轻放入机壳和轴承箱内，使承力轴承外套与轴承箱紧密接触。

（8）检查主轴水平度。调整主轴承的推力间隙。

（9）将轴承用汽油清洗干净，并挥发干。吊起轴承上盖至轴承上方，在轴承顶部放好压间隙的铅丝，扣上上盖，均匀紧固箱体上的紧固螺栓，测出间隙后按所测间隙选取箱体中分面垫片厚度。

（10）测完间隙后，检查轴承箱内干净无杂物后加入润滑油，紧固轴承盖。

（11）安装轴承侧盖及轴封装置。

## 三、烟气换热器设备检修

### （一）检修前准备

（1）停运GGH，办理工作票，切断GGH电源，挂警告牌，确保烟气再热器的电源切断并锁定在断电状态。

（2）确保烟气再热器停机并且与锅炉切断，确保当烟道内有人时，在没有预先警告的情况下不会有人通过手摇装置转动烟气再热器转子。

（3）拆去所有烟道的检查门。

（4）在进入烟气再热器之前确保内部空气流通和空气摄入，检查烟气再热器的温度和是否含有毒气体。

（5）检查吹灰器的空气和水的供应是否完全切断，电动阀门是否完全关闭以及整个装置是否切断电源。

（6）准备好用于烟道内的手提照明。准备好所需的备品、材料、工器具、防护用品，检查合适，试验可靠。

（7）按照平面布置图布置检修场地。

### （二）转子传动装置检修

（1）清理驱动装置，放出润滑油。

（2）解体减速机，对齿轮、轴承及各零部件进行清理、检查，视情况进行更换。齿轮箱主、副齿轮啮合接触面积≥2/3。

（3）调整放净轴承箱内润滑油，固定大轴。拆除导向轴承箱固定螺栓，松开限位顶丝，用专用工具将轴承箱顶出放在平台上，取下轴承和后密封环。

（4）抬高转子上部径向密封板；测量轴承箱水平。

### （三）GGH主体检修

**1. 换热片检修**

（1）检查换热元件表面的搪瓷釉是否有损坏迹象，检查换热元件时，必须由两个人同时进行。一个人在换热元件的一端握灯，而另一个人则从另一端开始检查隔板无断裂及径向密封片无脱落，焊缝无裂纹，否则进行调整、更换或补焊。

（2）用高压水冲洗换热片彻底水洗后，检查转子的所有扇形仓，然后停止转动转子。

（3）放掉吹灰器中的所有积水，关闭底部烟道的排水阀

**2. 密封间隙设定**

（1）检查密封间隙，如必要，可重新设定。为防止密封系统和烟气再热器构件受损，所有密封间隙均按提供的极端运行条件设定。如能保持正确的间隙，从原烟气到净烟气侧的泄漏率会降到最低。

1）用千分表来检查密封板的间隙值，密封片在冷态下设定。

2）在大修期间检查所有的密封片是否有磨损。

3）检查分别位于顶部和底部扇形板中心部分、过渡烟道内壁和转子外壳上下内壁上

的用来固定密封设定杆的支座，如果存在较严重腐蚀，并且已经影响到了密封设定杆的安装，则应及时进行更换。

（2）顶部和底部径向密封检查。

1）将密封设定杆安装到顶部处理烟道和底部处理烟道上的永久固定端支架上。

2）根据图纸来布置并固定密封片。

3）安装径向隔板上的径向密封片，然后手动转动转子直到密封片与顶部/底部扇形板对准为止。按照要求来设定密封并把紧。

4）转动转子密封片与密封设定标尺对齐。

5）沿着密封片长度方向的外形设定密封设定标尺。

6）通过手动盘车装置转动转子，逐个使每一径向密封片与密封设定标尺对齐。

7）安装和设定密封的过程中不要损坏密封片。

8）将烟道上的密封设定标尺拆除。

9）检查是否所有的特氟龙垫圈和压板都已经安装。

（3）轴向密封检查。

1）通过靠近每个端柱的转子外壳上的轴向密封检修门来设定或安装密封设定杆。

2）按照图来确定密封的位置并固定密封片。

3）通过手动盘车装置转动转子，直到密封片与轴向密封板对齐为止。

4）按照要求设定密封间隙。

5）紧固所有密封片，手动转动转子，直到所选密封片转到与轴向密封板相对的位置，然后检查设定值。

6）按照图安装密封设定标尺到轴向密封检修门。

7）按照已经固定好的所选择密封片的外形固定密封设定标尺。

8）通过检修门，依次设定和安装密封片，使其与密封设定标尺对齐。

9）手动转动转子来固定每条密封片。

10）拆掉密封设定标尺。

11）检查是否已经安装所有的特氟龙垫圈和压板。

（4）外缘环向热端和冷端密封。

1）热端密封由焊接在转子外壳基板上的密封片构成，所以无须调节。冷端密封片的密封间隙是根据图纸要求的间隙值来设定的。在最大锅炉载荷工况下，这些密封间隙设定值要保证转子的最大膨胀量。

2）检查密封紧固件是否有腐蚀迹象。

3）调试完后，检查密封片是否有摩擦迹象，如有必要，重新设定。

4）密封设定完后，检查在各种运行工况下密封间隙是否有变化。

（5）环向密封片的拆除和更换。

1）顶部外缘环向密封片在顶部外缘转子角钢和转子外壳之间的空间，检修位置非常方便，更换时仅通过卸下锁紧螺母、特氟龙垫片和支撑附件上的平垫圈就可完成。

2）检查锁紧螺母、特氟龙垫圈和压板是否损坏或腐蚀，如有必要进行更换。

3) 检查密封板条是否损坏或腐蚀，如有必要进行更换。

4) 内缘环向密封片密封了转子顶部和底部的中心筒和扇形板之间的间隙。这些密封片紧固在转子中心筒顶部和底部的环向密封支撑板上。

5) 更换时，需要拆除锁紧螺母，割开密封片，并且按照要求转动转子以更换每个密封片。

6) 当重新安装密封片时，要保证密封间隙设定和径向密封一致，检查锁紧螺母、特氟龙垫圈和压板是否损坏或腐蚀，如有必要进行更换

(6) 顶底内缘环向密封。

1) 按照要求的设定间隙值来设定密封，这些密封与顶部和底部径向密封片端部相平。

2) 调节密封设定间隙达到上述间隙值。所有工况下，这些密封设定值都应保持不变。

(7) 中心筒密封检查。

1) 中心筒密封片固定在扇形板的内表面上，需紧靠转子中心筒，应当检查密封片是否有磨损。

2) 更换和紧固密封盘根，检查密封空气管路连接是否损坏或泄漏。

3. 润滑油系统检修

(1) 清理、检查导向、支撑轴承的润滑油进、出油管有无漏点。

(2) 清理、检查润滑油循环泵及净化系统。

(3) 清理冷却器，更换润滑油。

4. 低泄漏风机检修

(1) 检查、清理低泄漏风机进、出口风道严密、无泄漏，清除积灰、结垢。

(2) 解体风机，检查、调整轴承箱轴承的紧力、间隙。

(3) 检查叶轮晃度，叶轮与集流器的上、下间隙。

(4) 检查、调整联轴器中心符合图纸要求。

 **思考题**

1. 脱硫烟气系统主要包括哪些设备？

2. 脱硫烟气挡板在正常运行时和事故情况下是如何动作的？

3. 脱硫增压风机有哪几种布置形式？

4. 原烟道和净烟道的异同之处有哪些？

5. 烟气系统运行中应该注意哪些问题？

# 第十一章

# SO₂ 吸 收 系 统

SO₂ 吸收系统是石灰石—石膏湿法脱硫装置的核心部分，所有脱除 SO₂ 的物理、化学反应过程都在吸收塔内进行并完成。吸收塔内结构复杂，多种结构类型都在生产现场有实际应用，并且都各有特点。SO₂ 吸收系统的工作原理详见第九章，本章主要介绍 SO₂ 吸收系统组成和检修工艺。

石灰石—石膏湿法脱硫吸收塔通常采用逆流接触型洗涤喷淋塔，在吸收塔内将同时完成 SO₂ 的溶解、与石灰石浆液的反应、亚硫酸钙的氧化、石膏的结晶等过程。吸收塔中各个装置和反应过程上下衔接紧密，反应过程快速精确，能够保证在烟气从下至上流动的很短时间内就将烟气中所含的 SO₂ 吸收干净，达到设计的脱硫效率。

## 第一节  SO₂ 吸收系统组成和功能

SO₂ 吸收系统的主要组成部件为吸收塔本体、喷淋层、浆液循环泵、氧化空气系统、除雾器。吸收塔多为空塔设计，吸收塔浆池确保有足够容积，保持循环浆液在浆池的停留时间充足。吸收塔内防腐采用内衬丁基橡胶或玻璃鳞片。与吸收塔相连的浆液管道设双阀（除循环泵进口阀门），以保证可靠隔离。

### 一、吸收塔本体

烟气进入吸收塔后，自下而上流动，与喷淋层喷射向下的石灰石浆液液滴发生反应，吸收 SO₂、SO₃、HCl、HF 等气体。采用空塔设计的吸收塔的系统阻力小，塔内气液接触区没有任何填料部件，能够有效避免吸收塔内部件堵塞结垢情况。由石灰石浆液制备系统制成的新鲜石灰石浆液通过石灰石浆液泵送入吸收塔浆液池内，石灰石在浆液管道中以及浆液池中不断溶解，并且与浆液池内已经生成石膏的浆液互相混合。浆液循环泵的入口管道布置在吸收塔底部，浆液循环泵将吸收塔内混合浆液做功输送到喷淋层。浆液通过空心锥形喷嘴雾化，与烟气充分接触。在吸收塔浆液池中部区域，氧化风机供给的空气通过布置在浆液池内的喷枪喷入浆液池底部，在搅拌器的协助下，空气分散进入浆液内，对浆液内的亚硫酸钙进行强制氧化，进一步反应生成石膏。

由以上可见，吸收塔的作用包括：

（1）提供浆液存放的场所；

（2）提供布置喷淋层、除雾器等设备的场所；

（3）提供浆液吸收 SO₂、亚硫酸根氧化、石膏结晶的场所；

（4）提供烟气和浆液交汇吸收的空间，促进充分接触，快速反应。

1. 喷淋层

通常每座吸收塔都会配备多层喷淋层，较为常见的为3～5层，每层喷淋层对应一台浆液循环泵，并配有足够的喷嘴，以保证喷淋浆液塔内覆盖率不低于300％，满足脱硫装置满负荷运行。循环泵将吸收塔内的浆液从下部浆液池抽取并泵送到上部的喷淋层，经过喷嘴喷淋，形成颗粒细小，反应活性很高的雾化液滴。设置有多层喷淋层的吸收塔可以根据机组负荷、入口二氧化硫浓度、入口烟气量等参数选择投运的层数以及泵的功率，以降低能源的消耗和保证出口烟气的温度，达到节能和环保的目的。

喷淋层设置的一个关键参数——液气比，就是浆液循环喷淋量与经过洗涤的烟气流量的比值，液气比越大，二氧化硫脱除效果越好，但是能耗也越高，需要进行技术经济评价以选择合适的液气比，通常液气比在 $10L/m^3$（标准状态下）以上，一般能达到 $16L/m^3$（标准状态下）左右。

塔内浆液 pH 值控制在 5.0～5.8，浆液密度为 $1080～1140kg/m^3$，补充石灰石浆液量由塔内 pH 值及出口二氧化硫浓度来控制。

图 11-1　喷淋层和喷嘴实物图

喷淋层通常由主管道、支管道、喷嘴、大梁、支梁等组成，如图 11-1 所示。主管道材质通常为玻璃钢，喷嘴材质通常为不锈钢或者碳化硅材质，梁的材质通常为碳钢，外加防磨保护层。喷淋层的布置要能够增加浆液与气体的接触面积和概率，保证吸收塔横截面能被完全布满，使烟气和浆液能充分接触，$SO_2$、$SO_3$、HF、HCl等气体能被充分吸收去除，并且喷头的角度要合适，不能直接冲刷塔内部件。

由于在吸收塔内的吸收剂石灰石浆液通过循环泵反复循环，多次与烟气接触，吸收剂的利用率是很高的。

2. 湍流层

部分吸收塔在浆液喷淋层下方还设置湍流层，又称托盘层。托盘层的主要作用是在浆液从喷淋层喷出后的下落过程中，使浆液在和烟气反应一段后，落入湍流层或者托盘层，重新分布浆液，再次下落，和烟气再次均匀混合，实现脱硫效率的提高。

在湍流洗涤区中，酸性物质主要包括在灰浆中被吸收的和溶解的 $SO_2$ 和 $SO_3$，将 $SO_2$ 吸收为 $HSO_3^-$，然后 $HSO_3^-$ 被氧化成硫酸盐 $SO_4^{2-}$，并与石灰石发生反应。

湍流层或者托盘都有堵塞风险，同时都会增加系统阻力，导致用电率增加。

3. 吸收塔浆液池

吸收塔最下部的空间在运行中存储着大量的浆液，液位高度一般在 10m 左右，通常叫作吸收塔浆液池。

吸收塔浆液池的主要功能如下：

(1) 完成酸性物质和石灰石的反应；

(2) 通过强制氧化把亚硫酸盐氧化成硫酸盐；

(3) 提供石灰石足够的溶解时间；

(4) 促使过饱和溶液里面的石膏结晶；

(5) 提供石膏晶体充分长大的停滞时间。

吸收塔浆液池应优化设计，保证足够的容量，以确保满足如下条件：

(1) 为石灰石提供充分的溶解时间，确保良好的钙硫比；

(2) 为亚硫酸钙提供充分的氧化时间和氧化空间，确保良好的氧化效果；

(3) 为石膏晶体长大提供充分的停滞时间，确保生成高质量的粗颗粒的石膏晶体，而不是片状或者针状的；

(4) 浆液池容量的设计应保证提供充分的气体固体缓冲容积、确保系统具有良好的耐冲击性和稳定性。

当锅炉原烟气通过吸收塔时，会蒸发带走一部分吸收塔内的水分，石膏结晶也会带走一定的水分，废水排放也会带走一部分水，这样就会导致吸收塔浆液中的固体浓度逐步增大，进而影响反应的正常进行。浆液池的液位由吸收塔的液位控制系统控制，流失的水将通过除雾器冲洗水来补充，同时也通过向吸收塔补充新鲜工艺水来保持液位。吸收塔内的浆液的密度通过调节吸收塔内的石膏浆液的排放量来进行控制。

吸收塔的上部设置有溢流孔，保证浆液池的液位低于吸收塔烟气入口干湿界面的下沿。溢流管道上配备有吸收塔密封箱，它可以容纳吸收塔的溢流液，同时为吸收塔提供了增压保护，保证系统运行的安全稳定。密封箱的液位由周期性补充工艺水来维持。

4. 浆液池搅拌器

浆液池内的浆液为含有多种溶解盐分的水溶液，为了保证这些固态物质能够真正悬浮在浆液中，浆液池周围会安装多台搅拌器，搅拌器的形式一般为侧进式，如图 11-2 所示。

图 11-2　某电厂吸收塔搅拌器外观（左图）和叶轮实物图（右图）

## 二、吸收塔浆液循环泵

吸收塔浆液循环泵安装在吸收塔旁，用于吸收塔内石膏浆液的循环。北方地区通常搭设专门的浆液循环泵房，南方设备多采用露天布置。浆液循环泵通常采用单流和单级卧式

图 11-3　某电厂浆液循环泵实物图

离心泵，包括泵壳、叶轮、轴、轴承、出口弯头、底板、进口、密封盒、轴封、基础框架、地脚螺栓、机械密封和所有的管道阀门及就地仪表和电动机，如图 11-3 所示。

浆液循环泵配有油位指示器、联轴器防护套和泄漏液的收集设备等。配备单个机械密封，不用冲洗或密封水，密封元件配有人工冲洗的连接管。轴承型式为耐磨型。

吸收塔选配的循环泵，应该能保证喷嘴前压力和足够的扬程。吸收塔内浆液液位的设置应考虑泵的吸入性能，确保泵的叶轮背后不气蚀。同时，选择较大的泵入口管管径，可以有效防止气蚀的发生，延长泵的使用寿命。在塔内循环泵入口管路上，通常装设大孔径的过滤器，以防止吸收塔内的杂物被吸入浆液循环泵泵体内，造成泵的损坏和喷淋层喷嘴的堵塞。

浆液循环泵入口管处必须设置入口阀门和放空管道、阀门，出口管处必须设置冲洗水。以便在浆液循环泵停运的时候进行隔离和冲洗等操作，防止浆液沉积、结垢，堵塞管道，造成设备无法再次投运。浆液循环泵应分段供电，确保电源可靠，按照机组负荷、燃煤硫分、$SO_2$ 排放浓度等条件实施节能方式运行。

### 三、氧化空气系统

每套吸收塔的氧化系统由氧化风机、氧化空气喷枪及相应的管道、阀门组成。氧化空气通过氧化空气喷枪均匀地分布在吸收塔底部浆液池中，将 $CaSO_3$ 氧化成 $CaSO_4$，进而结晶析出。

氧化空气系统是吸收系统的一个重要组成部分，氧化空气的功能是促使吸收塔浆液池内的亚硫酸氢根氧化成硫酸根，从而增强浆液进一步吸收 $SO_2$ 的能力，同时使石膏得以生成。氧化空气注入不充分或分布不均匀都将会引起吸收效率的降低，严重时还可能导致吸收塔浆液池中亚硫酸钙含量过高而结垢，甚至发生亚硫酸钙包裹石灰石颗粒使其无法溶解。因此，对该部分的优化设置对提高整个设备的脱硫效率和石膏产品的质量显得尤为重要。

氧化和结晶主要发生在吸收塔浆液池中。吸收塔浆液池的尺寸足够保证提供浆液完成亚硫酸钙的氧化和石膏（$CaSO_4 \cdot 2H_2O$）的结晶的时间。氧化空气入塔前经增湿降温，使氧化空气达到饱和状态，可有效防止分布管空气出口处的结垢。

氧化空气由二台氧化风机提供，通常采用罗茨风机。从空气总管起，各个空气支管在吸收塔外垂直向下接到氧化空气喷枪。该方式尤其适合大尺寸的吸收塔，氧化效果好，布气均匀，氧化空气的利用率高，氧化空气用量少且保证石膏品质。众多工程实践表明，正常运行状况下（除吸收塔维修期间外），一般不必要对其进行清洗。

### 四、除雾器

除雾器用于分离烟气携带的液滴，防止冷烟气玷污 GGH、烟道等。除雾器通常由除雾器本体、冲洗水系统和喷淋系统（包括管道、阀门和喷嘴等）组成，有折线式除雾器、波纹板式除雾器、屋脊式除雾器、管式除雾器、管束式除雾器等形式。

除雾器是利用液滴与固体表面的相互撞击而将液滴凝聚并捕集。气液通过曲折的挡板，流线多次偏转，液滴则由于惯性而撞在挡板上被捕集。经过净化处理的烟气流经两级卧式除雾器，在此处将烟气携带的浆液微滴除去。从烟气中分离出来的小液滴慢慢凝聚成比较大的液滴，然后沿除雾器叶片的下部往下滑落，直到浆液池。经洗涤和净化的烟气流出吸收塔，最终通过烟气换热器升温后经净烟道排入烟囱。

## 第二节　SO₂ 吸收系统设备检修工艺

SO₂ 吸收系统常见的故障包括机务设备故障和系统运行异常，这两个方面的问题都要重点关注。机务设备如浆液循环泵、搅拌器、氧化风机等转动设备都容易出现零部件损坏、润滑油系统故障、冷却水中断、机械密封损坏等情况。

系统运行异常情况主要指系统各监视参数出现异常，比如浆液池内 pH 值过高或者过低，浆液密度过高或者过低，浆液液位过高或者过低，吸收塔各部件前后差压过高或者过低，环保指标频繁超标，浆液补充量过大，增大补浆但是系统 pH 无变化或者降低，脱硫效率降低；根据化验结果观察，脱水后石膏中石灰石含量或者亚硫酸根、亚硫酸氢根浓度过高，浆液中氯离子浓度过高等情况，需要加强调整，认真分析，避免发生浆液恶化情况，同时做到节能和经济。

### 一、浆液循环泵检修工艺和标准

吸收塔浆液循环泵主要由泵壳、叶轮、轴、轴承、机械密封等部件组成。

1. 检修步骤和方法

（1）修前准备：确认各项安全措施已执行。准备好所需的备品、材料、工器具、防护用品。按照平面布置图布置检修场地。

（2）拆卸泵体附属设备：排净泵内液体，将电动机与泵分离。拆除辅助管线及仪表。拆除吸入口管道连接螺母和螺栓。拆除联轴器保护罩及联轴器中间节。锁定机械密封的轴向位置。拆除油杯，包括其管路和放油管路。

（3）泵体的拆卸：

1）泵转子及承载部件的拆卸：用吊环把泵转子吊挂在起重装置，松开托架与泵体之间的螺栓，用起顶螺栓将托架与转子部件（包括叶轮）从泵体上顶出，把泵的转子水平放置于铺有橡胶板的安全空阔地带。注意不得将支架连同拆卸。

2）叶轮的拆卸：依次拆卸叶轮封盖螺栓、叶轮封盖、轴帽垫螺栓、轴帽垫，借助于叶轮安装和拆卸设备，利用叶轮上的拆卸螺纹孔对叶轮进行拆卸。

3) 机械密封的拆卸：拆卸之前先要在套筒凸槽中安装起定位夹。用测规或定距片检查机械密封的轴向间隙，用六角型凹头螺栓拆卸拼合夹紧环，拆除六角型螺母，用顶起螺栓拆除整个机械密封。

4) 后泵盖的拆卸：将吊环安装在后泵盖上预留的螺纹孔内，用吊环把后泵盖吊挂在起重装置上，松开托架与后泵盖之间的连接螺栓，用起顶螺栓将后泵盖与托架分离。

5) 托架的拆卸：松开托架与轴承箱之间的径向锁紧螺栓，松开后轴承端调整杆上的螺母，用扳手反拧夹在托架与轴承箱之间的调整杆螺母将托架与轴承箱分离。

6) 轴承组件的拆卸：拆除前轴承压盖，拆除后轴承压盖，拆除锁紧圆螺母及止动垫圈，将轴从轴承箱中朝后轴承端退出。

（4）各部件的清洗检查：更换腐蚀、磨损严重的叶轮及损坏零件。将轴、叶轮清扫干净。清除泵体结合面的垫子。清扫泵壳及密封室。用百分表测量轴弯曲，要求在规定范围内，必要时进行直轴。清洗检查轴承，必要时更换。检查泵体磨损情况。检查螺栓、螺母的螺纹是否有断扣等损坏现象。若有，应及时修理或更换。

（5）泵的组装：泵的组装顺序按拆卸的反顺序进行。轴沿轴向调整（使叶轮后护板与托架轴承箱密封盖端面的距离符合厂家给定值）。安装机械密封，检查密封装置是否完整、清洁、未损坏。清洁所有的机械支座、密封、装配表面。用合适的润滑剂润滑轴及外壳密封部件。拆卸防护外壳。检查所有相关的机械设备的尺寸，所有的前沿棱角要有正确的导角。沿轴滑动密封装置至合适的位置。均匀适度地拧紧螺栓、螺母及紧固件。用手转动轴，检查其运动的灵活性。组装所有管道、软管及装置。

（6）安装联轴器、找中心：检查联轴器有无裂纹等缺陷。将联轴器加热后套装在轴上。调整地脚螺栓，找中心。紧固地脚螺栓，安装防护罩。添加润滑油至适当位置。检查各部螺栓齐全完整。

2. 检修质量标准

（1）泵壳无明显腐蚀、磨损现象。

（2）各零件完整、无损，经清扫、清洁和刮削后，表面应光滑无锈无垢。

（3）叶轮和轴套晃动度、轴弯曲度、叶轮瓢偏度均符合相关标准值。

（4）机械密封弹簧无卡涩，动静环表面光洁无裂纹、划伤、锈斑或沟槽，轴套无磨损。

（5）泵体出入口密封法兰完好、无泄漏。

（6）叶轮与泵轴向间隙为 2.5～5mm，叶轮入口与泵壳径向间隙在 0.70mm（单边），最大直径不超过 2.10mm。

（7）轴承与压盖间隙为 0.10～0.15mm。

## 二、吸收塔本体检修工艺

1. 吸收塔本体检修步骤、工艺方法

（1）检修前准备：确认各项安全措施已执行。准备好所需的备品、材料、工器具、防护用品。按照平面布置图布置检修场地。

（2）吸收塔本体检修：清除塔内及干湿界面的硬灰垢，塔内塔壁、湍流子、支撑梁积垢清理。用电火花仪检查防腐内衬有无损坏，用测厚仪检查内衬的磨损情况。对塔壁变形及开焊情况进行检查处理。塔壁漏点及防腐层磨损情况做好标记。对损坏的塔壁、防腐层进行修补。塔内钢结构件的腐蚀磨损视情况修补或更换。对各人孔门、测点接口、搅拌器结合面等地方进行检查。

（3）喷淋层检修：

1）全面检查浆液喷淋管道有无断裂、喷嘴有无损坏、堵塞，清理或更换损坏喷嘴。

2）浆液喷淋管道支撑梁有无冲刷损坏的、防腐层有无损坏，若有腐蚀磨损，则进行打磨、补焊。做防腐。

3）拆除浆液循环泵返塔三通处软连接检查管道防腐，从浆液主管道进入检查塔内浆液喷淋支管有无堵塞并疏通，对喷淋管的腐蚀磨损情况进行修补。清理主管内积沙和杂物。

4）对吸收塔内浆液喷头逐一确认有无堵塞情况，确认方法为：拆卸浆液循环泵室外管道后从浆液喷头处感觉有无空气流动。

5）对吸收塔内冲刷塔壁和支撑梁的浆液喷头进行更改方向后重新粘接，经多次粘接后变短的喷头进行加长，粘接牢固可靠。

（4）湍流层检修：

1）检查湍流器无冲刷坏、磨损、堵塞等情况，湍流子无掉落、立起的，导流板无损坏、导流的连接板无开焊。

2）对湍流层下部钢结构检查，若有腐蚀，则进行打磨、补焊。

3）检查湍流器的腐蚀情况。对叶片损坏超过 1/3 的进行更换。对湍流器的聚氯乙烯压板进行检查，脱落、损坏的及时进行更换。

4）湍流层防腐电火花检测，检查发现缺陷后进行打磨防腐。

（5）除雾器检修：

1）冲洗除雾器，除去残余石膏晶体，检查除雾器板有无堵塞，如有堵塞现场分析堵塞原因，进行处理，然后对除雾器板进行冲洗，更换两层除雾器板。

2）检查除雾器板上的固定玻璃钢角钢无断裂，螺栓齐全，对损坏的进行更换。

3）除雾器冲洗水管无断裂、管卡无缺失、管道无变形、玻璃钢角钢无开裂损坏、喷嘴无堵塞脱落、无松动、方向正确。对堵塞或损坏的喷嘴进行清理或更换。

4）对除雾器冲洗水管接口处进行加固，采用 10mm 厚聚丙烯板进行加固，四个方向加固。

5）检查冲洗水管堵头有无开焊。

6）吸收塔内所有检修工作完成后启动除雾器冲洗水泵进行冲洗试验。

（6）氧化风管检修。检查氧化风管道有无堵塞石膏。用水冲洗、疏通氧化风管。检查氧化风管是否有磨损、断裂情况。检查氧化风管支架是否有腐蚀，断裂情况。

2. 检修质量标准

（1）对泄漏部位应及时进行补焊及防腐处理，严重变形部位进行校正，并在检修期间全面检查处理，必要时进行改进性检修。

（2）内衬无针孔、裂纹、鼓泡和剥离。磨损厚度不大于0.5mm。

（3）筒体内壁衬胶平整，无胶皮脱落，各搭接缝光滑无翘起、断裂等缺陷，衬里上应无气泡、夹杂物、裂缝或者其他机械性损伤等缺陷。

（4）梁、支架防腐层完好。

（5）托盘无堵塞，无断裂损坏情况（装有湍流装置的湍流装置各连接螺栓无脱落、磨损情况）。

（6）各人孔门、测点接口、搅拌器结合面应严密无泄漏。

（7）喷淋层牢固无泄漏。

（8）各喷嘴应无阻塞，喷嘴的喷射角度应满足设计要求，喷嘴的喷射范围（径向和垂直距离）都在规定范围内。

（9）除雾器上应清洁无结垢。除雾器应完整无破损。

（10）除雾器冲洗水管喷嘴无堵塞，雾化良好。

（11）氧化风管无堵塞，焊缝及管道无裂纹，抱箍齐全、牢固。

### 三、吸收塔搅拌器检修

脱硫吸收塔搅拌器为斜置皮带传动，主要由齿轮箱、联轴器、搅拌轴、叶轮、轴承、机械密封等部件组成。

1. 检修步骤和方法

（1）检修前准备：确认各项安全措施已执行；备好所需的备品、材料、工器具、防护用品；按照平面布置图布置检修场地。

（2）V形带更换：

1）拆下V形带罩子。放松电动机基座螺栓，缩短中心距。

2）拆下V形带。

3）安装一套新的V形带。上紧电动机基座螺栓，使V形带张力合适。

4）安装V形带罩子。

（3）机械密封装置的拆装：

1）停电并联系电气专业人员将电动机电源线拆除。

2）拆下V形带罩子，放松并拆下V形带。

3）拆除搅拌器叶轮，返厂修复，做无损探伤。

4）安装电动机底板上吊环并拧紧，手动链条葫芦将其保护吊住。

5）在机械密封装置上，将固定片推进导向衬套中并使固定片固定在该位置。

6）旋松卡环，旋松减速箱与搅拌器机壳法兰上的螺母，借助顶丝螺栓将法兰处分开。

7）旋松机封装置法兰上的螺栓，借助顶丝螺栓将机封装置与外壳脱开，并慢慢拔离机封箱。

8）在机封装置位置安装夹紧法兰盘并将其固定在搅拌器轴上及机封装置法兰上。

9）拆下联轴器螺栓，将电动机及减速箱整体吊出，脱离搅拌器。

10) 将搅拌器侧联轴器夹紧螺栓松开并将联轴器从搅拌器轴头抽出。

11) 将机封装置整体从搅拌器轴头抽出。

12) 安装步骤与拆卸步骤相反。

(4) 搅拌器轴跳动值检测：在搅拌器轴的末端安装百分表，盘动搅拌器轴测量并做好记录。

(5) 搅拌器的装配：

1) 检查容器法兰盘的角度偏差。

2) 连接起重装置与吊环螺栓，起吊搅拌机。

3) 将搅拌机轴插入容器中，用螺栓紧固法兰盘。

4) 将叶轮搬运到吸收塔内。

5) 在密封圈的两端涂上符合要求的密封胶水，并将其安装到轴的端部。

6) 安装平键，推上叶轮（注意叶轮方向）。

7) 分别安装密封圈、紧固圆盘、垫圈，旋上端盖螺母并拧紧。

(6) 减速箱的检修：

1) 检查齿轮是否磨损、锈蚀，测量齿侧间隙。

2) 检查更换轴承。

3) 检查更换密封件，注意拆卸时应做好标记。

2. 检修质量标准

(1) 必须更换整套 V 形带。

(2) 保证搅拌器轴上无损伤、沟槽。

(3) 轴跳动值：$X_{max}$（偏心跳动量）$/Y$（轴长）$\leqslant 2‰$。

(4) 轴弯曲度$\leqslant 0.05$mm/m，圆度$\leqslant 0.05$mm/m。

(5) 法兰盘角度偏差：倾角$\pm 0.50$；水平度$\pm 0.20$。

(6) 轴承无锈蚀、磨损及卡涩，晃度、游隙如超标则更换。

(7) 机械密封应完好，动静环密封唇口应无杂质、光滑、严密。

(8) 叶轮保持叶型完整，腐蚀部分不超过原叶片厚度的 1/4。

 **思考题**

1. 二氧化硫吸收的物理过程是怎样进行的？

2. 二氧化硫吸收系统的化学过程是怎样进行的？

3. 二氧化硫吸收系统主要由哪些设备组成？

4. 吸收塔浆液池的设置应考虑哪些因素？

5. 氧化空气系统的作用是什么？

# 第十二章
# 石灰石浆液制备系统

根据各种不同的吸收剂，湿法烟气脱硫可分为石灰石/石膏法、氨法、钠碱法、铝法、金属氧化镁法等，每一类型又因吸收剂不同，工艺过程多种多样。湿法脱硫使用最广泛的吸收剂为石灰石，本章以石灰石为例进行介绍。石灰石浆液制备系统主要功能是将石灰石送到湿式球磨机内进行研磨、配比制成合格的石灰石浆液，经石灰石浆液给料机送至各吸收塔。

## 第一节　石灰石浆液制备系统组成

采用湿式球磨机的石灰石浆液制备系统主要由石灰石储料仓、称重皮带给料机、斗式提升机、湿式球磨机、湿磨浆液槽（含搅拌器）、浆液再循环泵、石灰石浆液旋流分离器、石灰石浆液中间储存箱（含搅拌器）、浆液输送泵等设备组成。

外购的石灰石块由装载车直接倒入卸料斗，经振动给料机送至斗提机，经带式输送机由卸料器卸至石灰石碎石仓，再经秤重给料机送至湿式球磨机进行研磨。湿式球磨机中磨成的浆液自流至湿磨浆液槽，然后由再循环泵抽吸至旋流分离器。旋流分离器底流大尺寸的物料再循环至湿式球磨机入口，而符合要求的物料则溢流至石灰石浆液中间储存箱中，再由浆液输送泵送至各台机组的浆液槽。湿式球磨机的补水通常来自脱水车间的滤液水箱，如水质差或不够用，可以补充少量的工艺水。系统工艺流程见图12-1。

### 一、石灰石卸料及储存系统

石灰石浆液制备用石灰石原料通常外购，其要求为：石灰石纯度以 $CaCO_3$ 计为 94.25%（以 $CaO$ 计为 52.78%），粒径≤10mm，含水率<1%。

石灰石的运输采用汽车运输，汽车将粒度≤10mm 的石灰石原料倒入卸料斗，料斗上部有振动钢篦，防止大粒径的石灰石进入。卸料斗中的石灰石原料由振动给料机给送到刮板输送机，经刮板输送机给送到斗式提升机；经斗式提升机给送到刮板输送机；再由刮板输送机输送到石灰石储料仓。

石灰石储料仓设计容量按所需石灰石耗量设计，本体一般为碳钢结构，内衬高密度聚乙烯。石灰石仓底部成"锥形"，在出料口下部使用空气炮或者流化板（流化风经电加热器加热后输送至流化板），防止下料堵塞。每个出料口配有关断装置。在料仓的顶部安装有密封的检查门、压力真空释放阀、布袋除尘器和料位计。

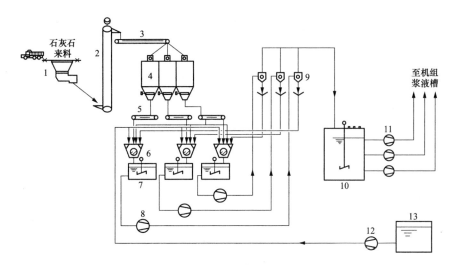

图 12-1　石灰石浆液制备系统工艺流程图

1—振动给料机；2—斗式提升机；3—皮带输送机；4—石灰石储料仓；5—称重给料机；
6—湿式球磨机；7—湿磨浆液槽；8—浆液再循环泵；9—旋流分离器；
10—浆液中间储存箱；11—浆液输送泵；12—滤液水泵；13—滤液水箱

## 二、石灰石浆液磨制系统

来自石灰石储料仓的石灰石经称重给料机计量后进入湿式球磨机，同时磨机内按比例加入来自石膏脱水系统的混合液，研磨后球磨机的溢流自流到湿磨浆液罐，然后由湿磨浆液泵输送到石灰石浆液旋流分级站，含有粗颗粒石灰石的旋流分级底流返回湿式球磨机入口，而旋流分级后的溢流则作为产品流入石灰石浆液中间槽。经过磨制后的石灰石浓度为25%（质量百分浓度），粒度为−325目占90%以上。

石灰石球磨机是一种低速球磨机，它的转速为 15～25r/min。它利用低速旋转的滚筒带动筒内钢球运动，通过钢球对石灰石块的撞击、挤压、研磨，实现石灰石块的破碎。球磨机的磨碎部分是一个圆筒。筒内用锰钢护甲做内衬，护甲与筒壁间有一层石棉衬垫，起隔声作用。球磨机筒体内装载了一定数量直径的钢球和被磨物料及适量的水，并按工艺要求对物料、水和研磨体进行适当的匹配。电动机经过变速箱带动圆筒产生旋转运动，研磨体受离心的作用，贴在筒体内壁与筒体一起旋转上升，当研磨体被带到一定高度时，由于受到重力作用而被抛出，并以一定的速度下落，通过钢球对石灰石块的撞击以及钢球之间、钢球与护甲之间的挤压，把石灰石磨碎，和来自石膏脱水系统的混合液搅拌混合成浆液。

球磨机配备有全套驱动系统，包括电动机、减速器和用于检修时慢速转动的空气离合器、轴承和润滑系统（含油冷却设备）。润滑油系统能确保油泵故障时，在磨机停运过程中轴承不会损坏；在所有运行条件下，甚至是在启动时都能保证足够的润滑，磨机采用了高压油泵；磨机齿轮和齿杆配备有自动润滑系统。

水力旋流器（见图 12-2）作为一种常见的分离分级设备，其工作原理是离心沉降。当

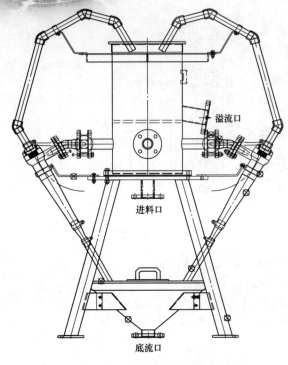

图 12-2  水力旋流器总装图

待分离的两相（或三相）混合液以一定压力从旋流器周边切向进入旋流器内后，产生强烈的三维椭圆形强旋转剪切湍流运动。由于粗颗粒（或重相）与细颗粒（或轻相）之间存在着粒度差（或密度差），其受到的离心力、向心浮力、流体曳力等大小不同，受离心沉降作用，大部分粗颗粒（或重相）经旋流器底流口排出，而大部分细颗粒（或轻相）由溢流管排出，从而达到分离分级的目的。应用于固液分离、液气分离、固固分级、固固分离、液液分离、液气固三相分离。为防止旋流器底流管被大颗粒堵塞，旋流器组安装有过滤器，过滤器采用不锈钢。每台磨机配置一组石灰石浆液旋流器站，并满足石灰石浆液细度的要求。每组石灰石浆液旋流器的溢流浆液进入石灰石浆液池。石灰石浆液的浓度控制在 20%～30%（质量百分比）。

### 三、石灰石浆液输送系统

石灰石浆液输送系统设石灰石浆液中间槽、石灰石浆液输送泵将制备好的石灰石浆液输送到吸收塔、石灰石浆液贮存槽、事故浆液槽以及配浆槽。

## 第二节  浆液制备系统维护和故障处理

为保证石灰石浆液制备系统的稳定运行，要经常进行检查、巡视，发生设备异常时，应综合参数变化及设备异常现象正确判断和处理，防止设备隐患扩大。石灰石浆液制备系统常见故障可分为给料设备故障、湿式球磨机设备故障及石灰石供给系统故障。

### 一、石灰石浆液制备系统日常维护检查项目

1. 石灰石卸料系统运行中的检查及注意事项

（1）电动机无异常响声、振动不超限，温度正常。

（2）液力耦合器无漏油、喷油现象，转动正常。

（3）减速器运行中无漏油、无异常响声、振动不超过规定值、温度正常。

（4）联轴器运行中应无异声、无径向跳动和轴向窜动。

2. 石灰石给料系统运行中的检查及注意事项

（1）主动滚筒运转正常，无异常响声，无粘料，滚筒包胶无开裂、脱落。

（2）改向滚筒运转正常，无异常响声，滚筒包胶无开裂、脱落。

（3）皮带无跑偏、打滑、撕裂或断裂现象。

（4）托辊应转动灵活，无异声，自动调心托辊无卡涩现象。

（5）皮带支架无变形、松动。

（6）皮带机运转 30min 后，检查电动机、减速器、轴承座温度正常、振动正常，电动机电流显示正常。

3. 湿式球磨机运行中的检查及注意事项

（1）不给料时，湿式球磨机运转时间不能超过 30min，以免损伤衬板，消耗介质。

（2）均匀给料是湿式球磨机获得最佳工效的重要条件之一，因此运行人员应保证给入石灰石料的均匀性。

（3）定期检查湿式球磨机筒体内部的衬板和介质的磨损情况，对磨穿和破裂的衬板应及时更换，对松动或折断的螺栓应及时拧紧或更换，以免磨穿筒体。

（4）经常检查和保证各润滑点（包括主轴承密封环处）有足够和清洁的润滑油脂，对稀油站的回油过滤器每月至少清洗一次，每半年要检查一次润滑油的质量，必要时更换新油。

（5）检查湿式球磨机大、小齿轮的啮合情况和把合螺栓是否松动。

（6）减速器在运转中不允许有异常的振动和声响。

（7）根据进入湿式球磨机物料及产品粒度要求调节钢球加入量及级配，并及时向湿式球磨机内补充钢球，使湿式球磨机内钢球始终保持最佳状态，补充钢球为首次加球中的最大直径规格（但如果较长时间没有加钢球也应加入较小直径的钢球），补加钢球时应根据球磨机电动机电流进行，保证电流在合格范围内。

（8）湿式球磨机联轴器和离合器的防护罩及其他安全防护装置应完好可靠，并在危险区域挂警示牌。

（9）湿式球磨机在运转过程中，不得进行任何机体拆卸检修工作。当需要进入筒体内部工作时，必须事先与有关人员取得联系，做好安全措施及监控措施。如果在湿式球磨机运行时观察主轴承内部情况，应特别注意防止被端盖上的螺栓擦伤。

（10）主轴承及各油站冷却水用量以湿式球磨机轴承温度不超过 60℃、湿式球磨机主电动机轴承温度不超过 90℃为准，可以适当调整。

（11）必须精心维护设备，做到不漏水、不漏浆、无油污、螺栓无松动、设备周围无杂物。

（12）运行中电流摆动且大于正常值较多，要及时就地检查，若倾听其有较大的金属撞击声，则可能是内衬护甲（又称波浪瓦）脱落，要及时停运。办理工作票入内检查、恢复处理。若单纯有较大的金属撞击声且电流稍有增大，则为磨内物料过少，要及时添加石灰石量。

（13）润滑油系统和管道流体的流速、压力、油位正常，无泄漏现象。

（14）运行中球磨机大齿轮喷油装置动作正常、油位正常。

## 二、称重皮带给料机常见故障及处理

1. 皮带跑偏

（1）滚筒不平行。需调整丝杆。

（2）皮带严重磨损。更换皮带。

2. 给料量大

皮带运行异常。调整传动滚筒转速。

3. 给料量小

插板门开度小。调整插板门开度。

## 三、斗式提升机常见故障及处理

1. 回料现象

机头出口的卸料舌板安装不合适。及时调整舌板位置。

2. 异响

（1）尾部壳体底板和料斗相碰。调整链条长度。

（2）头轮和链条啮合不良。修正齿形或更换头轮、链条。

（3）导轮轴承损坏。需更换轴承。

（4）驱动链条打滑。调整链条长度。

3. 链条摆动

（1）链条和壳体相互干扰。调整链条长度及对壳体整形。

（2）头、尾链轮齿形不对。校正头、尾链轮齿形。

4. 牵引构件打滑

（1）牵引构件（链条）过长。调整减速机与链轮距离。

（2）头轮磨损过大。更换头轮。

（3）牵引机构（链条）磨损过大。更换链条。

## 四、湿式球磨机常见故障及处理

1. 轴瓦融化或烧伤

（1）润滑油中断或供油量太少。检修润滑系统，增加供油量。

（2）润滑油污染或黏度不合格。清洗轴承和润滑装置，更换润滑油。

（3）油槽歪斜或损坏，油流不进轴颈或轴瓦，油环不转动，带不上油来。检修油槽、油环，刮研轴颈和轴瓦间隙。

（4）冷却水少，或水温过高。增加冷却水量或降低供水温度。

2. 齿轮或轴承振动及噪声过大

（1）齿轮磨损严重。修理、调整或更换齿轮。

（2）齿轮啮合不良，大齿圈跳动偏差过大。修理、研配轴承轴瓦。

（3）齿轮加工精度不符合要求。调整轴承。

（4）大齿圈的固定螺栓或对口连接螺栓松动。紧固所有螺栓连接。

（5）轴承轴瓦磨损严重。需更换。

（6）轴承座连接螺栓松动。需紧固。

3. 球磨机启动不起来或启动时电动机过载

（1）回转部位有障碍物。检查清除障碍物。

（2）电气系统发生故障。检修电气系统。

（3）长期停车，球磨机内物料和研磨体未清除，潮湿物料结成硬块，启动时，研磨体不抛落，加重电动机负荷。从球磨机中卸出部分研磨体和物料，对剩下物料和研磨体进行搅浑、松动。

4. 电流显示异常，出料少，磨头返料

（1）喂料量过多，粒度过大。调整供料量至合适程度。

（2）物料水分大，篦子堵塞。降低物料水分，清除篦孔堵塞物。

（3）钢球配比不当。调整钢球配比。

5. 出力低

（1）喂料过少或过多。调整供料量至合适程度。

（2）喂料机溜槽堵塞或损坏，或入料螺旋筒叶片磨损。应检查修理。

（3）研磨体磨损过多，或数量不足。应向球磨机内补充研磨体。

（4）衬板安装方向有误。重新安装衬板。

（5）通风不良或篦孔堵塞。清扫通气管或篦孔。

6. 球磨机内温度过高

（1）入磨物料温度过高。降低物料温度。

（2）筒体冷却不良。加强筒体冷却。

7. 橡胶衬板连接螺栓处漏料

（1）衬板螺栓松动或折断。拧紧或更换螺栓。

（2）衬板磨损严重。修理或更换衬板。

（3）密封垫圈磨损。更换垫圈。

（4）筒体与衬板贴合不严。应使其严密贴合。

8. 传动轴及轴承座连接螺栓断裂

（1）传动轴的联轴器安装不正确，偏差过大。重新将联轴器安装调整好。

（2）传动轴上负荷过大。预防过载发生。

（3）传动轴的强度不够或材质不佳。更换合格的传动轴。

（4）大小齿轮啮合不良，特别是齿面磨损严重，振动剧烈。正确安装齿轮，当齿轮磨损到一定程度时应及时修理或更换。

（5）轴承安装不正，或其连接螺栓松动（或过紧）。将轴承安装调正，更换螺栓，拧紧程度合适。

9. 球磨机振动和轴向窜动异常

(1) 基础局部下沉，引起磨机安装不水平。停机处理，可加垫调整下沉量，使之水平。

(2) 基础因漏油侵蚀，地脚螺栓松动。将被油侵蚀的二次灌浆层打掉，并重埋地脚螺栓，然后调好磨机，再拧紧地脚螺栓。

10. 球磨机电流不稳定

(1) 球磨机内装载量过大。调整装载量，使之合适。

(2) 轴承润滑不良。调整润滑系统。

(3) 传动系统过度磨损或发生故障。检查、修理轴、轴承、齿轮等传动件。

(4) 衬板沿圆周质量不均匀。调整衬板。

## 第三节　石灰石浆液制备设备检修工艺

为了确保检修维护质量，保证石灰石浆液系统的可靠性和效率，各级检修人员应熟悉系统和设备的原理、结构和性能，熟悉相关检修工艺和质量要求，并掌握与之相关的理论知识和基本技能。

### 一、球磨机检修工艺

1. 传动齿轮检修

(1) 拆开联轴器保护罩。

(2) 拆开联轴器螺栓。更换有缺陷的联轴器螺栓。

2. 检查大牙轮及其连接螺栓

(1) 将固定在大牙轮罩上的干油喷射装置上的油管、空气管活节拆掉，对大牙轮密封罩进行编号，然后拆除固定螺栓，把齿轮罩清洗干净后放在合适地点。

(2) 检查齿轮有无裂纹、掉齿、起皮、毛刺、斑痕、凹凸不平等缺陷，检查齿轮的磨损情况。

(3) 用塞尺测量大小齿轮顶部间隙和背部间隙。

(4) 修整齿面棱脊和压挤变形处。

(5) 用锤击法检查大牙轮（两半）接合面及大齿与大罐法兰接合面的紧固螺栓是否牢靠，有裂纹及缺失的螺栓要补齐。

3. 更换大牙轮或翻面使用

(1) 将新齿轮各扇在地面上预装，用齿轮样板或卡尺校验新齿轮各部尺寸，检查螺栓孔销位置是否与原齿轮相同。

(2) 清理新齿轮上面的防锈漆，修理工作面毛刺，用红丹油检查新齿轮两半扇接触情况。

(3) 将大牙轮的接合面转至水平位置，用起重工具吊好上半扇。

(4) 拆卸上半扇紧固螺栓，掉出大牙轮上半扇，牢固放置在指定地点。

（5）将新齿轮的一半吊起装到大罐上（旧齿翻面即把齿轮的非工作面翻转到工作面），并初步固定在大罐上。

（6）转动大罐，将下半部未更换或翻面的半齿轮转到上部，依照上述步骤将新齿轮另一半换上。

（7）在拆装过程中，齿轮与法兰接合面上的油泥、锈皮、毛刺应清理干净。

（8）用塞尺检查大牙轮两半扇对口接合面的接触情况并做好记录。

（9）穿入两半扇齿轮接合面的定位销（大牙轮与大罐法兰接合面的定位销暂穿），然后装入大牙轮对口接合面及大罐法兰接合面的连接螺栓并紧固。

（10）利用两个千分表测量齿轮的轴向及径向晃动，将大牙轮分成10等份，启动慢速驱动盘车转动大罐，逐个测量10等份处的轴向及径向晃动数值（共作2～3次测量，以便核对结果），并做好记录。

（11）调整大牙轮轴向和径向晃动符合要求后，安装大牙轮与大罐接合面定位销，如销孔不符合，可重新铰孔。

（12）大齿圈定位销螺栓装配好后，紧固所有接合面螺栓并加并帽。

4. 检修小齿轮及轴承

（1）拆卸传动轮轴承座上盖螺栓、端盖螺栓，拆卸传动轮齿轮罩，拆掉的零部件要妥善保管，以免丢失。

（2）拆开小齿轮联轴器，做好联轴器中心原始测量记录，用起吊工具将小齿轮吊出放在指定地点。

（3）用汽油清洗传动轮轴承、轮齿和轴颈，清洗轴承上盖、轴承端盖上的油泥污垢。

（4）传动轮未吊出之前要测量轴承间隙。

（5）检查轴承及其磨损情况。

（6）检查轴承径向间隙和轴向间隙。

（7）检查传动轮磨损情况。

（8）修整齿面棱脊和挤压变形处。检查小齿轮硬度。

（9）检查轮轴有无裂纹、断裂，如运行中有异常情况，则应测量轴的弯曲度和轴颈圆度、圆锥度。

5. 传动轮更换轴承

（1）拆卸联轴器，联轴器的零部件要妥善保存，以免丢失。

（2）用拉马将旧轴承拉出。

（3）检查新轴承有无缺陷，测量轴承间隙并做好记录，安装时应将轴承型号一侧放在外部，以便检修时查找轴承型号。

（4）测量轴承内圈与轴颈的配合尺寸。

（5）清理轴颈，用细砂布或油石打掉轴颈上的毛刺和铁锈，在轴颈上抹上机油。

（6）新轴承尺寸校验好后，用轴承加热器进行加热。完毕后迅速将轴承套在齿轮轴装配位置并紧靠轴肩，待其自然冷却。冷却后轴承应转动灵活。

（7）安装传动轮轴套、联轴器等部件。

6. 组装传动轮

（1）用起吊工具将组装好的小齿轮吊至轴承座上就位，注意不得碰伤轴承。

（2）用压铅丝法测量轴承与轴承座的轴向间隙和径向间隙，若与规定值不符应进行调整直至符合标准。

（3）小齿轮轴承间隙压好后应进行记录，并给轴承加入适量二硫化钼，然后扣上小齿轮轴承上盖。

（4）用塞板、塞尺测量大小齿轮啮合的顶隙、背隙之差，找正小齿轮。

（5）用红丹油法检查大小齿轮啮合情况，要求大小齿轮啮合面积沿齿高和齿长方向均不少于 75%。

（6）安装齿轮密封罩，其齿轮罩应完整无扭曲现象，罩上的连接螺栓应完整牢固，法兰结合面要加石棉垫以保证密封罩严密不漏油，此外还应调整密封罩与齿轮的各部间隙，以保证密封罩不与齿轮相碰。

7. 减速机检修，减速机箱体的拆卸

（1）拆卸减速机箱体结合面及轴承压盖螺栓并检查。

（2）吊下减速机上盖放到准备好的道木上。

（3）检查减速机箱体和箱体结合面。

（4）检查大、小齿轮。

（5）减速机上盖吊起后，应测量箱体结合面垫子和轴承端盖结合面垫子，做好原始记录。

8. 减速机齿轮的检查与检修

（1）清洗大小齿轮并逐个进行检查。

（2）用齿轮卡尺测量轮齿的磨损情况。

（3）用磨光机修整齿面棱脊和挤压变形处。

（4）检查齿轮的啮合情况，啮合面不符合标准时应检修或更换。

（5）检查大牙轮的平衡质量，大牙轮上的平衡质量不得有松动和脱落，紧固螺栓应点焊牢固。

（6）吊起大、小齿轮，放在指定位置。

9. 减速机联轴器的检查

检查联轴器螺栓是否有裂纹和丝扣损坏现象。

10. 拆装减速机联轴器

（1）把拆卸工具（拉马）安装到联轴器上固定牢固，用火焰将联轴器加热到 200～300℃，旋转拉马将联轴器快速拆下。联轴器拆下后不许浇水冷却，应待其自然冷却。

（2）检查新联轴器有无缺陷，并校验尺寸。

（3）弹性联轴器要求螺栓孔与胶皮孔的同心度偏差不大于 0.2mm。

（4）用细砂布或油石打掉轴颈上和联轴器轴孔的锈垢、凸棱、毛刺。

（5）检查联轴器公差配合符合要求后，用乙炔火焰将联轴器加热到 200～300℃。

（6）将加热的联轴器迅速装在轴上，待其自然冷却。冷却过程中，应安排专人盘动联轴器轴以防止轴弯曲，联轴器的楔形键必须打紧，以防松动。

11. 减速机轴承的检查

（1）检查轴承内的润滑油。

（2）用汽油清洗轴承，检查轴承内、外圈及滚珠有无锈蚀、裂纹和起皮现象。

（3）检查轴承保持架。

（4）检查轴承的旋转情况。

（5）用百分表或压铅丝法测量轴承的径向间隙和轴向间隙。

（6）检查轴承内圈与轴的紧固情况，轴承内圈与轴配合不得松动。如果有松动必须用涂镀的方法对轴进行再加工，而不许采用冲子打点或滚花的方法消除。

（7）检查轴承外圈与轴承座有无相对滑动痕迹，若有相对滑动，应在压间隙时特别注意其径向间隙。

12. 减速机轴承的更换

（1）用专用拉马将旧轴承从轴上取出（联轴器侧的轴承需要先把联轴器拉掉），然后用细砂布将轴承装配部位的毛刺打掉。

（2）检查轴颈的圆度和圆锥度。

（3）检查更换轴承端盖密封填料。

（4）将新密封填料、橡胶圈、弹簧圈牢固地套在轴承端盖内，以防止漏油。

（5）测量新轴承径向、轴向间隙并做好记录，检查轴承内圈与轴的配合情况。

（6）用机油或轴承加热器将轴承加热，然后吊起轴承迅速套在轴承装配部位，使无型号端紧靠轴肩，待其自然冷却。

13. 减速机箱体清理、油管检修

（1）将减速机箱体积存的油抽尽，再用干净无棉毛白布将油污擦拭干净，然后用汽油进行清洗，最后用面团将油箱内的细小杂物沾净。

（2）减速机各油管畅通。

14. 减速机组装

（1）将减速机箱体结合面的涂料清除干净，试扣减速机上盖一次，检查结合面在未紧固螺栓时的接触情况。接触情况达不到此要求时，应对上下结合面着色对研后进行刮削（此步骤在更换新箱体时进行）。

（2）安装齿轮下润滑喷嘴，依次吊起大、小齿轮就位。吊装应缓慢，不能碰伤齿轮和轴承。

（3）用压铅丝法测量大小齿轮的啮合间隙。

（4）在齿轮工作面涂上红丹粉检查齿轮啮合情况。

（5）将减速机轴承端盖装好，用塞尺或压铅丝法测量滚动轴承的轴向间隙。

（6）扣上盖前，用压铅丝法测量各轴承的径向膨胀间隙，以确定结合面垫子的厚度。

（7）在齿轮和轴承上淋上适量机油，以保持齿轮、轴承润滑，以防生锈，最后扣减速机上盖。

（8）装定位销，校正上盖位置，然后对角上紧结合面螺栓及各端盖螺栓。

15. 油站检修

(1) 将油泵解体，检查油泵外壳及螺栓。

(2) 用塞尺测量各部配合间隙及齿轮啮合间隙。

(3) 检查齿轮磨损情况。

(4) 检查齿轮啮合的齿顶间隙和齿侧间隙。

(5) 检查齿轮啮合面积，超标时应进行检修更换。

(6) 检查齿轮与轴、联轴器与轴的配合应无松动。

(7) 油泵外壳与端盖应严密，加装密封垫片保证不漏油。

(8) 油泵与电动机连接的联轴器螺栓应修理完好，联轴器校正合格后拧紧各部螺栓。

(9) 油泵检修完后用手盘动油泵应转动灵活无杂音。

16. 顶轴油泵检修

(1) 检查油泵运行是否正常，出口油压能够达到规定值。

(2) 泵体无裂纹，渗漏油现象。

(3) 更换新油泵。

17. 冷却器检修

(1) 油侧清洗：将芯子放在盛有 3%～5%磷酸三钠溶液的铁箱内，加热至沸腾，保持 2～4h，再吊出芯子用凝结水冲洗干净。用化学试剂检验应无碱性反应。

(2) 水侧清洗：可以采用高压水冲洗，也可以采用铜条和刷子进行人工捅刷。

(3) 冷油器芯子清洗完毕后，即可进行回装。回装时要仔细检查冷油器内部是否有杂物，然后装好法兰结合面垫子，对正法兰印记，对称拧紧结合面螺栓。

(4) 进行水压试验。冷油器安装完毕后必须进行水压试验，试验时可以打开入口冷却水门顶压至规定值保持 15min，然后打开冷油器筒体堵头仔细检查油侧是否有积水。

18. 滤油器检修

(1) 滤油器内的滤芯取出后可以用热水冲洗，并用压缩空气吹净。实在无法清洗应及时进行更换。

(2) 滤油器的工作状态应时刻进行监视，如进出口压差超过标准值，应立刻解体进行清洗。

19. 润滑油管道检修

(1) 为了消除油管道渗漏，在检修前必须记录运行中渗漏的地方，以便在检修中消除缺陷。

(2) 油系统所用的垫料多采用隔电纸垫、耐油橡胶石棉垫。使用隔电纸垫时应涂以漆片；用耐油橡胶石棉垫时两侧要涂少量机油，以便今后拆除。

(3) 油管道可以用蒸汽进行冲洗。

(4) 油管吹洗干净后，应在油管内喷上干净的机油，用干净的塑料布或牛皮纸将管口封好。

20. 油箱及油箱附属设施的检修

(1) 油箱在每次大修或油质恶化更换新油时，都应把油箱内的油全部放出，进行彻底清扫，其清扫方法如下：打开油箱人孔盖，用油泵将油箱内的机油全部打出。然后打开底部放油门，用热水把沉淀的油垢杂质冲洗干净。工作人员穿上耐油胶鞋和专用工作服，从人孔下去，用磷酸三钠或清洗剂擦洗，直到污垢全部清除后，再用干净无棉毛的白布擦洗，为了除去油箱内部杂物，还要用面粉将内壁仔细粘一遍。

（2）检查油箱内防锈漆是否完好，如发现脱落严重，应重新涂上防锈漆，以防油加速氧化。

（3）拆除油箱表面油位计，用磷酸三钠将油位计清洗干净。

（4）油位浮子应认真清洗，确保动作灵活，浮球不漏气。

21. 检修质量标准

（1）出入口弯头护板、螺旋套管磨损至其原厚度的 1/2～2/3 时，必须进行更换或挖补。

（2）橡胶衬体磨损超过其原厚度的 1/2～2/3 时必须更换橡胶衬板。

（3）筒体水平度符合标准值。

（4）垫铁完整、无松动和短缺现象。

（5）地脚无松动现象。

（6）轴颈面不平度及圆锥度符合标准要求。

（7）轴瓦与轴应接触良好，用红丹粉检验时接触面应达到 70% 以上。

（8）轴瓦与轴径的接触点至少应达到 75%。

（9）入口螺旋套管、出口旋转滤网磨损至其原厚度的 1/2～2/3 时，必须进行更换。

（10）用煤油或汽油将钨金瓦表面清理干净，检查钨金有无裂纹、砂眼及烧损现象；用渗油法检查钨金瓦有无脱壳现象，发生 25% 以上的面积剥落或有其他严重缺陷时，必须补焊或重新浇注；检查瓦顶间隙、侧间隙，使其在合格范围内。

（11）大小齿轮啮合齿顶间隙应在标准值以内。

（12）大小齿轮的啮合面沿齿全长方向 >65%，齿高方向 >50%。

（13）大齿轮与大罐端盖法兰结合面的间隙 <0.15mm。

（14）传动轮中心线平行度 <0.5mm，水平公差 <0.35mm/m。

（15）主动齿轮与从动齿轮间隙应在要求范围之内。

（16）主动齿轮与从动齿轮的啮合面，沿齿面方向或全长方向 ≥75%。

（17）润滑油系统清洗干净后作 30min、$6kg/cm^2$ 水压查漏试验，应严密不漏水。

（18）钢球充满度、尺寸配比符合设备厂家要求，运行后电流达到规定值。

## 二、立式离心泵检修

1. 泵的解体检修步骤

（1）拆卸托架和电动机支架连接螺栓，脱开联轴器螺栓。吊下电动机并放至安全位置，拆卸井口法兰螺栓，将泵体整体吊出放至检修场地。

（2）拆卸泵体、叶轮、泵盖，检查叶轮密封环与泵体密封环的间隙，检查轴承与主轴的配合间隙。

（3）脱开主轴与传动轴的连接，检查主轴的弯曲与转子的径向圆跳动情况。

（4）拆卸托架与联轴器对轮，检查轴承外圈与轴承箱压盖间隙。

（5）拆卸并清洗检查轴承，根据检修前轴承运行数据决定是否更换，测量传动轴的弯曲情况并检查传动轴与轴承的配合间隙。

（6）设备组装，按拆卸相反顺序进行，装配用所有零部件的毛刺都要清除干净。检查各轴承的配合间隙。检查轴承盖与轴承的轴向窜量。更换设备所有 O 形圈、密封垫片、填料盘根。

2．检修质量标准

（1）各部位的连接螺栓无松动，管路无泄漏。

（2）检查泵的振动是否符合标准。

（3）轴弯曲度、轴承间隙符合相关标准。

（4）联轴器对中符合相关标准。

（5）泵内及出入口管内无异物。

### 三、石灰石浆液输送泵

1．设备解体步骤

（1）将电动机联轴器罩壳螺栓拆除，取下罩壳，然后将联轴器螺栓拆除。

（2）拆除水泵与电动机的连接柱销或将皮带卸下。

（3）取下进出口短管。

（4）用扳手将泵盖与泵体的连接螺栓拆除，并将泵盖吊离泵体，放置在一个指定的场地。

（5）用一根刚度较大的钢管或铁棒塞入叶轮的通道内，另一端支承于地面，将专用套筒套在轴颈上。然后逆时针转动轴，使叶轮从轴上旋出。

（6）将密封箱固定机械密封的螺栓拆除，将机械密封组件全部拉出。

（7）用手锤和铜棒敲击轴套，使其向外逐渐退出，将轴承组件与托架间的 4 只压紧螺栓及轴承组件轴向位置调整螺栓拆除，然后，将轴承组件抽出，水封环取出。

（8）用钩形扳手将轴承组件的锁紧螺母拆除。卸下前后端盖的螺栓，用一根橇棒橇松端盖，然后将迷宫轴套与端盖一起拉出。

（9）用铜棒作软垫敲击泵轴使其向后移动直到一侧轴承完全从轴承箱中退出，然后将泵轴从轴承箱中退出。

（10）用加热法均匀加热泵轴上的轴承和润滑油挡圈，然后将两者与泵轴分离。

（11）将泵盖上的前护板定位楔退出，将泵盖的进口朝上放在地上，用铜棒作软垫敲击前护板使之与泵盖分离。然后将后护板的 4 个螺栓的螺母拆除，敲击螺栓的端部直至后护板分离。

（12）在密封箱和泵体上作原始定位标记，松开密封箱固定在泵体上的螺栓，然后用铜棒作软垫敲击密封箱，使其向前逐渐移动直至与泵体分离。

2. 零部件检查

（1）检查泵出口扩压短管内衬橡胶的损坏情况，严重的应予以更换。

（2）检查管接头楔形橡胶密封圈，材质老化的应予以更换。

（3）用柴油清洗泵盖及泵盖的前后护板，检查的后护板表面的磨损，护板磨损严重的应予以更换，泵盖出现裂纹的应予以更换。

（4）叶轮护套内壁清洗并检查其磨损，护套内壁和出口处磨损严重的应予以更换。

（5）叶轮清洗后检查其叶片和流通截面，叶片和截面磨损严重的应予以更换。

（6）用柴油清洗轴套，然后检查轴套表面。

（7）用柴油清洗轴承和迷宫密封环，然后检查轴承的滚柱，内、外圈和迷宫密封环。

（8）后泵壳清洗并检查其表面，如表面出现裂纹应予以更换。

（9）托架凹槽清洗后检查其中心直线度，然后对凹槽的表面及托架进行检查。

（10）用柴油清洗泵轴，然后对轴承部位、挡油部位和键槽的表面进行检查，用涂过油的细砂纸打磨泵轴表面和键槽表面。检查轴头螺纹。

（11）轴承组件装配，预热轴承内圈至规定值后装至轴上。轴承内圈必须靠紧轴肩或挡圈。装配时用调整轴承端盖处的垫来保证轴向间隙，轴承间隙值应符合要求。

（12）泵头部分组装，用抹布清理泵轴表面，并在轴表面涂上润滑脂，有拆卸环的先装入拆卸环，然后装入轴套及机械密封组件。将泵体后护板的密封圈嵌入密封槽内并使之平整后将后护板与泵体连接并用螺栓紧固。旋入并旋紧叶轮，将机械密封与轴套锁紧螺栓紧固，拆除机械密封的压片。检查并清理的结合面，更换密封件，然后将护套装入固定，装入前护板及泵盖，用螺栓将泵盖与泵体连接。

（13）将出口扩压管用管道连接器与排出管连接。将进口端与水管用法兰连接并将螺栓均匀地紧固。

（14）叶轮的间隙调整，松开压紧轴承组件的螺栓，拧调整螺栓上的螺母，使轴承组件向前移动，同时用手转动轴按泵转动方向旋转，直到叶轮与前护板摩擦为止。对于金属内衬泵则将前面刚拧紧的螺母放松半圈。再将调整螺栓上前面的螺母拧紧，使轴承组件后移至适当位置。

3. 检修质量标准

（1）泵壳应无明显腐蚀、磨损现象。

（2）各部件检查应完整、无损，经清扫、清洁和刮削后，表面应光滑无锈无垢。

（3）叶轮和轴套晃动度、轴弯曲度、叶轮瓢偏度、密封环与叶轮径向间隙、轴向间隙符合要求。

（4）机械密封弹簧无卡涩，动静环表面光洁无裂纹、划伤、锈斑或沟槽。

（5）轴套无磨损，表面粗糙度符合出厂标准。

（6）泵体出入口密封法兰完好不泄漏。

（7）叶轮与泵轴向间隙，叶轮入口与泵壳径向间隙符合要求。

### 四、湿磨浆液罐搅拌器

1. 搅拌器的拆装

（1）搭设起吊用龙门架，将钢丝绳固定在电动机起吊环上，用手拉葫芦起吊。

（2）拆下减速机输出轴与搅拌器轴联轴器螺栓及减速箱与搅拌器支架的螺栓。

（3）将电动机及减速箱整体吊出，移至检修场地，下面铺垫橡胶板。

（4）拆除搅拌器支架及底部叶片。

（5）松开轴承盖板的螺栓及锁紧螺母，起吊，将轴抽出，取下联轴器。

（6）组装顺序与拆卸顺序相反。

2. 检修质量标准

（1）拆卸下来的轴承、轴及齿轮无损坏、磨损等现象，间隙符合要求，必要时更换。

（2）箱体及部件在装配前必须用煤油清洗，擦干净。

（3）检修过程中对各密封面垫的厚度进行测量，并做好记录。

（4）电动机和变速箱体联轴器连接，必须进行找正，使其径向偏差、端面偏差符合要求值。

（5）轴承间隙测量符合标准值，不合格者进行更换。

（6）检修完毕后，一定要加注润滑油到指定油位。

（7）变速箱齿轮装配好后，用手盘动联轴器，观察齿轮的啮合情况，压铅丝或涂抹红丹粉测其齿轮配合情况。

（8）用手转动输入轴或电动机轴，转动应正常无卡涩。

（9）直联型减速机分解时，应严格按要求顺序进行，不允许从电动机法兰处开始分解。

 **思考题**

1. 石灰石制备系统的作用是什么？对石灰石粉细度有何要求？

2. 石灰石浆液制备系统由哪几部分组成？

3. 湿式球磨机的工作原理是什么？由哪几部分组成？

4. 湿式球磨机运行中的检查及注意事项有哪些？

5. 立式离心泵的检修标准是什么？

第十三章

# 石膏浆液脱水系统

使用钙基吸收剂的湿法脱硫系统，其副产物为石膏。石膏脱水常用工艺有真空皮带脱水和离心机脱水。离心机脱水机性能好，操作工作量低，可使石膏含水量降到5％，但投资和维修费用高。带式真空脱水综合性能好，并且单机过滤面积可达100m²以上。本章介绍真空皮带脱水系统，主要包括吸收塔石膏浆液排出系统、石膏一级脱水系统、石膏二级脱水系统、废水旋流器溢流液排出系统、石膏的贮存库等。

## 第一节　石膏浆液脱水原理和系统组成

石膏脱水过程是一个固液分离的工艺过程。石膏浆液通过吸收塔浆液排出泵输送至石膏水力旋流器进行浓缩和石膏晶体分级。石膏水力旋流器旋流子是利用离心力加速沉淀分离的原理，迫使浆液流切向进入水力旋流器的入口，由此使其产生环形运动。粗大颗粒富集在水力旋流器的周边，而细小颗粒则积集在中心，石膏水力旋流器的底流（含有约50％的固体，主要为较粗晶粒）依靠重力流至石膏浆液缓冲箱，再分配流入真空皮带脱水机进行脱水。

### 一、真空皮带脱水原理

真空皮带脱水机又称固定真空室橡胶带式过滤机，由橡胶滤带、真空箱、滤布调偏装置、驱动装置、滤布洗涤装置、机架等部件组成，是一种充分利用物料重力和真空吸力实现固液分离的机械设备。特点是真空区沿水平方向布置，利用真空区的长度可以连续完成过滤、洗涤、吸干等工艺过程，具有过滤效果好、生产能力大、操作简单、运行平稳、维护方便等优点。

石膏浆液被送入真空皮带脱水机的滤布上，滤布是通过一条重型橡胶皮带传送的。此橡胶皮带上横向开有凹槽且中间开有通孔，以使液体能够吸入真空箱。滤液和空气同时被抽送到真空总管，进入气液分离器进行分离，气体被真空泵抽走。分离后的滤液由底部出口进入滤液接收水箱。浆液被真空抽吸过程中，经过成形区、冲洗区和干燥区成为合格的滤饼，在卸料区送入卸料槽送入石膏库。皮带上的石膏层厚度通过调节皮带速度来实现，以达到最佳的脱水效果。

### 二、石膏浆液脱水工艺流程

石膏浆液脱水工艺流程如图13-1所示。石膏水力旋流器的溢流收集于石膏旋流溢流液缓冲箱,大部分溢流液自流送回吸收塔,另一部分通过废水旋流输送泵送到废水旋流器进行浓缩分离。废水旋流器底流返回石膏旋流溢流液缓冲箱,废水旋流器溢流液流至废水收集箱,然后用废水输送泵输送至废水处理车间。通过控制废水的排放量达到控制排出细小的杂质颗粒从而保证石膏的品质,同时达到控制 FGD 系统中氯离子、氟离子的浓度以保证 FGD 系统安全、稳定运行的目的。为控制石膏中 $Cl^-$ 的含量,确保石膏的品质,在石膏脱水过程中用工艺水和滤液对滤布和石膏滤饼进行冲洗,冲洗后的滤液进入滤液水箱,部分滤液进入废水旋流器,废水旋流器的溢流作为脱硫废水进入废水处理系统,底流回 FGD 系统进行循环利用。

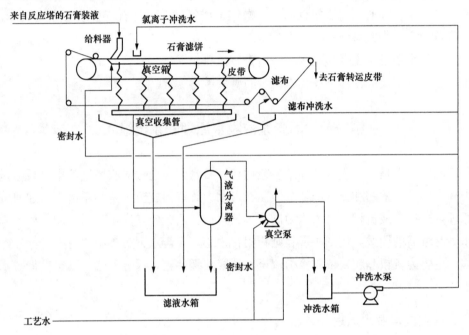

图 13-1　真空皮带脱水工艺图

### 三、石膏浆液脱水的系统组成

在吸收塔中,随着 $SO_2$ 不断被吸收下来,吸收塔浆液池中的石膏密度越来越高。为了使石膏浆液密度保持在设计的运行范围内,需将石膏浆液(15％～20％固体含量)从吸收塔中抽出,经脱水系统处理后表面含水率10％的石膏饼由带式输送机送入石膏储存间存放,由汽车外运供综合利用。石膏浆液脱水系统包括吸收塔石膏浆液排出系统、石膏一级脱水系统、石膏二级脱水系统、废水旋流器溢流液排出系统、石膏贮存区。

1. 吸收塔石膏浆液排出系统

每座吸收塔配置 2 台石膏浆液排出泵,一用一备,就近安装在吸收塔旁。吸收塔石膏浆液排出泵通过管道将石膏浆液从吸收塔中输送到石膏脱水楼的石膏浆液旋流器。

吸收塔石膏浆液排出泵还可用来将吸收塔浆液池中的浆液排空到事故浆液罐中。事故浆液罐的容积满足单台吸收塔检修排空和其他浆液排空的要求,并作为重新启动所需的石膏晶种的储存装置。

2. 石膏一级脱水系统

在吸收塔浆液池中形成的石膏通过吸收塔石膏浆液排出泵将其输送到石膏浆液旋流器，石膏浆液旋流器包含多个石膏旋流子，石膏浆液通过离心旋流而脱水分离，使石膏水分含量从80%降为～50%。旋流器安装在石膏脱水楼的顶层。

在石膏浆液旋流器中，石膏浆液进入分配器，被分流到单个的旋流子。根据吸收塔石膏浆液的密度控制去旋流子的阀门及石膏回流量，从而控制石膏的处理量。经旋流器离心分离，含粗石膏微粒的浓缩的旋流器底流浆液（浓度～50%）直接流入真空带式过滤机进行二级脱水，含3%～5%细小固体微粒的溢流靠重力流入废水旋流器给料罐，再从废水旋流器给料罐溢流入滤液水罐，最终由滤液水泵送回到吸收塔。石膏一级脱水系统流程如图13-2所示。

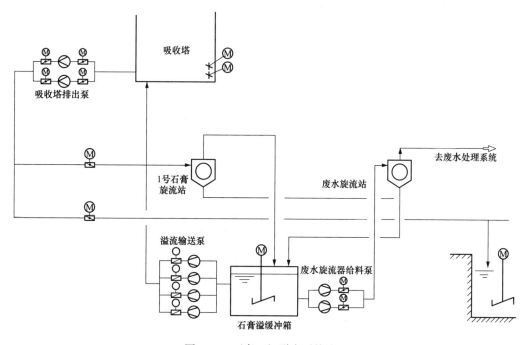

图13-2 石膏一级脱水系统流程

为了引出废水，用废水旋流器给料泵从废水旋流器给料罐中抽出溢流液输送到废水旋流器进行废水分离，废水旋流器的底流自流至滤液水罐，废水旋流器的溢流自流入废水缓冲池进行储存，再通过废水提升泵送至废水处理车间进行废水处理。

3. 石膏二级脱水系统

石膏一级脱水的石膏浆液旋流器的底流，通过分配阀门均可以分别进入真空带式过滤机进行过滤。经过真空带式过滤机过滤、冲洗后，得到合格的副产物石膏。石膏二级脱水系统流程如图13-3所示。脱水后石膏的品质湿度为≤10%，含Cl$^-$量≤$100\times10^{-6}$。从过滤机头部下来的石膏饼，依靠自重下落到石膏库进行储存外运。

在第二级脱水系统中还配置了滤布冲洗与滤饼冲洗系统，石膏滤饼用工艺水进行冲洗以去除氯化物，保证成品石膏中氯化物含量低于$100\times10^{-6}$，以保证副产品石膏可以作为生产石膏板或用作生产水泥填加料（掺和物）原料。

冲洗完滤布的工艺水进入滤饼冲洗水箱进行石膏滤饼的冲洗，在滤布冲洗水集液斗至滤饼冲洗水箱的管道上设置了 U 形管，在 U 形管的最低点设置了一路至滤液水罐的分支管道，分支管道上的阀门保持半开状态，此分支管道使冲洗水中的石膏颗粒进入滤液水罐，以降低滤饼冲洗水箱中的水含固率。

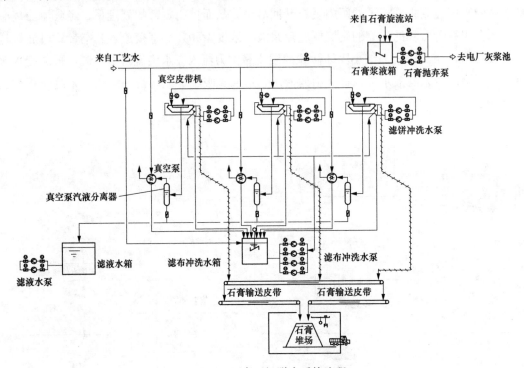

图 13-3　石膏二级脱水系统流程

真空皮带脱水机的滤液水收集到滤液水罐，与进入滤液水罐的石膏浆液旋流器溢流液混合后，用滤液水泵分成三路排出：一路去石灰石制浆，另外两路分别接至两塔石膏排出泵的回流管道送回到各自的吸收塔，维持脱硫系统的水平衡。

4. 废水旋流器溢流液排出系统

由于滤液水的循环使用，循环浆液中的 $Cl^-$、$F^-$ 及 Hg、Pb 等多种重金属离子会富集，这将会严重影响脱硫效率以及造成对设备的腐蚀。因此需要向系统外排出少量废水防止系统内浆液中的氯离子富集。石膏浆液旋流器的溢流进入废水旋流器给料罐，废水旋流器给料泵从废水旋流器给料罐中抽出少量稀浆液，输送到废水旋流器再次进行旋流分离，得到含固量为 2% 左右的溢流和含固量为 10% 的底流。废水旋流器的溢流入废水缓冲池，然后废水提升泵输送到脱硫废水处理系统的废水 pH 调节箱进行处理。废水旋流器的底流进入滤液水罐。

5. 石膏贮存区

脱硫装置副产的石膏，贮存在石膏脱水楼的底楼。为便于石膏的装车外运，留有石膏铲车的装车半径及汽车运输石膏的进出口通道。

# 第二节　石膏脱水系统的维护和故障处理

为保证脱硫设备的正常运行，对石膏脱水系统进行适当的维护，需经常检查的设备主要有真空皮带过滤机、真空泵、石膏水力旋流器等。

## 一、石膏脱水设备日常维护检查内容

1. 真空皮带脱水机日常检查项目

（1）检查过滤器滤布在正常位置，无跑偏、撕裂现象；

（2）检查皮带在正常位置，滤布张力正常；

（3）过滤器回收罐液位高，紧急拉绳没激活；

（4）检查滤布上石膏饼的厚度分布是否均匀，滤布运转速度是否正常，必要时调整；

（5）检查过滤器电动机声音正常，无异音、无振动；

（6）检查电动机电流在正常范围内，轴承润滑良好，无过热现象。

2. 真空泵日常检查项目

（1）密封水流线在最低限以上；

（2）检查真空泵电动机及轴承良好无过热现象；

（3）检查真空泵电动机声音正常，无异音、无振动；

（4）检查气、液分离器溢流管畅通。

3. 石膏排出泵日常检查项目

（1）检查石膏排出泵冲洗阀和排放阀在关闭位置；

（2）检查石膏排出泵出入口电动调节阀在开启位置；

（3）检查石膏排出泵出口压力表指示正常；

（4）检查石膏排出泵出口密度计、pH 计、压力表信号旋塞阀在开启位置；

（5）检查石膏排出泵出口流量计指示正确；

（6）检查石膏排出泵出口取样球形阀在关闭位置；

（7）检查石膏排出泵电动机声音正常，无异声、无振动；

（8）检查石膏排出泵电动机及轴承温度正常。

4. 石膏滤饼清洗泵检查项目

（1）检查石膏饼清洗水流量、压力正常；

（2）检查石膏滤饼清洗水箱水位在低限以上；

（3）检查石膏滤饼清洗水泵出口压力表截止阀及调整阀在开位；

（4）检查滤饼清洗水泵电动机声音正常，无异声、无振动；

（5）检查石膏滤饼清洗水泵电动机及轴承温度正常。

5. 滤布清洗水泵检查项目

（1）检查滤布清洗水泵出入口手动蝶阀在开位；

（2）检查滤布清洗水泵排放阀在关闭位置；

（3）检查滤布清洗水泵出口压力表截止阀及调整阀在开位；

（4）检查滤布清洗水泵密封水及润滑水流量正常。

6. 石膏水力旋流器检查项目

（1）检查石膏水力旋流器冲洗阀和排放阀在关闭位置；

（2）检查石膏水力旋流器进浆阀在开启位置；

（3）检查石膏水力旋流器工作正常，无漏泄、无异声、无裂痕；

（4）检查石膏水力旋流器底流管及至石膏浆液箱管道无堵塞。

## 二、真空皮带脱水机常见故障和处理方法

1. 脱水机不启动

（1）滤布、皮带限位开关、拉线开关动作，检查限位开关、拉线开关并作适当调整。

（2）控制面板上的紧急停止按钮没有被释放，拉出控制面板上的紧急停止按钮。

2. 电动机启动但脱水皮带不转动

（1）脱水皮带跑偏，耐磨带损坏调整大辊两侧张紧，纠正皮带跑偏，对耐磨带进行再调整或更换。

（2）皮带润滑水压力、流量不足，调整润滑水压力、流量。

3. 滤布不转或纠偏不当

（1）张紧辊不起作用，检查张紧辊，必要时增加负重。

（2）纠偏系统工作不正常，适当调整纠偏装置。

4. 运行中真空泄漏

（1）脱水皮带纠偏装置工作不正常，确保脱水皮带上的孔处于真空盘槽的中央。

（2）真空管堵塞，清洁真空管。

（3）真空盒滑动块处漏真空，对其进行检查和调整。

（4）耐磨带磨损或损坏，检查耐磨带是否磨损或对其进行调整，必要时进行更换。

5. 真空皮带运行慢或不连续

（1）脱水皮带和滤布纠偏工作不正常，必要时进行调整。

（2）滤布张紧程度不够，必要时进行调整。

（3）润滑水压力、流量不足，调整润滑水压力、流量。

6. 脱水皮带粘结

冲洗水压力、流量不足，清洁喷嘴，调整喷淋布局，调整水压。

7. 石膏脱水效果差

（1）脱水皮带张紧度不够，皮带跑偏，作必要调整，防止跑偏。

（2）脱水皮带速度太快，调整脱水皮带速度。

8. 液体中存在固体物

（1）滤布老化，检查滤布，必要时进行更换。

（2）滤布有孔洞，对其进行修复。

（3）检查滤液集流箱，对滤液集流箱做必要的清洁。

### 三、真空泵常见故障和处理方法

1. 真空度低

（1）管道密封不严，漏气，采用堵塞措施。

（2）密封填料磨损，更换填料。

（3）叶轮与端盖间隙过大，调整叶轮与端盖间隙。

（4）水环密封供水不足，调整水环密封水量。

2. 抽气量不够

（1）泵的转速未达到规定值，如电动机转速不符合规定，则更换电动机。

（2）叶轮与端盖间隙过大，减少端盖与泵体之间的衬垫来调节。

（3）填料密封漏气，更换填料。

（4）吸入管道漏气，拧紧法兰螺栓或更换衬垫。

（5）供水量不足造成水环温度过高，增加供水量。

3. 真空泵振动大

（1）地脚螺栓松动，紧固地脚螺栓。

（2）叶轮不平衡，叶轮重新找平衡。

（3）轴弯曲、轴承损坏，轴校直或更换轴承。

（4）皮带轮平行度偏差，皮带轮找正。

4. 管路系统故障的处理方法

（1）滤液水回收管路故障，滤液水回收管路衬胶损坏引起的堵塞和法兰处密封损坏漏气。处理方法：拆除管路检查和处理。

（2）真空抽气管路故障，可能出现泄漏和堵塞，较大漏气量使真空度降低，管路堵塞主要由衬胶起泡和滤网引起。处理方法：检查真空泵本身，检查滤网是否堵塞，管道是否有衬胶脱落，然后进行处理。

## 第三节　石膏脱水设备检修工艺

为了确保检修维护质量，保证石膏脱水系统的可靠性和效率，各级检修人员应熟悉系统和设备的原理、结构和性能，熟悉相关检修工艺和质量要求，并掌握与之相关的理论知识和基本技能。

### 一、真空脱水皮带机的检修工艺

1. 检修前准备

（1）确认各项安全措施已执行。

（2）准备好所需的备品、材料、工器具、防护用品。

（3）按照平面布置图布置检修场地。

2. 滤布的检查检修

（1）检查过滤布有无撕裂、孔洞。

（2）用水均匀冲洗滤布，清除堵塞。

（3）清除过滤带托辊上的残留物。

（4）滤布破损或收缩到极限时，应更换滤布。

（5）拆除需要更换的旧滤布。

（6）将滤布张紧调到最松位置。

（7）将滤布光面向外，对准压辊，沿进料槽方向穿过挡板。

（8）启动驱动装置，调到最低速度，使滤布在胶带上移动。

（9）滤布通过驱动辊后，小心地穿过清洗管和滤布托辊，再通过从动辊。

（10）拉紧滤布将两头迭合在一起，准确对接，确保滤布平直和平整。

（11）搭接线缝处表面用树脂填充，以防漏浆。

3. 主动轮、从动轮、托轮及压辊检查

（1）检查主动轮，检查从动轮。

（2）检查托轮及压辊磨损。

（3）检查支撑轴承应无损坏，润滑油是否充足。

4. 真空箱及软管系统检修

（1）检查真空箱及连接软管的损坏情况。

（2）更换安装有损坏的真空软管。安装时预先在真空箱和真空总管上的连接管上涂上润滑剂，将真空软管两端分别套装在真空箱和真空总管上的连接管上并用不锈钢箍紧固。

（3）检查真空室入口处的皮带及皮带的滑动区域。

（4）检查真空管道，检查真空室与真空密封水管升降装置。

（5）检查各部转动体上的轴承，有明显缺陷或不符合标准的进行更换。

（6）各部轴承添加润滑脂。

5. 冲洗水系统检修

（1）检查滤布冲洗水泵，检查滤饼冲洗水泵。

（2）检查冲洗水管道、阀门、喷头。

（3）检查滤布冲洗毛刷。

6. 机架、导轮的检修

（1）检查各部机架表面护漆。

（2）检查机架有无变形、弯曲和腐蚀，如变形弯曲严重，应进行校直。若腐蚀严重，应进行更换。

（3）检查真空皮带脱水机有无下沉及凹凸不平现象，机架支撑腿应垂直于建筑物地面。

（4）检查各部导轮，更换工作状况不佳的导轮。

7. 给料装置检修

（1）检查给料浆液箱。

（2）检查给料管路及挡板。

8. 检修质量标准

（1）滤布无褶皱，皮带完好，裙边齐全。

（2）滤布清洁，用高压清水冲洗滤布，防止长时间静止备用之后因板结而出现滤布黏结撕裂问题。

（3）皮带不存在严重磨损，必要时更换。

（4）密封良好，软管连接牢固不存在擦碰等问题。

（5）滤饼刮刀转动灵活，没有明显磨损现象。

（6）检查、修理滤饼刮刀磨损部分，必要时更换。

（7）真空密封条运行状况良好，磨损不超过 1/3。

（8）滤布刮刀无明显变形和严重磨损。

（9）分配器无结垢，必要时清理，张紧托辊灵活无卡涩。

（10）分配器无堵塞和泄漏。

（11）减速器各部完好，转动灵活，油位正常，油质良好。

（12）轴承良好，轴承周围清洁无杂物。

（13）各滚筒、托辊灵活无卡涩。


## 二、真空泵的检修工艺

1. 真空泵的解体

（1）拆掉皮带轮罩。

（2）在皮带轮上做好记号，拆开对轮螺栓，注意保存，拆掉对轮。

（3）拆开进气连通管、分离器、进水管等部件管道。

（4）松开真空泵地脚螺栓（根据现场情况将泵吊出进行整体检修或在现场检修）。

（5）拆开各部件检查孔盖、盲盖。

（6）解体驱动端和非驱动端轴承，注意零件的保存。

（7）松开泵体拉紧螺栓，打出泵体两端弹性圆柱销。

（8）挂好钢丝绳，松开驱动端或非驱动端填料函压盖螺栓。

（9）分离驱动端或非驱动端泵壳和圆盘（注意转子轴向移动不能过大）。

（10）吊走拆开的泵壳及圆盘。

（11）松开另一侧填料函压盖螺栓。

（12）小心地抽出叶轮、壳体等设备。

2. 各部件的清洗与测量

（1）对泵体及所有零部件分别用煤油或汽油进行清洗。

（2）检查轴表面是否有裂纹、磨损等情况，轴是否弯曲，不符合要求应更换。

（3）检查叶轮是否有裂纹、磨损、腐蚀、掉块等情况，严重的应更换。

（4）检查填料函压盖，轴承座、端盖是否有裂纹和损伤，严重的进行更换。

（5）检查泵体磨损情况。

（6）检查螺栓、螺母的螺纹是否有断扣等损坏现象。若有，应及时修理或更换。

（7）检查驱动端、非驱动端圆盘。

3．轴承的清洗和检查

（1）用煤油或汽油清洗轴承。

（2）检查轴承情况。并用滚铅丝的方法或用塞尺测量滚珠间隙，要求在允许的范围内。

4．泵体的组装

（1）按拆卸的反顺序进行泵体的组装。

（2）装配部件的结合面应注意涂抹装配密封胶。

（3）内部螺栓涂中强度螺纹紧固胶。

（4）泵体各结合面涂泵体密封胶。

（5）注意泵内各部间隙，参照原始间隙进行调整。

5．泵体外部管件连接、恢复

（1）泵轴承安装好后，盘转泵转子，转动无异常。

（2）恢复填料函，填料函压盖松紧应合适。

（3）恢复各部件检查孔盖、盲孔。

（4）恢复进气连通管、分离器、进水管等部件管道。

（5）安装皮带轮，平行度找正。

（6）恢复皮带轮防护罩。

6．检修质量标准

（1）真空泵皮带张紧适中，皮带无明显磨损。

（2）泵壳与管路无结垢和腐蚀情况。

（3）轴承完好，轴承周围清洁无杂物。

（4）泵轴无磨痕，表面粗糙度符合出厂标准。

（5）叶轮各向间隙符合相关标准。

（6）轴套、锁母等套装部件应平整、光滑，无凹痕及毛刺。

（7）叶轮、叶片应光滑无毛刺及汽蚀现象。如更换新叶轮，应作静平衡试验。

（8）各部螺栓螺母无脱扣及裂纹等现象，否则必须更换。

（9）各部法兰结合面应清理干净，密封垫圈必须进行更换。

 思考题

1．石膏处理系统的组成是什么？

2．真空式过滤机的工作原理是什么？主要由哪几个方面组成？

3．石膏脱水系统的作用是什么？

4．真空皮带脱水机常见故障有哪些？

5．水力旋流器的组成及各部分的作用是什么？

# 第十四章

# 脱硫废水处理系统

为了维持脱硫系统浆液循环系统物质的平衡，防止烟气中可溶部分超过规定值，必须从系统中排放一定量的废水，废水主要来自石膏脱水和清洗系统。脱硫废水成分复杂，对设备管道和水体结构都有一定的影响，湿法脱硫废水的杂质主要包括悬浮物、过饱和的亚硫酸盐、硫酸盐以及重金属，其中很多是国家环保标准中要求控制的第一类污染物。

## 第一节　脱硫废水处理系统概述

脱硫废水主要含有有机物（COD）、悬浮物（SS）、各种重金属和氯离子（$Cl^-$）等有害成分，其中 COD 主要来自煤、工艺水、石灰石等，各污染物含量见表 14-1。脱硫处理系统中，必须排放部分浓浆液，浓浆液中 SS 高达 60 000～70 000mg/L，氯离子含量达到 20 000mg/L 左右。

表 14-1　　　　　　　　　脱硫废水主要污染因子

| 污染物 | 含量 | 国家一级排放标准 | 备注 |
|---|---|---|---|
| Hg | 0.14～5mg/L | 0.05mg/L | 第一类污染物 |
| Cd | 0.3～20mg/L | 0.5mg/L | |
| Cr | 1.0～5mg/L | 1.5mg/L | |
| Pb | 0.5～15mg/L | 1.0mg/L | |
| Ni | 0.5～2mg/L | 1.0mg/L | |
| pH | 5～6 | 6～9 | 第二类污染物 |
| SS | 6000～15 000mg/L | 70mg/L | |
| COD | 150～400mg/L | 100mg/L | |
| F | 20～40mg/L | 10mg/L | |
| Zn | 2～25mg/L | 2mg/L | |
| Cu | 0.5～23mg/L | 0.5mg/L | |
| $Cl^-$ | 15 000～20 000mg/L | | |

### 一、脱硫废水主要危害

由于脱硫水质的特殊性，脱硫废水处理难度较大。由于各种重金属离子对环境的污染很严重，对脱硫废水进行单独处理是很有必要的。其危害主要体现在以下方面：

（1）脱硫废水中的高浓度悬浮物严重影响水的浊度，并且在设备及管道中易产生结垢现象，影响脱硫装置的运行。

（2）脱硫废水呈弱酸性，重金属污染物在其中都有较好的溶解性，虽然它们的含量较少，但直接排放对水生生物具有一定毒害作用，并通过食物链传递到较高营养阶层的生物。

（3）脱硫废水中氯离子浓度很高，会引起设备及管道的孔腐蚀、缝隙腐蚀、应力腐蚀，当浓度达到一定程度后会严重影响吸收塔的运行和使用寿命，还会抑制吸收塔内物理和化学反应过程，影响 $SO_2$ 吸收，降低脱硫效率。由于氯离子的存在会抑制吸收剂的溶解，所以脱硫吸收剂的消耗量随氯化物浓度的增大而增大，同时石膏浆液中剩余的吸收剂增大，使吸收剂的脱硫效率降低，还会造成后续石膏脱水困难，导致成品石膏中含水量增大，影响石膏品质。

（4）氟离子的影响与氯离子类似，但由于氟能与钙生成氟化钙而沉淀下来，所以在脱硫废水中的含量相对较少。它除了对石膏品质有所影响外，对塔体、管道的腐蚀要比氯离子小得多，但氟离子与石灰石浆液中的 Al 易产生一种胶状絮凝物，这种絮凝体会形成包膜覆盖于石灰石颗粒表面，使石灰石的溶解受到阻碍，影响脱硫效率。

（5）脱硫废水中高浓度的硫酸盐直接排放到环境水体中会扩散到沉积层，硫酸盐还原菌将 $SO_4^{2-}$ 转化为 $S^{2-}$，$S^{2-}$ 会与水中的金属元素发生反应，导致水中甲基汞的生成，造成水生植物必要的微量金属元素缺失，改变水体原有的生态功能。

（6）脱硫废水中大量硒的排放会对土壤和水源造成污染，影响人和动物的健康，长期积累还会引起慢性中毒。

## 二、国内脱硫废水系统主要处理工艺

目前，国内脱硫废水处理工艺基本都依据国家排放标准，主要处理第一类和第二类污染物。采用的主要工艺方法为物化法，该工艺流程是以国外在我国电厂脱硫废水处理工艺应用的基础上进行缩放的模式。

废水处理系统包括废水缓冲池系统、澄清池和出水缓冲箱（净水箱）系统、污泥循环系统、污泥压滤系统、有机硫加药系统、絮凝剂加药系统、助凝剂加药系统、盐酸加药系统、石灰乳制备系统和石灰乳加药系统。各系统均采用自动的运行方式，如图 14-1 所示。废水处理可分为以下四个步骤。

### 1. 废水中和

脱硫废水被收集到废水缓冲池中，废水提升泵将废水缓冲池中的液体输送到 pH 调节箱内。在调节箱中，在搅拌器的不断搅拌下，经计量泵连续加入石灰乳或 NaOH。碱性物质的加入不但升高了废水的 pH 值，而且使废水中的 $Fe^{3+}$（铁）、$Zn^{2+}$（锌）、$Cu^{2+}$（铜）、$Ni^{2+}$（镍）、$Cr^{3+}$（铬）等重金属离子生成氢氧化物沉淀。通过 pH 计控制加药量，使废水的 pH 值调升至 8.5～9.5 范围，此时废水中的大多数重金属离子均形成了难溶的氢氧化物。同时石灰乳液中的 $Ca^{2+}$ 还可以与废水中的 $F^-$ 反应，生成难溶的 $CaF_2$。与 $As^{3+}$（砷）络合生成 $Ca_3(ASO_3)_2$（亚砷酸钙）、$Ca_3(ASO_4)_2$ 等难溶物质。

2. 重金属沉淀

在调节箱中大多数重金属离子以氢氧化物的形式沉淀下来，大部分 $Pb^{2+}$（铅）、$Hg^{2+}$（汞）仍以离子形式留存在废水中，在反应箱中加入有机硫，使其与 $Pb^{2+}$、$Hg^{2+}$ 反应形成难溶的硫化物。

3. 絮凝反应

脱硫废水经过调节箱、反应箱、絮凝箱中的化学沉淀反应后，废水中含有许多分散的颗粒和胶体物质，所以在絮凝箱中加入一定比例的絮凝剂（PAM），使它们凝聚成大颗粒。在絮凝箱的出口还需加入高分子聚合电解质作为助凝剂，以降低颗粒的表面张力，强化颗粒的长大过程，进一步促进氢氧化物和硫化物的沉淀，使细小的絮凝物慢慢变成更大、更易沉积的絮状物，同时也使废水中的絮状物也沉降下来。

4. 浓缩和澄清

絮凝后的废水从絮凝箱经溢流进入澄清池，经澄清池的澄清浓缩后，絮凝物沉积在池底部形成污泥，上部则为净水。少量污泥作为接触污泥，通过污泥循环泵返回到调节箱中，提供沉淀所需的晶核。大部分污泥则送入污泥脱水系统处理。上部净水则溢流至最终中和箱，采用 pH 计测定其 pH 值，并通过加入稀盐酸调控 pH 值至 6～9 范围，最后流入清净水箱。在净水排放泵外管道上设有浊度仪，测定其浊度，若处理后的废水浊度不达标，可返回调节箱进行继续处理。达标后的废水通过净水排放泵排放。

废水处理的物理化学过程及化学反应方程式如下：

采用氢氧化钙/石灰浆［$Ca(OH)_2$］进行碱化处理，以沉淀部分重金属。加入石灰浆进行废水碱化处理时，水中的酸性物质按如下反应得到中和：$2H^+ + Ca(OH)_2 \Rightarrow Ca^{2+} + 2H_2O$，为使 FGD 废水中的大多数重金属离子沉淀，pH 值范围在 9.0～9.5 之间较为合适。二价和三价的重金属离子（Me）通过形成微溶的氢氧化物从废水中沉淀出来，如下所示：

$$Me^{2+} + 2OH^- \Rightarrow Me(OH)_2 \qquad Me^{3+} + 3OH^- \Rightarrow Me(OH)_3$$

采用有机硫化物沉淀重金属时，并非所有的重金属都能以氢氧化物形式完全沉淀出来，尤其是镉和汞。有机硫化物 TMT15 可与镉和汞形成微溶的化合物，以固体形式沉淀出来。

## 三、国外其他处理方式介绍

1. 离子交换法处理脱硫废水

用大孔巯基（—SH）离子交换树脂吸附汞离子，达到去除水中汞离子的目的；吸附法，利用活性炭吸附原理，由于活性炭具有极大的表面积，在活化过程中形成一些含氧官能团（—COOH，—OH，—CO）使活性炭具有化学吸附和催化氧化、还原的性能，能有效去除重金属。

2. 电絮凝法处理脱硫废水

电絮凝技术也被运用到湿法脱硫的废水处理中。电絮凝是利用电化学的原理，在电流的作用下溶解可溶性电极，使其成为带有电荷的离子并释放出电子。产生的离子与水电离

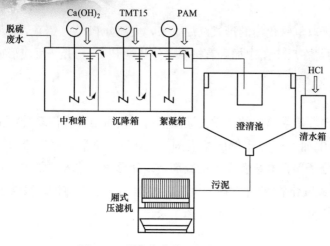

图 14-1 脱硫废水处理工艺流程图

后产生的（OH）结合，生成有絮凝作用的化合物。另外释放出的电子还原带有正电的污染物，从而达到去除液体中污染物的目的。电絮凝能有效处理重金属，而且具备设备布置较为紧凑、处理药剂费用较低、处理效果较好等优势，但是工艺较为复杂，普通电絮凝无法去除氯离子，高频电絮凝则存在耗能较高、电极使用寿命有限等缺点。目前电絮凝技术在含油污水和重金属含量较高的化工废水有一定的运用业绩，在脱硫废水处理中尚未普及。

3. 蒸发处理脱硫废水

将废水通过传统的加药方式进行预处理。处理后的废水经预热器加热后进入蒸发系统。蒸发系统主要分为四个部分：热输入部分，热回收部分、结晶转运部分、附属系统部分。脱硫废水经四级蒸发室加热浓缩后送至盐浆桶，通过两台盐浆泵送入盐旋流器，旋流器将大颗粒的盐结晶旋流后落入下方的离心机。离心机分离出的盐晶体通过螺旋输送机送至干燥床进行加热，使盐晶体完全干燥。旋流器和离心机分离出的浆液返回到加热系统中进行再次加热蒸发浓缩。干燥后的盐结晶通过汽车运输出厂。

该方法综合了浓缩结晶法和蒸发浓缩法两者的优点，系统回收率较高，除部分干燥损失外，废水基本处理回收，无废液排放；系统每年只需化学清洗一、二次，该系统管理维护量较低；降低了传热面结垢可能，减少了抵制剂投加量；蒸发回收水水质较好。但设备布置较为复杂，控制要求高，耗能较高。

这些新技术能有效地处理脱硫废水中重金属甚至是氯离子。但是由于受到技术、条件、环境、投资等多方面因素的制约，未能在国内电厂应用推广。目前仅有国外少数工程投入使用，部分关键控制参数及过程尚停留在研发阶段。

## 第二节　脱硫废水处理系统组成

脱硫废水处理系统包括废水处理系统，化学加药系统，污泥脱水及压缩空气系统。化学加药系统是指包括石灰制备、贮存及供应子系统，盐酸贮存及供应子系统，助凝剂制备及供应子系统，硫酸氯化铁贮存及供应子系统，有机硫（TMT-15）贮存及供应子系统。

### 一、废水处理系统

脱硫装置产生的废水经由废水旋流器送至废水处理系统废水集水池，并通过提升水泵提升至中和/沉降/絮凝箱，采用化学加药和接触泥浆连续处理废水，沉淀出来的固形物在澄清/浓缩器中分离出来，清水达到国家标准后排放。经澄清/浓缩器沉降浓缩的泥浆送至厢式压滤机进行脱水后外运。

## 二、化学加药系统

本系统为脱硫系统废水处理系统所需化学药剂的配制系统，包括石灰乳加药系统、絮凝剂系统、有机硫加药系统、助凝剂加药系统及盐酸加药系统。

### 1. 石灰制备、贮存及供应子系统

将 $Ca(OH)_2$ 百分含量约为 90％粉状熟石灰，通过筛滤器过滤后送入石灰制备箱。石灰浆制备箱配备有液位变送器，它可以监测及控制石灰浆的稀释、输送及转移至石灰计量箱的过程。

石灰浆溶液配制及循环，通过管路加入补充水，在搅拌器作用下石灰浆通过石灰浆循环泵循环，经过循环管路流回石灰浆制备箱，使其充分稀释溶解，直到到达指定液位，此时石灰浆稀释到大约5％的浓度。

当石灰计量箱低位时，石灰浆通过石灰浆循环泵将石灰浆送至石灰计量箱直至高位。石灰浆输送前均应进行循环。调配好的石灰浆通过石灰计量泵加入到中和箱，用作中和剂/沉淀剂。石灰浆的加入量应根据所设定的 pH 值及石灰浆浓度确定。石灰浆的加入量可通过变频器控制石灰计量泵进行调整。

### 2. 盐酸贮存及供应子系统

30％盐酸由罐车运输，由卸酸泵将酸输送到 HCl 贮存箱中。HCl 蒸气有腐蚀性，通过酸雾吸收器吸收处理后排放。HCl 贮存箱配备有液位监测系统。

采用加药泵将 HCl 浓溶液加入到出水箱中，加药泵可接受 4～20mA 的电信号，以调整出水所需的 pH 值6～9。用 pH 计酸洗泵将盐酸与定量的稀释水（补充水）混合使 HCl 浓度达到3％～5％，用以清洗 pH 测量探头。

### 3. 助凝剂制备及供应子系统

粒状助凝剂 FA（阴离子型）为袋装，在全自动助凝剂制备装置中配成 0.1％的溶液。废水处理设备在长期停机后再次启动时，应检查助凝剂溶液的效力，在大多数情况下它的效力在大约2周后就会显著地降低。

通过加药泵将助凝剂溶液加入到澄清器中。

### 4. 硫酸氯化铁贮存及供应子系统

絮凝剂硫酸氯化铁浓度大约为40％，通过手动添加到硫酸氯化铁贮存箱中。硫酸氯化铁贮存箱的液位由磁翻板液位计显示并高低液位报警。硫酸氯化铁由加药泵加入到絮凝箱中。

### 5. 有机硫（TMT-15）贮存及供应子系统

有机硫（TMT-15）沉淀剂桶装供应，其使用浓度大约为15％，通过手动添加到有机硫贮存箱中。有机硫（TMT-15）贮存箱的液位由磁翻板液位计显示并高低液位报警。有机硫（TMT-15）沉淀剂由加药泵加入到沉降箱中。

## 三、污泥脱水系统

废水在澄清过程中产生的氢氧化物及硫化物污泥由污泥输送泵（气动隔膜泵）送至压滤机压榨脱水。从澄清/浓缩器收集的污泥通过污泥界面仪进行监测。当达到设定范围时，污泥经污泥输送泵送入自动厢式压滤机进行压滤脱水，污泥输送泵停止运行时，应对相关管道进行冲洗。

压滤机滤液、各箱罐溢流、排污、管道冲洗水、地面排水均排至废水集水池，废水集水池液位由超声波液位计控制，当液位高时废水提升水泵自动启动将废水送至中和箱循环处理。

某 2×600MW 机组脱硫废水处理系统设备参数见表 14-2。

表 14-2　　　　　　某 2×600MW 机组脱硫废水处理系统设备参数表

| 序号 | 名称 | 规格及技术规范 | 单位 | 数量 |
|---|---|---|---|---|
| 1 | 废水收集池 | $V=72m^3$，混凝土内衬玻璃钢 | 座 | 1 |
| 2 | 废水收集池搅拌器 | 搅拌器直径 800mm，功率 7.5kW | 台 | 1 |
| 3 | 废水提升泵 | 流量 10m³/h，过流部分材料：316L，电动机功率 5.5kW | 台 | 2 |
| 4 | 中和/絮凝/沉降箱 | 材质：钢衬胶，$\phi$2.4m×2.2m | 台 | 2 |
| 5 | 中和箱搅拌器 | 搅拌器直径：950mm，功率：4kW | 台 | 1 |
| 6 | 沉降箱搅拌器 | 搅拌器直径：950mm，功率：4kW | 台 | 1 |
| 7 | 絮凝箱搅拌器 | 搅拌器直径：950mm，功率：4kW | 台 | 1 |
| 8 | 澄清器 | 总容积 139m³，钢衬玻璃鳞片 | 台 | 2 |
| 9 | 澄清器刮泥机 | 轴、刮板材料：钢衬胶电动机功率：1.5kW＋0.75kW | 台 | 1 |
| 10 | 出水箱 | $V=11.3m^3$，$\phi=2400mm$，$H=2500mm$，材质：钢衬胶 | 台 | 1 |
| 11 | 出水箱搅拌器 | 搅拌器直径：850mm，功率：4kW | 台 | 1 |
| 12 | 出水输送泵 | $Q=12m^3/h$，电动机功率 4.0kW | 台 | 2 |
| 13 | 污泥循环泵（螺杆泵） | $Q=2.4m^3/h$，$p=0.6MPa$，功率：1.5kW | 台 | 2 |
| 14 | 污泥输送泵（气动隔膜泵） | $Q=30m^3/h$　$p=0.8MPa$ | 台 | 4 |
| 15 | 厢式压滤机 | 过滤面积：90m²，功率 5.1kW | 套 | 2 |
| 16 | 电动贮泥斗 | $V=6.0m^3$，碳钢衬玻璃钢，二斗二仓式，功率4.4kW | 套 | 1 |
| 17 | 滤布清洗水泵 | $Q=8m^3/h$，电动机功率：4.0kW | 台 | 1 |
| 18 | 压缩空气贮罐 | $V=4.0m^3$，$\phi=1200mm$，$p=0.8MPa$ | 台 | 1 |
| 19 | 电动葫芦 | 起吊质量 1t，电机功率 1.7kW | 台 | 1 |
| 20 | 卸酸泵 | $Q=8m^3/h$，过流部分材料：氟塑料合金，电机功率：4kW | 台 | 1 |
| 21 | HCl 贮存罐 | $V=3.9m^3$，材质：钢衬胶 | 台 | 1 |
| 22 | HCl 计量泵 | $Q=4.5L/h$ 过流部分材料：PVC | 台 | 3 |
| 23 | pH 计酸洗泵 | $Q=2.25L/h$，过流部分材料：PVC | 台 | 1 |
| 24 | 安全淋浴器 | 不锈钢 | 台 | 1 |
| 25 | 酸雾吸收器 | $\phi=500mm$，$H=900mm$，聚氯乙烯 | 台 | 1 |
| 26 | 石灰加料斗 | 材质：碳钢 | 台 | 1 |
| 27 | 石灰筛滤器 | DN300，材质：碳钢 | 台 | 1 |
| 28 | 石灰浆制备箱 | $V=11.4m^3$，材质：碳钢 | 台 | 1 |
| 29 | 石灰浆制备箱搅拌器 | 搅拌器直径：750mm，功率：5.5kW | 台 | 1 |

| 序号 | 名称 | 规格及技术规范 | 单位 | 数量 |
|---|---|---|---|---|
| 30 | 石灰浆循环泵 | $Q=10\text{m}^3/\text{h}$，$p=0.3\text{MPa}$，<br>过流部分材料：Cr30 耐磨钢，功率：5.5kW | 台 | 2 |
| 31 | 石灰浆计量箱 | $V=5.6\text{m}^3$，材料：碳钢 | 台 | 1 |
| 32 | 石灰浆计量箱搅拌器 | 搅拌器直径：700mm，功率：4kW | 台 | 1 |
| 33 | 石灰浆加药泵 | 单螺杆泵，$Q=1.4\text{m}^3/\text{h}$，$p=0.6\text{MPa}$，<br>功率：1.5kW，变频电动机 | 台 | 2 |
| 34 | 助凝聚剂制备装置 | 制备能力 1000L/h，熟化时间 30min，含给料机、搅拌器等 | 套 | 1 |
| 35 | 助凝聚剂计量泵 | $Q=115\text{L/h}$，过流部分材料：PVC | 台 | 2 |
| 36 | FeClSO₄ 贮存箱 | $V=1.0\text{m}^3$，材料：PP | 台 | 1 |
| 37 | FeClSO₄ 计量泵 | $Q=4.5\text{L/h}$，过流部分材料：PVC | 台 | 2 |
| 38 | TMT15 贮存箱 | $V=1.0\text{m}^3$，材料：PP | 台 | 1 |
| 39 | TMT15 计量泵 | $Q=4.5\text{L/h}$，过流部分材料：PVC | 台 | 2 |

# 第三节　脱硫废水处理设备检修工艺

## 一、立式搅拌器检修

1. 检修前准备

（1）确认各项安全措施已执行。

（2）准备好所需的备品、材料、工器具、防护用品。

（3）按照平面布置图布置检修场地。

2. 搅拌器的拆装

（1）搭设起吊用龙门架，将钢丝绳固定在电动机起吊环上，用手拉葫芦起吊。

（2）拆下减速机输出轴与搅拌器轴联轴器螺栓及减速箱与搅拌器支架的螺栓。

（3）将电动机及减速箱整体吊出，移至检修场地，下面铺垫橡胶板。

（4）拆除搅拌器支架及底部叶片。

（5）松开轴承盖板的螺栓及锁紧螺母，起吊，将轴抽出，取下联轴器。

3. 摆线针轮减速机的拆装

（1）放尽减速机内的润滑油，将电动机与减速机分开，拆下油泵及油管。

（2）把减速机立放使输出轴朝上，松开紧固减速机外壳用的螺栓，利用输出轴端螺孔吊起分离低速部分。

（3）减速部分拆卸顺序：输出轴销套→轴用挡圈→输入轴轴承→挡圈→摆线轮 A→间隔环→偏心套（偏心轴承）→摆线轮 B→平键→挡圈→针齿壳→针齿销→针齿套→孔用挡圈→输入轴（包括轴承、紧固环）。

（4）低速部分拆卸顺序：压盖→止动环→输出轴（包括输出轴轴承、紧固环、销轴）。

4. 检修质量标准

（1）拆卸下来的轴承、轴及齿轮无损坏、磨损等现象，间隙符合要求，必要时更换。

（2）箱体及部件在装配前必须用煤油清洗，擦干净。

（3）检修过程中对各密封面垫圈的厚度进行测量，并做好记录。

（4）电动机和变速箱体联轴器连接，必须进行找正，使其径向偏差、端面偏差符合要求值。

（5）轴承间隙测量符合标准值，不合格者进行更换。

（6）检修完毕后，一定要加注润滑油到指定油位。

（7）变速箱齿轮装配好后，用手盘动联轴器，观察齿轮的啮合情况，压铅丝或涂抹红丹粉测其齿轮配合情况。

（8）用手转动输入轴或电动机轴，转动应正常无卡涩。

（9）直联型减速机分解时，应严格按要求顺序进行，不允许从电动机法兰处开始分解。

5. 常见故障及处理方法

搅拌机常见故障有异音、振动大和齿轮过热，其产生原因和处理方法见表14-3。

表 14-3　　　　　　　　　　搅拌器常见故障及处理方法

| 序号 | 故障现象 | 原因分析 | 处 理 方 法 |
|---|---|---|---|
| 1 | 异声 | （1）轴承缺油干磨；<br>（2）电动机齿轮箱缺油；<br>（3）润滑油变质；<br>（4）部件磨损 | （1）更换轴承；<br>（2）注油到正常油位；<br>（3）放净废油，注入规定新油；<br>（4）检查轴承和齿轮是否磨损，若出现过度磨损，查找原因并更换 |
| 2 | 振动 | （1）叶轮定位不正确；<br>（2）轴承损坏；<br>（3）叶轮、轴结垢；<br>（4）部件松动；<br>（5）叶轮安装不正确 | （1）重新定位；<br>（2）更换轴承；<br>（3）除垢；<br>（4）紧固螺栓、螺母；<br>（5）重新安装调试 |
| 3 | 齿轮过热 | （1）齿轮箱缺油；<br>（2）齿轮间隙低于要求值；<br>（3）齿轮轴承损坏；<br>（4）油质变质 | （1）注油到正常油位；<br>（2）重新调整间隙；<br>（3）更换轴承；<br>（4）更换合格油品 |

## 二、厢式压滤机检修

1. 解体检查液压站

（1）拆下油泵上的进、出油管。

（2）松开电动机与油箱之间的螺栓。

（3）用钢丝绳将电动机与油泵吊出，将油泵从机架上拆下后，拆开油泵的后盖。装配时要注意：不许有脏物、铁屑、棉纱等带入泵内；不允许用手锤敲打装配。

（4）装配时可先将钢球涂上清洁的黄油，使钢球粘在弹簧内套或回程盘上，再进行装配。

2. 压滤机各部位检查

（1）液压驱动装置油品检查。

（2）液压驱动装置油箱及管路无裂纹、渗漏现象。

（3）滤板冲洗后检查无裂纹和断裂现象。

（4）滤布过水应畅通无堵，无腐蚀和损坏。

（5）洗涤软管检查无破裂、老化及渗漏。

（6）高压冲洗水泵检查无渗漏。

3. 检修质量标准

（1）传动链条无生锈卡涩，各部件清洁、润滑性好、排水管无破裂。

（2）更换油箱内的液压油，加至油位镜的 2/3 位置。

（3）滤板排列水平，拉板小车动作准确，无卡涩。

（4）滤板无变形、密封面光洁干净。

（5）进料口清洁无残渣。

（6）滤布无破损、无堵塞、无折叠、无夹渣。

（7）积水盘动作准确，密封严密，卸泥斗关闭严密。

（8）活动板活动小轮应转动灵活，磨损或腐蚀大于要求值时需更换。

（9）机架与底座严重腐蚀造成整机晃动、扭斜变形时，应予以校正或更换。

（10）主梁腐蚀或磨损超过要求值时，需补强或更换。

（11）液压缸装配后，无任何泄漏现象。

（12）油缸内表面光滑，无沟痕和裂纹等缺陷，活塞在油缸内活动自如。

（13）活塞推杆无裂纹和沟痕等缺陷，活塞杆的轴线和压紧板中心吻合。

4. 常见故障

厢式压滤机常见故障有漏料、滤板变形、过滤效果差等，其产生原因和处理方法见表 14-4。

表 14-4 厢式压滤机常见故障及处理方法

| 序号 | 故障现象 | 原因分析 | 处 理 方 法 |
|---|---|---|---|
| 1 | 滤板间漏料（漏浆液） | （1）滤板密封面夹有杂物；<br>（2）压紧压力不够 | （1）清洗疏通孔道，清除滤浆中杂物；<br>（2）清理密封面；<br>（3）检查油泵压力达到压紧压力，否则油缸有内泄，更换密封圈或者检查卸压阀弹簧 |
| 2 | 滤板变形及破碎 | （1）使用不当，滤浆中夹有杂物堵塞孔道，造成滤室的压力差；<br>（2）压紧压力不够；<br>（3）温度超过 100℃ | （1）清洗疏通孔道，清除滤浆中杂物；<br>（2）调整液压系统压力；<br>（3）降低液料温度 |

| 序号 | 故障现象 | 原因分析 | 处理方法 |
|---|---|---|---|
| 3 | 滤液混浊 | (1) 滤布破损；<br>(2) 滤布选择不当 | (1) 局部缝补或更换滤布；<br>(2) 做可行性试验，确定滤布材质规格 |
| 4 | 过滤效果差 | (1) 滤布选择不当；<br>(2) 滤饼含水率高；<br>(3) 滤板清水孔道堵塞 | (1) 做可行性试验，确定滤布材质规格；<br>(2) 清洗或更换滤布，检查助滤剂是否适量；<br>(3) 清洗疏通孔道 |
| 5 | 拉板脱钩 | (1) 拉钩复位拉簧锈蚀；<br>(2) 滤板滚轮磨损 | (1) 更换新拉簧；<br>(2) 更换滚轮 |
| 6 | 计量泵体发热 | 出口门未开启，出口憋压 | 打开出口手动门 |
| 7 | 计量泵无药打出或出药量过小 | (1) 泵出口门未开启；<br>(2) 泵进口滤网堵塞；<br>(3) 进、出口管道堵塞；<br>(4) 变频器故障；<br>(5) 进出口止回门堵塞 | (1) 打开出口手动门；<br>(2) 清理；<br>(3) 清理；<br>(4) 检查变频器；<br>(5) 检查、清理 |

### 三、污泥输送泵检修

1. 检修步骤

(1) 拆卸联轴器。

(2) 拆卸检查同步齿轮。

(3) 拆卸泵后端盖，检查垫片、止推轴承。

(4) 拆卸前端盖，拆卸检查螺杆及密封。

(5) 必要时更换端盖与泵体之间垫片。

(6) 联轴器找正。

2. 检修质量标准

(1) 螺杆表面要求不得有伤痕，螺旋形面表面粗糙度、齿顶表面粗糙度、螺旋外圆表面粗糙度符合标准规定。

(2) 螺杆轴线直线度应符合相关标准。

(3) 螺杆齿顶与泵体冷态间隙符合相关标准。

(4) 泵体、端盖和轴承座的配合面及密封面应无明显伤痕。

(5) 滚动轴承的滚子和内外滚道表面不得有腐蚀、坑疤、斑点等缺陷，保持架无变形、损伤，轴承检修符合相关标准。

(6) 齿轮不得有毛刺、裂纹、断裂等缺陷。

3. 常见故障

污泥输送泵常见故障有不吸泥或流量小、功率突增、振动大等，其产生原因和处理方法见表 14-5。

表 14-5　　　　　　　　　　污泥输送泵常见故障及处理方法

| 故障现象 | 原因分析 | 处理方法 |
|---|---|---|
| 泵不吸泥浆或流量小 | (1) 吸入管路堵塞或漏气；<br>(2) 吸入高度超过允许吸入真空高度；<br>(3) 电动机反转；<br>(4) 介质黏度过大；<br>(5) 螺杆与衬套内严重磨损 | (1) 检修吸入管路；<br>(2) 降低吸入高度；<br>(3) 改变电动机转向；<br>(4) 将介质稀释；<br>(5) 更换磨损严重的零件 |
| 轴功率急剧增大 | (1) 排出管路堵塞；<br>(2) 螺杆与衬套内严重摩擦；<br>(3) 介质黏度太大 | (1) 清洗管路；<br>(2) 检修或更换有关零件；<br>(3) 将介质稀释 |
| 泵振动大 | (1) 泵与电动机不同心；<br>(2) 螺杆与衬套不同心或间隙大、偏磨；<br>(3) 汽蚀余量不足，泵内产生汽蚀 | (1) 调整泵与电动机同心度；<br>(2) 检修调整螺杆与衬套；<br>(3) 降低安装高度或降低转速 |

## 思考题

1. 脱硫废水的主要危害有哪些？
2. 简述脱硫废水的处理工艺。
3. 脱硫废水处理工艺有哪些加药系统？
4. 立式搅拌器检修的质量标准有哪些？
5. 污泥输送泵常见故障和处理方法是什么？

第三篇

# 脱硝系统及设备

第十五章

# 火电厂脱硝技术概述

火力发电厂的脱硝技术是指燃料在炉膛内部燃烧，通过控制燃烧条件，从而控制氮氧化物（$NO_x$）的生成，并在燃烧后的烟气中采用其他生产技术工艺进一步脱除烟气中的氮氧化物，能最终使烟气中排放的氮氧化物达到国家或地方环保要求的工艺过程。

燃烧过程脱除 $NO_x$ 主要采取控制燃烧温度、控制燃料和空气的混合速度与时机的技术方法。采用该技术主要原理包括低氮燃烧器、OFA 分级送风、CFB（低温分段燃烧技术）等。

在燃烧后烟气中脱除主要采用还原法，利用氨与 $NO_x$ 选择性反应生成氮气和水的技术原理。采用该原理产生并应用较多的有：选择性催化还原技术（SCR）、选择性非催化还原技术（SNCR）、SCR/SNCR 混合法技术等。

## 一、氮氧化物及其危害

1. 氮氧化物种类

一般意义上的氮氧化物主要包括 $NO$、$NO_2$、$N_2O$、$N_2O_3$、$N_2O_4$、$N_2O_5$ 等，统称为 $NO_x$，其中，对大气造成污染的主要是 $NO$、$NO_2$ 和 $N_2O$。燃煤火电厂中一般主要以 $NO$、$NO_2$ 为脱除对象。

2. $NO_x$ 对环境的危害

（1）引发酸雨和硝酸盐沉积；

（2）引发光化学烟雾，造成近地面空气中 $O_3$ 和 PAN（过氧化乙酰硝酸盐）浓度升高，危害人的呼吸系统和动植物的发育；

（3）$N_2O$ 是在燃烧的起始阶段形成的极其稳定的一种氮氧化物，可以在大气中存在上百年，是一种危害很大的有害气体；

（4）$N_2O$ 是一种破坏臭氧层的物质。

## 二、燃烧过程中氮氧化物的生成

在煤粉炉产生的氮氧化物（$NO_x$）中，$NO$ 占 90% 以上，$NO_2$ 占 5%～10%，$N_2O$ 占 1% 左右。产生机理一般分为三种：热力型 $NO_x$、快速型 $NO_x$ 和燃料型 $NO_x$。

1. 热力型 $NO_x$

锅炉燃烧时空气中氮在高温下氧化产生，其中的生成过程是一个不分支链锁反应，在高温下总生成式为：

$$N_2 + O_2 \Leftrightarrow 2NO$$

$$NO + \frac{1}{2}O_2 \Leftrightarrow NO_2$$

随着反应温度 $T$ 的升高，其反应速率按指数规律增加。当 $T<1500℃$时，NO 的生成量很少，而当 $T>1500℃$，$T$ 每增加 $100℃$，反应速率增大 6～7 倍，亦即 NO 生成量增大 6～7 倍，当温度达到 1600 ℃时，热力型 $NO_x$ 的生成量可占炉内 $NO_x$ 的生成总量的 25%～30%。热力型 $NO_x$ 的生成浓度与温度的关系可参考图 15-1。

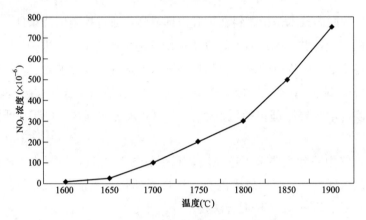

图 15-1　热力型 $NO_x$ 的生成浓度与温度的关系

影响热力型 $NO_x$ 生成的另一个主要因素是反应环境中的氧浓度，$NO_x$ 生成速率与氧浓度的平方根成正比。一般情况下，对不同的炉型、不同的燃烧方式以及不同的煤种，其燃烧过程中生成的热力 $NO_x$ 的数量变化很大，比如，在同样过量空气系数的条件下，燃烧低水分、高热值煤时，炉内燃烧温度高，热力型 $NO_x$ 占 $NO_x$ 生成总量的份额要高于燃烧高水分、低热值煤的情况。

2. 快速型 $NO_x$

快速型 $NO_x$ 是 1971 年 Fenimore 通过实验发现的。碳氢化合物燃料燃烧在燃料过浓时，在反应区附近会快速生成 $NO_x$。由于燃料挥发物中碳氢化合物高温分解生成的 CH 自由基可以和空气中 $N_2$ 反应生成 HCN 和 N，再进一步与氧气作用以极快的速度生成，其形成时间只需要 60ms，所生成的量与炉膛压力的 0.5 次方成正比，与温度的关系不大。快速型 $NO_x$ 生成量很少，在分析计算中一般可以不计，仅在燃用不含氮的碳氢燃料时才予以考虑。

3. 燃料型 $NO_x$

燃料型 $NO_x$ 由燃料中氮化合物在燃烧中氧化而成。它在煤粉燃烧 $NO_x$ 产物中占 60%～80%。在生成燃料型 $NO_x$ 过程中，首先是含有氮的有机化合物热裂解产生 N、CN、HCN 和 NHi 等中间产物基团，然后再氧化成 $NO_x$。由于煤的燃烧过程由挥发分燃烧和焦炭燃烧两个阶段组成，故燃料型 $NO_x$ 的形成也由气相氮的氧化（挥发分）和焦炭中剩余氮的氧化（焦炭）两部分组成。燃料型 $NO_x$ 生成过程可见图 15-2。

燃料型 $NO_x$ 的生成速率与燃烧区的氧气浓度的平方成正比，因此，控制燃料型 $NO_x$

的转化率和生成量的主要技术措施是降低过量空气系数。在 $NO_x$ 的生成区域采用富燃料燃烧方式，是十分有效且比较方便的减排 $NO_x$ 的技术措施。一般认为，燃料型 $NO_x$ 主要生成在挥发分的析出和燃烧阶段，约在 $750℃$ 时开始析出，该温度比火焰的温度要低，在不到 $1000℃$ 时挥发分的析出和燃烧均接近结束。因此，无论炉内火焰温度高低，燃料氮在达到热解温度后均会分解，并最终生成 $NO_x$。

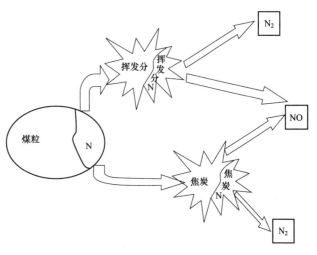

图 15-2　燃料型 $NO_x$ 生成示意图

在焦炭发生燃烧时的高温下，燃料型 $NO_x$ 的转化率达到最大值。温度继续上升时，在焦炭表面上 $NO_x$ 的还原反应使部分已经生成的 $NO_x$ 还原成 $N_2$，因而，在一定的温度范围内，$NO_x$ 的生成速率与还原速率接近平衡，使 NO 的生成量变化不大。当温度再进一步升高时，NO 的还原反应速率大于 NO 的生成速率，使 $NO_x$ 的生成量有所降低，但是，温度升高时热力型 $NO_x$ 的生成量也在急剧增加。燃料型 $NO_x$ 生成随温度变化情况如图 15-3 所示。

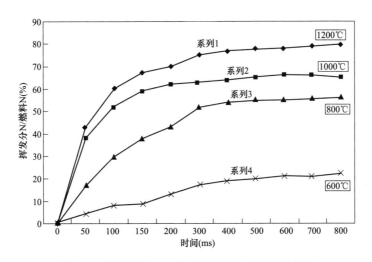

图 15-3　燃料型 $NO_x$ 生成随温度变化情况示意图

### 三、燃煤电站 $NO_x$ 的控制技术与分析

根据以上所述燃煤电站 $NO_x$ 产生的机理及其影响因素，对于燃煤 $NO_x$ 的控制主要有三种方法：①燃料脱硝；②改进燃烧方式和生产工艺，在燃烧中脱硝；③燃烧后 $NO_x$ 控制技术。前两种方法是减少燃烧过程中 $NO_x$ 的生成量，第三种方法则是对燃烧后烟气中

$NO_x$ 进行治理，即烟气脱硝技术。

**(一) 燃烧前对 $NO_x$ 产生的控制**

将燃料煤转化为低氮燃料，通常固体燃料的含氮量为 0.5％～2.5％，近年来，一些国家开始进行燃料脱硝研究，但其难度很大，成本很高，有待于今后继续研究。就目前我国资源结构和能源政策的现状来说，使用低氮燃料这一措施难以实施，也未见有实施的业绩报道或说明。

**(二) 燃烧中 $NO_x$ 控制技术**

根据 $NO_x$ 的生成机理，对燃烧过程中 $NO_x$ 生成的控制主要从两个方面考虑：一是控制燃烧中 $NO_x$ 的生成；二是还原已形成的 $NO_x$，其主要方法是通过运行方式的改进或者对燃烧过程进行特殊的控制，抑制燃烧过程中 $NO_x$ 的生成反应，从而降低 $NO_x$ 的最终排放量。纵观国内外控制燃煤电站 $NO_x$ 排放的低 $NO_x$ 燃烧技术，大概可分为：低氮燃烧器、空气分级燃烧技术、燃料分级燃烧、烟气再循环等技术。由于该类技术工艺成熟，投资与运行费用较低，已在火电厂的 $NO_x$ 排放控制中得到了较多的应用。有关燃煤电站锅炉供应商针对不同的影响因素，对低氮燃烧器做了大量的改进和优化，使其性能日益完善，品种日益增多。

**(三) 燃烧后 $NO_x$ 控制技术 (烟气脱硝技术)**

由于炉内低氮燃烧技术的局限性，对于燃煤锅炉，采用改造燃烧技术可以达到一定的除 $NO_x$ 的效果，但脱除率一般不超过 60％，使得 $NO_x$ 的排放不能达到令人满意的程度。为了进一步降低 $NO_x$ 的排放，必须对燃烧后的烟气进行脱硝处理。目前通行的烟气脱硝工艺大致可分为干法、半干法和湿法三类。其中，干法包括选择性非催化还原法 (SNCR)、选择性催化还原法 (SCR)、电子束联合脱硫脱硝法；半干法有活性炭联合脱硫脱硝法；湿法有臭氧氧化吸收法等。就目前而言，干法脱硝占主流地位，其原因是 $NO_x$ 与 $SO_2$ 相比，缺乏化学活性，难以被水溶液吸收；$NO_x$ 经还原后成为无害的氮气和水，脱硝的副产品便于处理；氨气对烟气中的 $NO_x$ 可选择性吸收，是良好的还原剂。湿法和干法相比，主要缺点是装置复杂且庞大、排水要处理、电耗大、内衬材料腐蚀等。

1. 干法脱硝技术

(1) 选择性非催化还原技术 (SNCR)。

选择性非催化还原法是在无催化剂的条件下，用 $NH_3$、尿素等还原剂喷入炉内与 $NO_x$ 进行选择性反应，因此必须在高温区加入还原剂。还原剂喷入炉膛温度为 850～1100℃的区域，还原剂 (尿素) 迅速热分解成 $NH_3$ 并与烟气中的 $NO_x$ 进行 SNCR 反应生成 $N_2$，该方法是以炉膛为反应器。在炉膛 850～1100℃这一狭窄的温度范围内，在无催化剂作用下，$NH_3$ 或尿素等氨基还原剂可选择性地还原烟气中的 $NO_x$，基本上不与烟气中的 $O_2$ 作用。此方法建设周期短、投资少、脱硝效率中等，比较适合于中小型电厂锅炉。

(2) 选择性催化还原技术 (SCR)。

选择性催化还原法 (SCR) 技术是还原剂 ($NH_3$、尿素) 在催化剂作用下，选择性的与 $NO_x$ 反应生成氮气和水，而不是被氧气氧化，故称为"选择性"。SCR 脱硝工艺系统可分为液氨储运系统、氨气制备和供应系统、氨/空气混合系统、氨喷射系统、SCR 反应器系统和废水吸收处理系统等。

（3）电子束法。

电子束法是用高能电子束（0.8~1.0MeV）辐射含 $NO_x$ 和 $SO_2$ 的烟气，产生的自由基氧化生成的硫酸和硝酸，再与 $NH_3$ 发生中和反应生成氨的硫酸及硝酸盐类，从而达到净化烟气的目的，该方法可以实现高效脱硝、脱硫，脱硝率可达 85% 以上，脱硫率在 95% 以上。但电子束法烟气净化工艺也存在一些问题，高湿、足氨的条件下有利于自由基的生成和化学反应的进行，并可以提高脱硫率及脱硝率，但增加氨会导致氨逃逸，造成二次污染，这在一定程度上限制了脱硫率的提高。副产物在烟气中为气溶胶状态，颗粒小、湿度大、易结块，干式电除尘器对其收集效率不高。另外，电子束法由于受到反应条件的限制，主反应路径的选择为辐射化学反应，因此需要较大的辐射剂量，需要大功率加速器而增加了能耗，工程造价较高。

2. 半干法脱硝技术

半干法主要是活性炭联合脱硫脱硝法，由于活性炭具有较大的表面积、良好的孔结构、丰富的表面基团、高效的原位脱氧能力，同时有负载性能和还原性能，所以既可作载体制得高分散的催化体系，又可作还原剂参与反应，提供还原环境，降低反应温度等特点，因此被广泛应用于脱硫脱硝工业上。

3. 湿法脱硝技术

湿法脱硝的原理是氧化剂将 NO 氧化成 $NO_2$，生成的 $NO_2$ 再用水或碱性溶液吸收，从而实现脱硝。由于 NO 在 $NO_x$ 占比在 90% 以上，而 NO 难溶于水，因此对 $NO_x$ 不能用简单的洗涤法。

（四）各种 $NO_x$ 处理技术比较

在众多的烟气处理技术中，液体吸收法的脱硝效率低，净化效果差；吸附法虽然脱硝效率高，但吸附量小，设备过于庞大，再生频繁，应用也不广泛；电子束法技术能耗高，并且有待实际工程应用检验；SNCR 法氨逃逸率高，影响锅炉运行的稳定性及安全性等问题；目前脱硝效率高、较为成熟的技术是 SCR 脱硝法。各种烟气脱硝技术比较见表 15-1。

表 15-1　　　　　　　　　　　　　烟气脱硝技术比较表

| 序号 | 方法 | 原理 | 技术特点 | 火电厂的应用 |
|---|---|---|---|---|
| 1 | 选择性催化还原法（SCR 技术） | 在特定催化剂作用下，用氨或其他还原剂选择性地将 $NO_x$ 还原为 $N_2$ 和 $H_2O$ | 脱除效率高，被认为是最好的烟气脱硝技术。投资和操作费用大，也存在氨的泄漏 | 火电厂应用广泛，普遍采用 |
| 2 | 选择性非催化还原法（SNCR 技术） | 用氨或尿素类物质使 $NO_x$ 还原为 $N_2$ 和 $H_2O$ | 效率较高，操作费用较低，技术已工业化。温度控制较难，氨气泄漏可能造成二次污染 | 效率较 SCR 低，少数火电厂采用 |
| 3 | 吸附法 | 吸附 | 具有投资少、设备简单、易于再生等特点，但受到吸附容量的限制，不能用于大排放源 | 不适用火电厂采用 |

续表

| 序号 | 方法 | 原理 | 技术特点 | 火电厂的应用 |
|---|---|---|---|---|
| 4 | 电子束法 | 用电子束法照射烟气，生成强氧化性 HO 基、O 原子和 $NO_2$，这些强氧化基团氧化烟气中的二氧化硫和氮氧化物，生成硫酸和硝酸，加入氨气，则生成硫硝铵复合盐 | 技术能耗高，并且有待实际工程应用检验 | 不采用 |
| 5 | 液体吸收法 | 先用氧化剂将难溶的 NO 氧化为易于被吸收的 $NO_2$，再用液体吸收剂吸收 | 脱除效率高，但要消耗大量的氧化剂和吸收剂，吸收产物造成二次污染 | 不采用 |

### 四、SCR 脱硝系统及设备简介

火电厂脱硝系统设备一般分两大部分，一是还原剂制备区，二是催化还原反应区。另外各区域附带有一些辅助系统，后面章节将详细论述。

SCR（Selected Catalytic Reduction）中文全称为"选择性催化还原法"，SCR 技术是还原剂在催化剂作用下，在适宜的反应温度（200～450℃）下，选择性地与 $NO_x$ 反应生成 $N_2$ 和 $H_2O$，而不是被 $O_2$ 所氧化，故称作"选择性"。

SCR 技术的还原剂一般采用 $NH_3$、尿素、氨水三种。SCR 技术的催化剂采用蜂窝式、平板式、波纹板式三种形式。SCR 脱硝法催化剂的选取是关键，对催化剂的要求是活性高、寿命长、经济性好和不产生二次污染。在众多的脱硝技术中，SCR 脱硝是效率最高、最为成熟的脱硝技术。在欧洲已有 120 多台大型装置的成功应用经验，其 $NO_x$ 的脱除率可达到 80%～90%。

SCR 脱硝技术的优点是：由于使用了催化剂，故反应温度较低，净化率高，可达到 85%以上；工艺设备紧凑，运行可靠；还原后氮气排空，无二次污染。但也存在一些明显的缺点：烟气成分复杂，某些污染物可使催化剂中毒；高分散的粉尘颗粒可覆盖催化剂的表面，使其活性下降；系统中存在一些未反应的 $NH_3$ 和烟气中 $SO_2$ 作用，生成易腐蚀和堵塞设备的硫酸氢铵，投资与运行费用较高。

1. 液氨为还原剂的制备区设备

SCR 脱硝工艺以液氨作为还原剂，简单系统流程如图 15-4 所示。主要系统包括液氨储存、制备、供应系统，设备有液氨卸料压缩机、储氨罐、液氨蒸发器、液氨泵、稀释风机、氨空混合器、反应器等。

2. 尿素为还原剂的制备区设备

SCR 脱硝工艺以尿素作为还原剂，简单系统流程如图 15-5 所示。尿素制氨系统由尿素颗粒储存和溶解系统、尿素溶液储存和输送系统及尿素分解系统组成。根据尿素制氨工艺的不同，分为尿素直喷技术、尿素热解技术和尿素水解技术。

（1）尿素直喷技术。

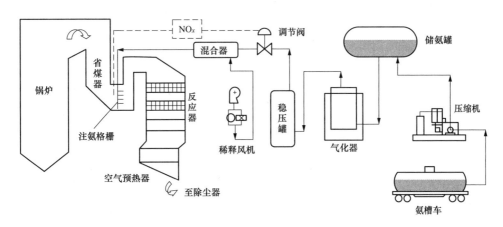

图 15-4　SCR 脱硝系统图

将制备的一定浓度的尿素溶液经循环供液泵输送至锅炉平台上的计量装置，经计量装置精确测量所需尿素溶液量，再由分配装置通过设置在锅炉烟道的单喷嘴喷射器将尿素溶液喷入烟道内，尿素溶液喷射器组喷出的尿素液滴与烟气混合，在烟道中被加热并分解成氨气。氨气与烟气的混合物依次穿过锅炉省煤器、静态混合器、烟气导流板和整流格栅，进入装有催化剂的 SCR 反应器。在催化剂作用下，氨气与烟气中的氮氧化物发生反应，生成无害的氮气和水，同时脱除氮氧化物。因技术尚未成熟，应用较少。

（2）尿素热解技术。

尿素热解法制氨系统主要设备包括尿素溶解罐、尿素溶解泵、尿素溶液储罐、供液泵、计量和分配装置、背压控制阀、绝热分解室（内含喷射器）、电加热器及控制装置等。储存于储仓的尿素颗粒由螺旋给料机输送到溶解罐，用去离子水溶解成质量分数约为 50% 的尿素溶液，通过给料泵输送到储罐；之后尿素溶液经给料泵、计量与分配装置、雾化喷嘴等进入高温分解室，在 $350 \sim 650℃$ 分解生成 $NH_3$、$H_2O$ 和 $CO_2$，分解产物经氨喷射系统进入 SCR 系统。

（3）尿素水解技术。

尿素水解制氨系统主要设备有尿素溶解罐、尿素溶解泵、尿素溶液储罐、尿素溶液给料泵及尿素水解制氨模块等。尿素颗粒加入到溶解罐，用去离子水将其溶解成质量分数为 $40\% \sim 60\%$ 的尿素溶液，通过溶解泵输送到储罐；之后尿素溶液经给料泵、计量与分配装置进入尿素水解制氨反应器，在反应器中尿素水解生成 $NH_3$、$H_2O$ 和 $CO_2$，产物经由氨喷射系统进入 SCR 脱硝系统。

3. SCR 脱硝反应区系统

SCR 脱硝反应区系统包括反应器、催化剂、吹灰器、稀释风机、压缩空气罐、氨空混合器、供氨调门等设备，按系统可分为：反应器及烟道系统、稀释风系统、吹灰器系统、压缩空气系统、供氨系统等。简单系统流程如图 15-5 所示。

**五、SNCR 脱硝系统及设备**

SNCR（Selected Non-Catalytic Reduction）中文全称"选择性非催化还原法"，其基

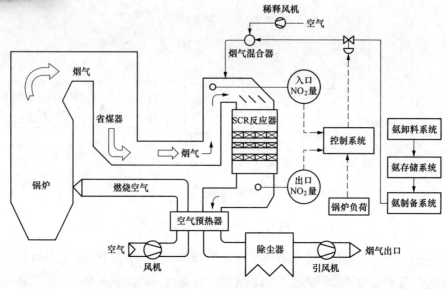

图 15-5 典型火电厂 SCR 脱硝系统流程图

本原理是把含有 $NH_x$ 基的还原剂（如氨、尿素）喷入炉膛温度为 $800\sim1100℃$ 狭窄的温度范围区域，在没有催化剂的情况下，该还原剂迅速热分解成氨气并与烟气中的氮氧化物进行还原反应生成氮气和水，而且基本上不与氧气作用。

典型的 SNCR 工艺系统由还原储槽、多层还原剂喷入装置和与之相匹配的控制仪表等组成。SNCR 系统烟气脱硝过程是由下面四个基本过程完成：

（1）接收、储存、制备还原剂；

（2）还原剂的计量输出、与水混合稀释；

（3）在锅炉合适位置注入稀释后的还原剂；

（4）还原剂与烟气混合进行脱硝反应。

由于 SNCR 烟气脱硝技术在大型电站锅炉上应用并不广泛，在此仅以国内 600MW 机组应用为例，简单介绍 SNCR 的工艺系统及设备。以尿素为还原剂进行 SNCR 工程方案设计时，整个 SNCR 系统包括尿素溶液制备系统和尿素溶液喷射系统。

1. 尿素溶液制备系统

尿素运输和储存不需要特别的安全措施，可采用汽车运输，使用十分安全。袋装尿素储存于储存间，由电动葫芦输送并由人力或机械拆包倒入溶解罐里，储存间能至少满足全厂 3 天的尿素用量。

尿素溶解罐罐体材料采用 304 不锈钢，设置搅拌器、液位计等装置，采用蒸汽加热系统加热 50% 的尿素溶液。尿素溶液储罐罐体材料采用 304 不锈钢，在适当部位安装伴热装置，使尿素溶液达到设计温度 30℃，溶液储罐满足全厂 4 天的用量。尿素溶液给料泵，每套系统安装 2 台泵（1 用 1 备），用以将尿素溶液打入溶液储罐，也可用作溶解时的循环泵。

2. 尿素溶液喷射系统

稀释水模块：利用离子水将尿素溶液稀释到约 10% 的浓度，供喷射器使用。稀释水泵选用带有端盖的多级离心泵。

计量与分配模块：每台炉设置一台尿素溶液计量泵和一套尿素溶液分配装置。喷射区计量模块是一级模块，根据锅炉负荷、燃料、燃烧方式、氮氧化物浓度、脱硝效率等参数的变化，指导调节到锅炉每个喷射区的还原剂流量。

尿素喷射器：每台锅炉布置两层墙式喷射器，具体安装位置待完成 CFD 模拟计算提供。

### 六、SCR 与 SNCR 工艺系统的比较

SCR 与 SNCR 工艺系统有不同的适用范围，具体比较情况见表 15-2。目前应用最多的技术为 SCR 烟气脱硝技术。国内也有为数不多的火电厂采用了 SNCR 加 SCR 联合脱硝工艺系统运行，即在炉膛内燃烧适合部位喷射还原剂，同时也在烟道上的温度适应段安装反应器进行 $NO_x$ 的脱除，$NO_x$ 的脱除效果较好，但是相应增加了工艺费用。

表 15-2　　　　　　　　　　　SCR 与 SNCR 工艺系统的比较

| 类别 | SCR | SNCR |
|---|---|---|
| 温度 | 300～420℃ | 850～1100℃ |
| $NH_3/NO_x$ 摩尔比 | 0.4～1.0 | 0.8～2.5 |
| 脱硝效率 | 80%～95 % | 20%～50%70%CFB |
| $NH_3$ 逃逸率 | $3\times10^{-6}\sim5\times10^{-6}$ | $5\times10^{-6}\sim20\times10^{-6}$ |
| 催化剂 | 需要 | 不需要 |
| 应用范围 | 广 | 窄 |
| 投资 | 高 | 低 |
| 运行成本 | 中等 | 中等 |

## 思考题

1. 氮氧化物对环境有哪些危害？
2. 简述燃煤电厂 $NO_x$ 的产生机理。
3. 燃煤电厂 $NO_x$ 的控制技术有哪些？
4. SCR 脱硝系统主要设备有哪些？
5. 简述 SNCR 脱硝工艺的技术特点。

# 第十六章

# 脱硝反应区设备

由于 SNCR 烟气脱硝技术在大型电站锅炉上应用并不广泛，本章以液氨作还原剂的 SCR 脱硝系统为例，介绍烟气脱硝反应区主要设备。SCR 脱硝反应区主要设备包括：脱硝反应器、氨气/空气混合系统、喷氨系统、吹灰器、供氨系统、压缩空气系统等。

## 第一节 脱硝反应器

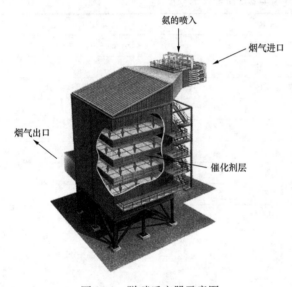

图 16-1 脱硝反应器示意图

脱硝反应器如图 16-1 所示，是 SCR 烟气脱硝工艺的核心装置之一，内部装有催化剂，是烟气中 $NO_x$ 与 $NH_3$ 在催化剂表面上生成 $N_2$ 和 $H_2O$ 的场所，为脱硝反应提供空间，同时保证烟气流动的顺畅与气流分布的均匀。

反应器的设计影响 SCR 脱硝系统的投资成本、运行成本、催化剂的用量及系统运行效果等重要方面。通常在工业废气治理工程中采用的催化反应器主要有固定床和流化床两种，流化床反应器具有传热效率高、温气分布均匀、气固接触面积大和传质速率高等优点，但动力消耗大，催化剂磨损流失，因此在烟气脱硝治理工程中实际应用不多，目前广泛采用的是固定床反应器。

### 一、脱硝反应器的布置方式

通常一个反应器的范围为自反应器入口膨胀节起到反应器出口膨胀节止，主要包括：入口烟道、带加固肋的反应器壳体、烟气导流板及其支撑、整流格栅、催化剂层及其支撑、催化剂的检修维护设施（轨道、葫芦）、反应器的支撑、出口烟道、反应器内部密封设施、必要的检修维护平台和相关的仪器仪表等。按照烟气流向脱硝反应器分为水平和垂直气流两种布置方式。由于燃煤锅炉烟气中的含尘量很高，为防止内部过量积灰，脱硝反应器一般采用垂直气流布置方式。根据催化剂工作温度的不同，脱硝反应器有三种布置方案：在空气预热器和省煤器之间、在空气预热器和除尘器之间、在脱硫装置之后，目前应用最广泛的反应器布置方式是空气预热器与省煤器之间，各种布置方案比较如下：

（1）脱硝反应器布置在省煤器下游与空气预热器中间，即高温高尘布置工艺系统。这种布置方式的优点是进入反应器的烟气温度可达到280～420℃，多数催化剂在这个温度范围内有足够的活性，烟气不需再热即可获得较好的脱硝效果。但催化剂在未经除尘的烟气中工作，寿命会受到下列因素的影响：

1）烟气携带的飞灰中含有 Na、K、Ca、Si、As 等时，会使催化剂"中毒"或受污染，从而降低催化剂的效能，对催化剂产生磨损，造成催化剂堵塞；

2）烟温升高会将催化剂烧结，或使之再结晶而失效；

3）烟气温度降低，$NH_3$ 会和 $SO_3$ 反应生成（$NH_4$）$_2SO_4$，从而会堵塞反应器通道和空气预热器；

4）高活性的催化剂会促使烟气中的 $SO_2$ 氧化成 $SO_3$，因此这种布置应避免采用高活性的催化剂。

为了尽可能延长催化剂的使用寿命，除了选择合适的催化剂之外，要使反应器通道有足够的空间以防堵塞，同时还要有防腐、防磨措施。

（2）当除尘器布置在空气预热器的上游通常采用高温低尘反应器，高温低尘布置 SCR 工艺的优点是锅炉烟气经过静电除尘器之后，粉尘浓度降低，可以延长催化剂的使用寿命；氨的泄漏量比高温布置方式的泄漏量要少。其缺点是与高粉尘布置一样，烟气中含有大量的 $SO_2$，催化剂可以使部分 $SO_2$ 氧化，生成难处理的 $SO_3$，并可能与泄漏的氨生成腐蚀性很强的硫酸铵（或者硫酸氢铵）盐物质；除尘器需要在300～400℃的温度下运行，对除尘器设备性能的要求较高；国内没有运用经验，并且国外可供参考的工程实例也比较少。

（3）脱硝反应器布置在脱硫装置之后，因为在上游的烟气处理设备中已脱除了绝大多数对催化剂有害的成分，但尾部烟气的温度（50～60℃）低于 $NH_3/NO_x$ 反应所需要的温度区间，因此烟气需要被重新加热，通常使用油或天然气的管路燃烧器或蒸汽式油加热器进行加热，再热烟气的热能通常有一部分通过气-气换热器中进行回收。该布置方式的优点是锅炉烟气经过除尘脱硫后，可以采用更大烟气流速和空速，从而使催化剂的消耗量大大减少；反应过程中不会产生 $SO_3$，可避免二次污染。该布置方式的缺点是需安装烟气再热系统，增加了投资和运行成本；很难找到符合条件的催化剂。

## 二、脱硝催化剂

脱硝反应器内部装有催化剂，可按原材料、结构、工作温度、用途等标准进行不同的分类。

1. 按原材料催化剂分类

目前应用于 SCR 脱硝工程中的催化剂大致分为三种类型：贵金属型、金属氧化物型和离子交换的沸石分子筛型。目前应用最广泛的是金属氧化物类催化剂，大多以 $TiO_2$ 为载体，以 $WO_3$、$V_2O_5$、$MoO_3$ 为活性成分，催化剂载体主要作用是提供具有较大比表面积的微孔结构，在 SCR 脱硝反应中所具有的活性极小。

2. 按结构催化剂分类

图 16-2　板式催化剂实物图

按结构催化剂分为板式、波纹式和蜂窝式。板式催化剂（见图 16-2）为非均质催化剂，通常以钢丝网为载体，钢丝网上均匀涂覆 $WO_3$、$V_2O_5$ 等活性物质，其表面遭到破坏磨损后，不能维持原有的催化性能，催化剂不能再生。波纹板式催化剂属于非均质催化剂，将催化剂活性物质涂覆在玻璃纤维板上，波纹板式催化剂（见图 16-3）抗烟气冲刷能力较强，不易积灰，适合烟气含尘量较高的环境。蜂窝式催化剂（见图 16-4）属于均质催化剂，以 $TiO_2$、$WO_3$、$V_2O_5$、$MoO_3$ 为主要成分，催化剂本体全部是催化剂材料，其表面遭到灰分等破坏磨损后，仍能维持原有的催化性能，且蜂窝式催化剂可再生。

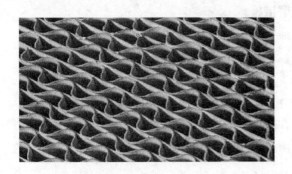

图 16-3　波纹板式催化剂

图 16-4　蜂窝式催化剂实物图

大部分燃煤电厂使用蜂窝式和板式催化剂，其中蜂窝式催化剂由于其强耐久性、高腐蚀性、可再生性等特性而得到广泛应用。

3. 按载体材料分类

按载体材料催化剂分为金属载体催化剂和陶瓷载体催化剂。陶瓷载体催化剂耐久性强、密度轻，是采用最多的催化剂载体材料。

4. 按工作温度分类

根据所使用的催化剂反应温度，SCR 脱硝工艺分成高温、中温和低温。一般高温大于 400℃，中温为 300～400℃，低温小于 300℃。目前应用较广的是中温催化剂。

此外按用途催化剂分为燃煤型和燃油、燃气型，燃煤和燃油、燃气型催化剂的主要区别是蜂窝内孔尺寸，一般燃煤型催化剂内孔尺寸＞5mm，燃油、燃气型催化剂内孔尺寸＜4mm。

三、脱硝反应器内部其他装置

（1）烟气导流板：为保持脱硝烟气分布均匀和降低压损，防止脱硝反应器及烟道内部积灰，在省煤器出口、脱硝反应器入口、烟道弯头处、出口烟道等部位根据需要设有烟气导流板。

（2）整流格栅：其作用一是通过烟气在格栅内的碰撞、整合作用，将进入格栅前水平方向流动的烟气调整为竖直向下流动；二是将进入格栅前较差的烟气速度分布整合的相对均匀。这两个作用对于 SCR 脱硝系统而言具有重要的意义，烟气在催化剂前控制在一定范围内的入射角，能够避免催化剂壁面被烟气过度冲刷，使催化剂寿命得到保障。

（3）烟气旁路：脱硝烟气旁路分为两类：一类是省煤器烟气旁路，另一类是脱硝反应器旁路。当省煤器出口烟气温度较低时，为保证催化剂活性在正常范围内，就需要开启省煤器旁路，以提高脱硝反应器入口烟气温度。脱硝反应器旁路在脱硝系统停运期间可防止催化剂中毒和污垢沉积，并且有利于脱硝系统的检修。

（4）反应器内部密封装置：为保证烟气全部通过催化剂，使烟气中的 $NO_x$ 与 $NH_3$ 进行充分反应，提高脱硝效率，在催化剂模块之间及催化剂模块与烟道壁板之间均安装密封板，密封板同时可有效防止飞灰集聚。

### 四、反应器的吹灰装置

为防止脱硝反应器内部及催化剂积灰，燃煤电厂脱硝反应器均安装吹灰器，目前普遍应用的是声波吹灰器和蒸汽吹灰器。

1. 声波吹灰器

在压缩空气的作用下声波吹灰器释放声波，高响度声波能引起灰尘共振而处于游离状态，防止灰尘黏合、累计在催化剂和脱硝反应器内的其他表面上，并对积灰产生高加速度剥离作用和振动疲劳破损作用，积灰产生松动而落下，接着这些灰尘颗粒被气流和重力清除出这些设备表面并被带出系统。

声波吹灰器生成低频（75Hz）高能（147dB）声波以提供覆盖脱硝反应器所需的声波能量，吹灰器喇叭安装在脱硝各层催化剂之间，穿过反应器的一侧壳体，安装时尽可能等距排列，吹灰器的工作压力一般为 $0.48\sim0.62MPa$。

声波吹灰器实物及安装图如图 16-5 所示。

声波吹灰的技术特点：

（1）声波吹灰是预防性的吹灰方式，阻止灰尘在催化剂表面形成堆积，声波吹灰器

图 16-5　声波吹灰器实物及安装图

能够保持催化剂的连续清洁，最大限度、最好地利用催化剂对脱硝反应的催化活性。

（2）声波吹灰对催化剂没有任何的毒副作用。

（3）声波吹灰对催化剂没有磨损，延长催化剂使用寿命，是非接触式清灰方式，降低SCR 脱硝系统的维护成本。

（4）声波吹灰器不存在清灰死角的问题，声波吹灰器由于是依靠非接触式的声波实现灰尘从结构表面脱落而被烟气带走，声波在结构的表面来回反射及衍射，因而不存在死角，清灰非常彻底。

2. 蒸汽吹灰器

蒸汽吹灰器是利用高压蒸汽的射流冲击力清除设备表面的积灰。蒸汽吹灰器通常为可伸缩的耙形结构，吹灰蒸汽压力为 $0.6\sim0.8MPa$，蒸汽温度为 $320\sim370℃$，吹灰蒸汽汽源来自锅炉蒸汽吹灰减压站后或辅助蒸汽联箱。

蒸汽吹灰的技术特点：

（1）蒸汽吹灰是待灰形成一定的厚度后，再进行吹扫，催化剂堵塞时吹扫效果明显。

（2）蒸汽吹灰由于湿度的影响，长期运行对催化剂的实效有影响，禁止使用蒸汽吹灰器长时间连续吹扫。

（3）蒸汽吹灰方式依靠机械的蒸汽的冲击力来实现清灰，高速的蒸汽流夹杂着粉尘，对催化剂的表面磨损较大。

（4）蒸汽靠接触式吹灰，吹扫范围与吹灰器布置密度有关，存在清灰死角。

3. 吹灰方式选择

声波吹灰器具有吹灰周期短、不易积灰的优点，但对大颗粒的飞灰清除效果不佳。由于声波吹灰器鼓入的压缩空气为常温，对反应器内部温度较高的设备可能产生不良影响。

蒸汽吹灰器是利用蒸汽吹扫集聚在催化剂表面的灰尘，吹灰周期长、运行费用高，对设备有一定的磨损，因其吹扫压力较高，催化剂堵塞时吹扫效果明显。

脱硝反应器如果单独使用声波吹灰器，吹灰成本低，但是燃用高灰分的煤种时有堵灰的危险；如果单独采用蒸汽吹灰器，清灰效果较好，但是运行成本高，长期运行对催化剂磨损较大。两种方法相结合的吹扫方式能取长补短，虽然初期投资较大，但是对保证脱硝系统安全稳定运行有较大优势。

## 第二节　氨空混合和喷氨设备

氨管道中的氨气在汽化器不断蒸发的作用压力下，进入氨空混合器前端，稀释风机鼓风将氨气、空气混合物以小于 $5\%$ 的比例带进混合器内，经过反复折射混均后进入喷射系统。影响 SCR 脱硝效率的关键因素是烟气与氨气的均匀、充分混合和根据烟气的 $NO_x$ 浓度控制氨气的喷入量。喷入的氨气不能全部参加反应，部分未参加反应的氨气随烟气排出造成氨逃逸，烟气中部分 $SO_2$ 被氧化成 $SO_3$。从脱硝反应器逃逸的氨与烟气中 $SO_3$ 和 $H_2O$ 反应生成硫酸氢氨，增加了下游设备空气换热器堵塞和腐蚀的风险。

### 一、氨空混合系统

氨气/空气混合效果是脱硝系统设计和运行中的重点和难点，在喷氨前后采取适当的策略，都可以不同程度地提高氨气/空气混合效果，以获得较高的脱硝效率和较低的氨逃逸率。下面简单介绍几种氨/空混合系统。

1. ENVIRGY 氨/空气喷嘴/混合系统

图 16-6 所示为 ENVIRGY 氨/空气喷嘴/混合系统的三维模型，每个氨气喷嘴部分的稀释氨气的流速都可以通过安装在供气管道上的流量调节装置进行调节，每个喷嘴的下游都装有一个静态混合叶片，来确保氨气和烟气进行均匀的混合。

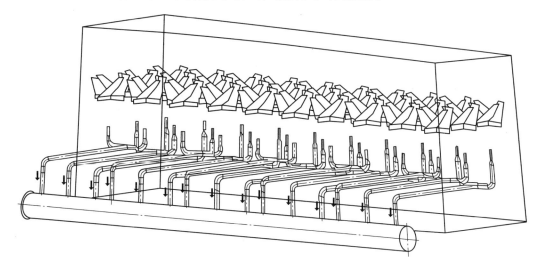

图 16-6　ENVIRGY 氨/空气喷嘴/混合系统示意图

2. FBE 氨涡流混合技术

FBE 氨涡流混合技术工作原理利用了空气动力学中驻涡的理论，如图 16-7 所示，在烟道内部选择适当的直管段，布置若干个圆形或其他形状的扰流板，并倾斜一定的角度，在背向烟气流动方向的适当位置安装氨气喷嘴，通过烟气流动的作用在扰流板的背面形成涡流区，这个涡流区在动力学上称"驻涡区"。驻涡的特点是其位置恒定不变，也就是说无论烟气流速怎样变化，涡流区的位置基本不变，稀释

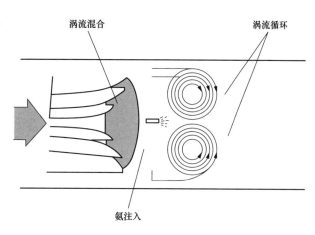

图 16-7　涡流混合器原理图

后的氨气通过管道喷射到驻涡区内，在涡流的强制作用下充分混合，实现混合均匀性，达到催化剂入口混合度均匀性的技术要求。

3. 三角翼静态混合器

三角翼静态混合器系统功能的特征：在圆形、椭圆形或三角板（板与气体呈一定角度放置）的前缘产生旋涡。旋流系统的交叉流动部件迫使不同密度、温度和浓度的烟气流在最短的距离内进行最好的混合，并且压降最小，可以在全负荷流量下获得很好的混合效果。

## 二、脱硝喷氨设备

氨空混合气体进入喷射系统内，由均匀布置在脱硝反应器入口烟道中的喷氨设备喷出，随烟气流动的顺势方向，与烟气卷携混合均匀，而进入反应器催化剂层间。氨气的扩散及氨气与氮氧化物的混合和分布效果是影响 SCR 脱硝效率的关键因素之一，目前工程上常用的喷氨系统主要有喷氨格栅和涡流式混合器。

### 1. 喷氨格栅

喷氨格栅是目前 SCR 脱硝系统普遍采用的方法，即将烟蒂截面分成 20～50 个大小不同的控制区域，每个区域有若干个喷射孔，每个分区的流量可单独调节，以匹配烟气中的氮氧化物浓度分布。喷氨格栅包括喷氨管道、支撑、配件和氨气分布装置等。喷氨格栅的位置及喷嘴形式选择不当或烟气气流分布不时，容易造成氮氧化物与氨气的混合及反应不充分，不但影响脱硝效率及经济性，而且极易导致喷氨局部区域喷氨过量。在脱硝系统投运前，应根据烟气气流的分布情况，调整各组供氨蝶阀的开度，使各组氨气喷嘴流量与烟气中需还原氮氧化物含量匹配，以免造成局部喷氨过量。

图 16-8 所示为某 600MW 机组 SCR 脱硝系统喷氨格栅及喷氨蝶阀，喷氨格栅分成若干个支管，每根管子上开一定数量及尺寸的小孔，氨气与稀释风混合后由此处喷入烟道与烟气混合；整个烟道截面被分成若干个控制区域，每个控制区域由一定数量的喷氨管组成，并设有阀门控制对应区域的氨气流量，以匹配烟道截面各处氮氧化物分布的不均匀性。

图 16-8　某 600MW 机组 SCR 脱硝喷氨蝶阀（左图）及喷氨格栅（右图）

### 2. 涡流式混合器

涡流式混合器又称"Delta Wing 混合器"，它是 FBE 公司的专利技术，从 1988 年开始公测应用，已经在多个项目上得到验证，其工作原理利用了空气动力学中的驻涡理论。一般在烟道内部选择适当的直管段，布置几个圆形或其他形状的扰流板，并倾斜一定的角度，在背向烟气流动方向的适当位置安装氨气喷嘴，在烟气流动的作用下，就会在扰流板的背面形成涡流区，这个涡流区在空气动力学上称"驻涡区"。驻涡区的特点是其位置恒定不变，也就是说，无论烟气流速大小怎样变化，涡流区的位置基本不变，稀释后的氨气通过管道喷射到驻涡区内，在涡流的强制作用下充分混合，可实现 $NO_x$ 与 $NH_3$ 的均匀混合，达到催化剂入口混合均匀性的技术要求。涡流式混合器的优点是：①可适应不同的烟气条件；②全断面 $NO_x$ 与 $NH_3$ 混合效果好；③喷射孔数量少，供氨调节门数量少，系统维护简单；④喷射孔数量少，可有效防止积灰堵塞。目前，涡流混合器的使用已经得到了大量工程的验证，实际效果较好。另外，涡流混合器的安装调试较为简单，对安装人员的要求较低。

### 三、稀释风系统

脱硝稀释风机的作用是鼓入大量自然空气将氨气稀释到一定比例后喷入反应器烟道，防止氨气与空气混合达到爆炸比例，从而造成危险，一般脱硝系统要求稀释风机将氨气稀释到体积比 5% 以下。稀释风还能作为 $NH_3$ 的载体，通过喷氨格栅将 $NH_3$ 送入烟道，有助于加强 $NH_3$ 在入口烟道中的均匀分布。

通常，每台机组至少设有两台稀释风机，一运一备或两用一备，风量设有联锁保护。喷氨调门打开之前就将稀释风机投入运行。个别 SCR 脱硝系统不设计稀释风机，直接取送风机出口风对氨进行稀释，稀释风量一般根据氨气/空气的体积比 3%～5% 的风量进行选型，稀释风机一般为常规的离心风机，风机进口处设置入口调节挡板及滤网，风机出口设置止回阀和手动门，避免备用风机倒转。

### 四、供氨系统

脱硝反应区的供氨系统主要包括供氨关断门、供氨调整门、供氨手动门、供氨止回门及相应的供氨管道，供氨系统各法兰要求安装跨接铜质导线，供氨平台上装有氨泄漏检测装置。大多脱硝工程布置两台反应器，则分别设置两套供氨系统。为保证脱硝系统可靠投运及退出，供氨关断阀设置相关联锁保护。

### 五、脱硝压缩空气系统

脱硝压缩空气系统由主机接引至脱硝反应区平台，主要用于声波吹灰器供气和各气动阀门、测量系统用气。压缩空气系统主要有压缩空气储气罐、过滤器、减压阀、排污系统组成。

## 第三节　脱硝反应区设备维护及管理

### 一、催化剂的维护及管理

催化剂费用通常占到 SCR 脱硝系统初始投资的 50%～60%，脱硝系统运行成本很大程度上受催化剂寿命的影响。为保证脱硝效率达到设计值，降低脱硝系统运行成本，需对催化剂定期检查，保证催化剂各项性能指标在合格范围内。

（1）脱硝系统检修期间检查催化剂吹损、脱落情况，如吹损、脱落较为严重，及时补充催化剂单体或模块，并做好更换、补充记录，保证脱硝反应器流场的均匀性。

（2）检查催化剂表面积灰、堵塞、腐蚀情况，对积灰及时清理，并对催化剂孔隙进行吹扫。

（3）每年每台炉至少对催化剂取样送检一次，检测催化剂微观比表面积、化学成分、磨损强度、黏附强度、活性是否合格，如不合格，及时对催化剂进行更换。

（4）检查催化剂模块钢丝网吹损情况，当钢丝网出现孔洞时及时进行更换。

（5）对催化剂更换数量、类型做好合理预估，提前采购、储备一定数量的催化剂单体及模块。

（6）按照环保相关要求，做好废弃催化剂的管理。

## 二、吹灰器的维护及管理

（1）检查声波吹灰器发声是否正常，如吹灰器发声异常或无声，检查供气压力是否在正常范围内，检查、清理发声筒各段积灰，检查吹灰器膜片是否出现裂纹、磨损。

（2）检查声波吹灰器供气球阀、电磁阀工作情况，对存在的缺陷及时处理。

（3）结合机组检修清理声波吹灰器发声筒内部积灰。

（4）检查蒸汽吹灰器进、退是否正常，减速箱有无漏油。

（5）检查蒸汽吹灰器供汽、疏水系统是否正常。

（6）结合机组检修检查蒸汽吹灰器耙管是否开裂、变形。

## 三、脱硝反应器内部设施维护及管理

（1）清理脱硝反应器出、入口烟道内部积灰。

（2）检查脱硝反应器内部支撑、桁架、整流格栅、导流板、喷氨管道、喷射盘、膨胀节应完好，无冲刷、吹损、变形现象，焊口焊接牢固，反应器壳体、烟道壁板无破损、无泄漏，喷氨管道喷嘴内有无积灰，检查并记录设备缺陷。

（3）检查氨气喷嘴、涡流混合器有无磨损、变形、腐蚀，检查氨气次流进料孔及混合单元是否堵塞并用压缩空气吹扫。

（4）喷氨管道、烟道支撑磨损超过原始厚度 1/2 时进行更换，未超过原始厚度 1/3 时加装防磨角铁，焊接时要求各部件满焊，清理喷氨管道喷嘴内部积灰，保证氨空混合物流通畅通。检查催化剂模块支撑梁，栅格有无变形、开焊、腐蚀、磨损，并做好记录。

（5）检查导流板吹损、脱落情况，当吹损出现异常时进行补焊、加固。

（6）检查整流格栅吹损减薄情况，整流格栅有无晃动、偏斜，发现异常进行处理。

## 四、供氨系统维护及管理

（1）检查供氨调门、关断门开关是否正常，并定期与控制室核对开度是否一致。

（2）检查供氨各阀组有无泄漏。

（3）脱硝系统检修时对各阀门、管道、流量孔板解体检查，清理内部灰垢。

（4）冬季检查供氨管道伴热温度是否正常，系统有无泄漏。

（5）检查供氨压力是否在正常范围内，如有异常及时分析原因。

## 五、稀释风系统维护及管理

（1）检查风机各部振动是否正常，如有异常及时处理。

（2）检查风机基础及各部位螺栓是否松动。

（3）检查风机出口蝶阀、膨胀节、管道有无泄漏，如有异常及时处理。

（4）结合脱硝系统检修对风机进行解体检查，检查叶轮、集流器、减振器有无异常，对存在的缺陷进行处理。

## 思考题

1. 脱硝反应器的布置方式有哪几种？
2. 不同的催化剂结构有什么优缺点？
3. 稀释风的作用是什么？
4. 催化剂的定期检查项目是什么？
5. 声波吹灰器的技术特点是什么？

# 第十七章
# 液氨储存和制备系统

氨区液氨储存及气氨供应系统一般包括液氨储罐、卸料压缩机、蒸发器、缓冲罐、稀释槽、液氨输送泵、废水泵、废水池等，该系统产生氨气，供脱硝反应使用。

液氨的供应由液氨槽车运送，由卸料压缩机将液氨卸入液氨储罐内。脱硝系统投运后，液氨储罐中的液氨靠储罐中的压力和液氨的自重将液氨输送至液氨蒸发器内蒸发为氨气。冬季液氨储罐压力低时，可启动液氨输送泵增加蒸发器入口压力，从而增加缓冲罐出口气氨压力。氨气的流量通过供氨调节阀调节，然后与稀释风机在氨/空气混合器中混合均匀后，通过喷氨格栅注入 SCR 脱硝系统反应器入口烟道。系统紧急排放的氨气则排放至氨气稀释槽中，经水的吸收排入废水池，再经由废水泵排至废水处理厂处理。

## 第一节 液氨储运设备

液氨储运系统主要设备包括液氨储罐、卸料压缩机、液氨槽车等设备。下面依次对其简要介绍，便于设备管理。

### 一、液氨储罐

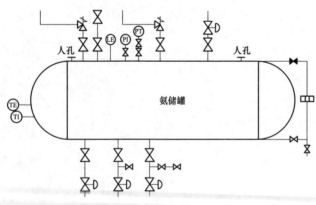

图 17-1　液氨储罐示意图

LE—在线氨检漏仪；PI—压力显示；TE—温度元件；
TI—温度显示；PT—压力测量元件

液氨储罐是 SCR 脱硝系统储存液氨的设备，如图 17-1 所示，一般为能够承受一定压力载荷的罐体，液氨储罐的容积选择一般考虑锅炉 BMCR 工况下一周液氨的消耗量，并且要保证储罐的上部至少留有全部容量的 10％汽化空间。液氨储罐属三类容器，其设计压力取液氨介质在 50℃时的饱和蒸汽的 1.1 倍设计，工作温度一般为－10～40℃。液氨储罐上安装有超流阀、止回阀、紧急关断阀和安全阀作为储罐液氨泄漏保护使用。储罐还装有温度计、压力表、液位计和相应的变送器，使信号送到 DCS 控制系统。在罐的顶部有一个直径为 600mm 或更大直径的人孔门。根据规程要求，需要在储罐附近安装一个氨泄漏传感器和报警器。

液氨储罐计算体积估算公式为：

$$V' = \frac{\pi}{24} D^3 \times 2 + \frac{\pi}{4} D^2 L$$

式中　$V'$——计算出的箱罐体积，$m^3$；

　　　$D$——氨罐内径，m；

　　　$L$——氨罐长度，m。

## 二、氨卸料压缩机

卸料压缩机的作用是把液氨从运输的槽车中转移到液氨储罐中。卸料压缩机一般为往复式压缩机，它抽取液氨储罐上部的气体氨，压缩后将其打入槽车内，从而将槽车内的液氨推挤至液氨储罐中。压缩机组整体结构如图 17-2 所示。

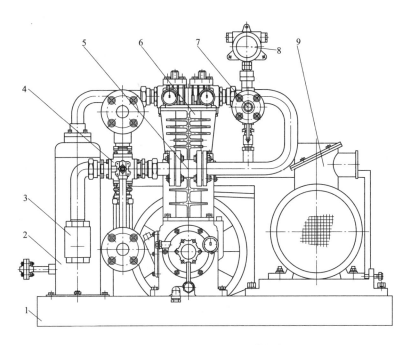

图 17-2　卸料压缩机组整体结构

1—底架；2—分离器；3—过滤器；4—四通阀；5—止回阀；

6—主机；7—安全阀；8—排气压力控制器；9—电动机

$NH_3$ 卸料压缩机工作系统如图 17-3 所示，它由压缩机、两位四通阀、气液分离器、防爆电动机、止回阀、安全阀、底座及防护罩等组成。

在槽车向储罐供氨的过程中，随着槽车氨量的减少，其压力也不断下降，甚至影响继续供氨，因此，需用卸料压缩机提高槽车罐压力，以保证槽车内液氨可以全部卸出。

1. $NH_3$ 卸料压缩机工作原理

压缩机运转时，通过曲轴、连杆及十字头，将回转运动变为活塞在气缸内的往复运动，并由此使工作容积做周期性变化，完成吸气、压缩、排气和膨胀四个工作过程。当活

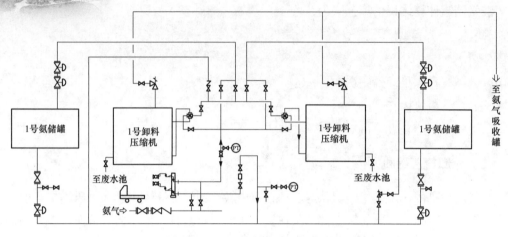

图 17-3　NH₃ 卸料压缩机工作系统

塞由外止点向内止点运动时，进气阀开启，气体介质进入气缸，吸气开始；当达到内止点时，吸气结束。当活塞由内止点向外止点运动时，气体介质被压缩，当气缸内压力超过其排气管中的背压时，排气阀开启，即排气开始；活塞到达外止点时，排气结束。活塞再从外止点向内止点运动，气缸余隙中的高压气体膨胀，当吸气管中压力大于正在缸中膨胀的气体压力并能克服进气阀弹簧力时，进气阀开启，在此瞬间，膨胀结束，压缩机完成了一个工作循环。

2. 气液分离器

由于液体的不可压缩性，压缩机只能压缩气体。如果不慎使液体进入气缸，就会产生"液击"，使压缩机严重损坏，大量有毒气体就会迅速泄漏出来，造成重大事故。为防止发生"液击"事故，一般压缩机都配置了气液分离器，杜绝了液体进入压缩机现象的发生，确保压缩机的安全运行。同时，免除了庞大的气液分离器和稳压管，节省了投资。

气液分离器由筒体、浮子、切断阀、排液阀等组成，如图 17-4 所示。在正常情况下，气体经过进气过滤器进入筒体后，由于气体密度较小，浮子不会上升，气体顺利通过切断阀流进压缩机，压缩机正常运行。若液体进入筒体，液体就会把浮子托起，并关闭切断阀，使液体不能进入压缩机。

一旦发生"进液"，应首先关闭气相管线上进排气阀门，电动机停电，查找进液原因。彻底排出气相管线内的液体，打开气液分离器的排液阀门，将筒体内液体排出，此刻压缩机进气压力表显示为零，即使气液分离器内存液已排净，但浮子仍被吸住，为使浮子复位，应先关闭进气管线上的阀门，后打开排液阀，使排气腔的高压气体回流到进气腔。此时，可以听到一声沉闷的轻响，表明浮子已经卜沉复位，浮子复位后，即可按规定程序继续启动压缩机运行。

3. 两位四通阀

氨卸料压缩机两位四通阀是为简化操作而设置的，它是一种两位四通柱塞阀门。当将槽车的液相卸到储罐后，由于槽车罐的出液口距罐底有一定的高度，槽车停放时不可能是完全水平状态，槽车内将存留相当数量的液体和满罐高压力的气体不能卸净。这样将给用

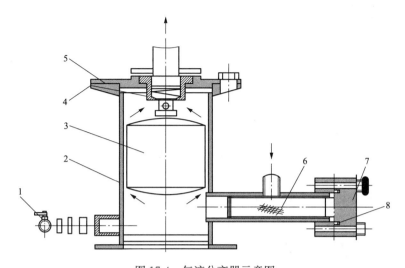

图 17-4 气液分离器示意图

1—排污阀；2—分离器体；3—浮子；4—切断阀；

5—分离器上盖；6—过滤器；7—过滤器盖；8—O 形密封圈

户带来经济损失，也给下次装车带来困难，因此，必须把存在槽车内的气、液回收。两位四通阀工作流程如图 17-5 所示。

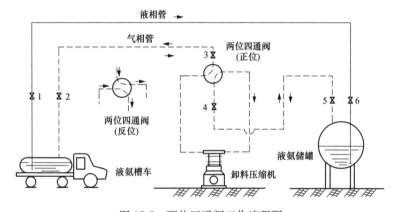

图 17-5 两位四通阀工作流程图

1—卸料臂液相阀；2—卸料臂气相阀；3—压缩机出口气相阀；

4—压缩机入口气相阀；5—液氨储罐气相阀；6—液氨储罐液相阀

典型的卸车和余气回收作业的工艺流程如图 17-5 所示。在卸氨作业时，开启气相阀 2、3、4、5，开启液相阀 1、6，使两位四通阀的手柄处于正位，启动压缩机。此时，压缩机抽吸液氨储罐内的气相并使其压力降低，而槽车罐内的气相压力升高，由于压差的作用，槽车罐内的液体经液相管流进液氨储罐。

由于装有两位四通阀，回收作业的操作变得极为简单，只要把液相管线上的液相阀 1、6 关闭，将两位四通阀的手柄转动 90°，即由正位变为反位（如图 17-5 左侧所示），槽车罐内的气相在压缩机抽吸下，压力降低，存留的液体不断汽化，直到把槽车罐内的液、气回收至槽车罐内保持一定的余压，回收作业结束。

正位时，两位四通阀的手柄垂直向下，气体由四通阀的下法兰口进入机组，经压缩后，由上法兰口排出，即低进高出；反位时，手柄水平向左，气体由上法兰口进入机组，压缩后由下法兰口排出，即高进低出。

需要说明的是：在任何情况下，两位四通阀的手柄都不允许处在倾斜位置，否则将堵塞压缩机的进排气通道。

## 第二节　氨气制备和供应系统

氨气的制备系统包括蒸发器、缓冲罐等设备；另外，本节还对吸收槽、废水处理、氮气吹扫以及管道阀门等系统进行简要介绍。

### 一、液氨汽化的几种系统

液氨汽化根据是否提供外部热源分为自然汽化和强制汽化。自然汽化是指液氨储罐的液氨依靠自身的显热和外界环境的热量而汽化的过程，本节不涉及。

强制汽化就是人为地加热液氨使其汽化，强制汽化一般在专门的汽化装置中进行。强制汽化有两种方式，一为气相导出方式；一为液相导出方式。前者大致与自然汽化方式相同，是用热媒加热液氨储罐，并把液氨储罐的温度控制在容器设计压力的维度以内。由于该法汽化能力低，不经济，目前已经很少应用。

目前常采用的是液相导出方式，根据系统设置的不同可分为自压强制汽化，加压强制汽化和减压强制汽化。

1. 自压强制汽化

自压强制汽化的原理是利用液氨储罐内液氨自身的压力将液氨输送入蒸发器，使其在外部热源加热过程中汽化，不间断地向 SCR 脱硝系统输送氨气，其原理如图 17-6 所示。

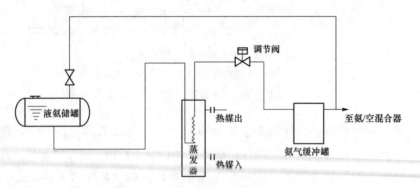

图 17-6　自压强制汽化原理示意图

2. 加压强制汽化

加压汽化的原理是利用液氨泵将液氨加压到高于储罐的蒸气压后送入蒸发器，使其在加压后从热媒获得汽化潜热过程中汽化，其原理如图 17-7 所示。

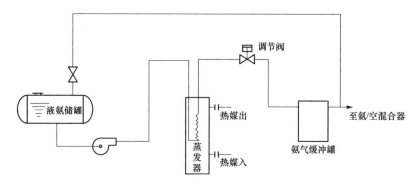

图 17-7　加压强制汽化原理示意图

3. 加压强制汽化

液氨依靠自身的压力从储罐进入蒸发器前，先进行减压再进入蒸发器，依靠人工热源加热汽化，这种汽化方式成为减压汽化，图 17-8 为减压强制汽化示意图。为了防止用气突然停止，蒸发器内液氨继续汽化而导致蒸发器超压，可以与调节阀并联一个回流阀，当停止用气、蒸发器被压力达到控制压力时，液体经回流阀流回储罐。

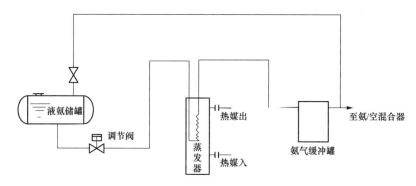

图 17-8　减压强制汽化原理示意图

在实际工程中，根据外界环境条件的不同，可以灵活地选用自压强制汽化、减压强制汽化或自压与加压组合的汽化系统。从节能的角度出发，一般液氨加压强制汽化系统很少单独使用。

**二、蒸发器**

目前，燃煤电厂 SCR 脱硝系统工程中的液氨蒸发器一般以螺旋式（见图 17-9）为主，管内为液氨，管外为温水浴，以蒸汽直接喷入水中加热至 60℃，再以温水将液氨汽化，并加热至常温。氨蒸发器水温通过控制过热蒸汽的调节阀，使氨蒸发器内水温保持在 60℃，当水温达到 85℃时则切断蒸汽来源，并在 DCS 上报警。蒸发器罐上装有压力控制阀将气氨压力控制在 0.2～0.28MPa，当压力达到 0.39MPa 时，切断液氨进料。由于蒸汽直接喷入水中，混合式加热会导致蒸发器振动，目前改造后的蒸发器将混合式加热改成表面式加热，从而克服了蒸发器振动大的问题。

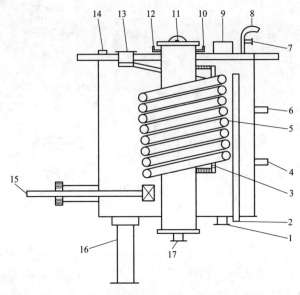

图 17-9　立式液氨蒸发器结构示意

1—工业水入口；2—溢流口；3—支架；4—温度显示；5—蒸发盘管；6、7—液位指示器；8—通风口；9—观察口；
10—NH₃ 出口；11—观察口（带盖板）；12—预留口；13—液氨入口；14—液位开关；
15—蒸汽入口；16—支柱；17—排污口

### 三、氨气缓冲罐

液氨经过蒸发器蒸发为氨气后进入氨气缓冲罐，其作用是对氨气进行缓冲作用，保证氨气有一个稳定的压力；另外在缓冲罐内还进行气液分离。氨气缓冲罐的结构相对简单，主要包括氨气的进出口、安全阀及排污阀等。

由于氨供给设备有可能设置在远离需求点的场所，所以氨气缓冲罐的内压设定应充分考虑到途中压头的压力损失。在蒸发器的上游设置有液氨压力控制阀，控制液氨蒸发流量，使气氨压力保证在 0.2～0.28MPa 范围内，当出口压力达到 0.39MPa 时，则应关断进料门。

### 四、稀释罐

氨稀释罐属于可能出现危险情况时处理氨排放的设备，其结构比较简单。废氨稀释系统把位于氨区的设备排出和泄漏的氨气进行稀释。罐中的稀释水需要周期性地更换，排至废水池中。

稀释罐所需水的流量取决于无水氨罐上布置的安全阀排水量，安全阀在排气时（大约气体占 95％，液体占 5％）所需要的水量为最大水量。

稀释罐的液位由溢流管线维持，设计有箱顶喷水，箱侧进水，箱底部设置有氨气入口和废水排污口，根据工程的地理位置考虑是否需要设置防冻热水接口。

### 五、氨区废水处理

氨区稀释罐的排放水、氨罐喷淋冷却水等一般都通过沟道或管道等收集到氨区的废水池中，由于废水具有一定的腐蚀性，所以一般需要通过废水泵，将脱硝废水排到全厂废水处理系统进行处理后排放。

废水泵可以选择自吸泵或液下泵，工程中根据需要或业主的要求确定。

### 六、氨区的氮气吹扫设计

液氨储存及供应系统应保持系统的严密性，防止气氨的泄漏和氨气与空气的混合造成爆炸。基于安全方面的考虑，SCR脱硝系统的卸氨压缩机、液氨储罐、氨蒸发器、缓冲罐等都备有氮气吹扫管线。

### 七、管道、阀门及其附件材质要求

根据氨的弱碱性、系统运行压力及腐蚀性，所有接触氨的管道可选用碳钢管或不锈钢管作为氨气管，氨系统中所有阀门不允许采用灰碳铁制作，并且氨管道的阀门及其附件所有仪表与阀门的垫圈禁止采用铜质材料。

为了保证系统安全运行，SCR脱硝系统、氨系统管道及其阀门的设计压力一般按2.5MPa考虑，并且在所有接触氨与氨气的管道阀门等附件上需要安装防静电导体。

## 第三节　氨区安全管理

为规范火力发电厂脱硝项目液氨系统的设计，加强氨装卸、储存、使用安全管理，有效防范氨泄漏造成的人员中毒、火灾及爆炸事故，在严格执行现行国家、行业标准的同时，执行以下保证安全的要求。

### 一、总平面布置

通常，氨区按功能划分为液氨储罐区、蒸发区、卸料区。氨区应集中布置在厂区全年最小频率风向的上风侧，一个火力发电厂内液氨储罐应集中布置，并应尽量控制液氨储罐的数量，当液氨储罐数大于3个时，应分组布置，储罐组之间相邻两个储罐的外壁间距应不小于26m，否则应增设高至遮阳棚顶的防火隔墙。氨区应设置不低于2.20m的非燃烧实体围墙，并设置两个或以上对角或对向布置的安全逃生门。氨区大门及逃生门均应采用阻燃实体门，向外开，内侧悬挂"安全通道""从此通行"标识牌。逃生门不能上锁，且应能自动关闭，门栓处设置"从此打开"提示牌。氨区风向标数量不少于两个，应在液氨区最高处呈对角布置，且处于避雷设施的保护范围内。液氨卸料区应尽可能设置在氨区围墙内，如受场地限制，液氨卸料区只能设于液氨区围墙外的，应在万向充装管道系统周围设置围栏。万向充装管道系统周围应设置防撞桩。氨区控制室和配电间出入口门不得朝向装置区。

### 二、系统配置

卸料压缩机应采用氨气专用压缩机，压缩机入口前必须设置气液分离器。万向充装系统应使用具有防泄漏功能的干式快速接头，否则应在万向充装系统靠近卸车操作阀的位置增设止回阀。液氨储罐液相进口根部阀前应装设止回阀。应尽量控制液氨储罐本体开孔数量和孔径，液相孔径不得大于 DN80。与液氨储罐直接连接的法兰、阀门、液位计、仪表等应在储罐顶部及一侧集中布置，且均应处于防火堤内。液氨储罐本体的外接管道（含排污管）均应设双阀。罐体侧的为手动隔离阀，应尽量靠近储罐本体；另一个为自动阀，可由保护动作自动关闭止漏。液氨系统的管道设计压力不低于 2.16MPa，设计温度不低于50℃。与液氨储罐本体连接的第一道阀门、法兰及附件按公称压力 4.0MPa 选用，其他阀门、法兰及附件的公称压力应不小于 2.5MPa。

液氨系统管道、阀门、法兰及附件的选材应符合表 17-1 的要求。

表 17-1 　　　　　　　　　　液氨系统管道、阀门、法兰及附件的选材表

| 序号 | 名称 | 最低设计温度 | |
|---|---|---|---|
| | | $>-20℃$ | $\leqslant-20℃$ |
| 1 | 管道 | 20 号钢 | 不锈钢 |
| 2 | 阀门 | 不锈钢 | 不锈钢 |
| 3 | 法兰 | 20 号钢带颈对焊突面法兰 | 不锈钢带颈对焊突面法兰 |
| 4 | 垫片 | 不锈钢缠绕石墨垫片 | 不锈钢缠绕石墨垫片 |
| 5 | 连接件 | 35CrMo 全螺纹螺柱<br>30CrMo II 型六角螺母 | 35CrMo 全螺纹螺柱<br>30CrMo II 型六角螺母 |

液氨储罐应单独设置高高液位开关（储罐充装系数不大于 0.9），自动联锁切断进料装置。液氨储罐应设置超温、超压保护装置，超温设定值不高于 40℃，超压设定值不大于1.6MPa，保护动作时能够自动联锁启动降温喷淋、切断进料。液氨储罐区、蒸发区及卸料区应分别设置氨泄漏检测仪，并定期检验。氨泄漏检测仪报警值为 15mg/m³（20ppm），保护动作值为 30mg/m³（39ppm）。液氨储罐组四周应设置高度为 1m 的防火堤，并设置不少于 2 个通往堤外的台阶。液氨储罐至防火堤内侧基脚线的水平距离应不小于 3m。液氨蒸发区应设置高度为 600mm 的围堰。蒸发器应采用水浴加热，并设置水温超温、筒内液氨液位超高及压力超高报警。应在液氨储罐区、蒸发区、卸料区分别设置安全喷淋洗眼器，洗眼器的防护半径不宜大于 15m，水源应采用生活水。液氨区废水应输送至电厂废水处理中心，严禁排入雨水系统。宜配置 2 台废水泵，单台出力应不小于 50m³/h。废水泵电源应来自不同电源段。液氨储罐基础应设沉降观测点，每年至少观测一次。氨系统管道焊缝应 100%进行无损检验。

### 三、防静电、防雷措施

氨区入口处人体静电导除装置宜采用不锈钢管配空心球形式。地面以上部分高度为1.0m，底座应与氨区接地网干线可靠连接。氨区及氨输送管道所有法兰、阀门的连接处均应设金属跨接线，跨接线宜采用 4×25mm 镀锌扁钢，或 φ8 的镀锌圆钢。液氨罐体扶梯入口处应设置人体静电导除装置。卸料区须设置用于槽车接地的端子箱，端子箱应布置在

装卸作业区的上风向，并配置专用接地线。万向充装系统两端均应可靠接地。液氨区所有电气设备、远传仪表、执行机构、热控盘柜等均应选用相应等级的防爆设备，防爆结构选用隔爆型（Ex-d），防爆等级不低于 IIAT1。附近高大建筑物防雷设施的保护范围不能覆盖氨区时，应对氨区单独设置防雷系统。

## 四、水系统设计

氨区水系统的设计必须由工艺、给排水、消防专业共同设计，确保与罐体直接相连的法兰、阀门、液位计及仪表等可能发生泄漏的部位均在消防喷淋覆盖范围内。液氨区水系统的功能包括：罐体冷却降温、消防灭火、泄漏液氨的稀释吸收。每个液氨储罐的冷却喷淋系统应单独设置，水源为工业水，喷淋强度不小于 $4.5L/(m^2 \cdot min)$。消防喷淋水应取自高压消防水系统，室外消火栓用水应取自低压消防水系统。当电厂消防水系统为共用一套管路时，消防喷淋系统与室外消火栓用水应分别从全厂消防水母管接入，且其分支母管均应设置为带有隔离阀门分段的环型管路。氨区消防喷淋系统应采用喷嘴喷淋方式，且为环形布置。设计给水强度不小于 $9L/(m^2 \cdot min)$。液氨储罐区的消防喷淋水流量按罐体表面积计算，卸料区的消防喷淋水流量按槽车罐体表面积与万向充装系统覆盖面积之和计算。

在满足消防喷淋强度的基础上，综合考虑氨泄漏后的吸收用水，各液氨储罐组的消防喷淋系统总流量应不小于表 17-2 的规定。

表 17-2　　　　　　各液氨储罐组的消防喷淋系统总流量规定

| 液氨储罐公称容积 $V$（$m^3$） | $V \leqslant 50$ | $50 < V < 120$ | $V \geqslant 120$ |
| --- | --- | --- | --- |
| 储罐组消防喷淋水流量（$m^3/min$） | 2 | 3 | 4 |

按消防喷淋给水强度及面积计算的消防喷淋水流量小于表 17-2 数值时，可针对液氨储罐顶部、法兰及阀门等泄漏点较为集中的区域增设一套可远控或就地操作盘手动操作的应急水喷淋系统。

液氨储罐组围墙外应布置不少于三只室外消火栓，消火栓的间距应根据保护范围计算确定，不宜超过 30m。每只室外消火栓应有 2 个 DN65 内扣式接口，并配置消防水带箱，每箱内配 2 支直流/喷雾两用水枪和 4 条 DN65 长度 25m 的水带。液氨储罐轴向未布置蒸发区的一侧，宜在储罐之间的轴向延长线方向的围墙上设置固定式万向水枪；布置蒸发区的一侧，宜在储罐与蒸发区分界线延长方向的围墙上设置固定式万向水枪。固定式万向水枪的数量不少于"储罐数＋1"。固定式万向水枪应为直流/喷雾两用，且能上下、左右调节，以覆盖氨区所有可能的泄漏点。每只固定式万向水枪的给水强度应不小于 5L/s。围墙外应设置高 1.4m 的固定式万向水枪操作平台。寒冷地区的氨区消防系统管道、阀门及消火栓应采取可靠的防冻措施，以保证消防水随时可用。氨区消防喷淋系统应每月试喷一次（冬季可根据情况执行）。试喷时采用氨气触发就地氨气泄漏检测器联动、DCS 画面发指令触发两种方式分别进行。

## 五、安全防护

液氨区应设计视频监视系统，监视摄像头应不少于 3 个。液氨区应在就地设置事故语音警报系统，一旦发生紧急情况，运行人员经现场确认后能立即启动事故语音警报系统，并通知应急处置人员，同时通知氨区周边相关人员及时撤离。液氨储罐罐体表面色为银色（BO4），万向充装系统、氨管道表面色为中黄色（Y07），色环为大红色（R03）。氨区应设置明显的职业危害告知牌、安全警示标志，注明液氨物理、化学特性、危害防护、处置措施、报警电话、禁止火种、禁止开启手机等内容。液氨储罐区、蒸发区、卸料区的喷淋洗眼器处应设明显的标识，每周放水冲洗管路，并做好防冻措施。氨区个人防护用品配置，应在氨区围墙外分别存放一套，方便使用，并在消防队或集中控制室存放一套。

## 六、接卸管理

卸车操作应严格执行《火电厂烟气脱硝（SCR 脱硝系统）系统运行技术规范》中各项规定。液氨的运输单位必须具有危化品运输许可资质，运输液氨的槽车应在检验有效期内，并配备有押运员。槽车必须装配有紧急切断阀、干式快速接头。干式快速接头推荐使用进口产品，并应严格按照使用说明书定期检查、维护、更换。槽车进入厂区前，及时通知本厂消防部门。槽车进入厂区应由专人引导，进入氨区前必须安装阻火器，按照规定路线行使，定置停放。车辆停稳后应在两个后轮的前后分别放置防溜车止挡装置。禁止在卸料区进行检修槽车等与卸料无关的作业。企业接卸员必须经过专门培训，熟练掌握液氨的物理化学特性、防护用品使用方法、应急逃生及救援知识和技能。卸料前，必须对液氨槽车紧急切断阀做一次动作试验，确保紧急切断阀可靠。卸料过程中，槽车卸车接口周边15m 范围内，除押运员和接卸操作员外，严禁其他人员逗留。汽车槽车在装卸液氨时，必须规范接地。装卸工作完毕后，应静置 10min 方可拆除静电接地线。液氨进入储罐前的流速应控制在 1m/s 以内。使用 DN80 进料管的，卸氨流量可按 $18m^3/h$ 进行控制，其他管径的进料管应经计算后确定卸氨流量。卸车结束后，应使用便携式检测仪对相关管道设备进行检测，待确认周围空气中无残氨后方可启动槽车。

## 七、应急管理

企业必须完善现场处置方案，并定期演练。每半年组织一次液氨泄漏事故应急预案演练；每季度对液氨使用、接卸等生产岗位及专责负责人进行一次防毒面具、正压呼吸器、防护服等穿戴的演练。严禁未经专门培训、未佩戴防护用品的人员参与现场抢险。防毒面具只能在短时间、轻微泄漏或处置残存氨的情况下使用。当发生大量泄漏时，抢险人员（包括消防队员）必须使用正压式空气呼吸器、隔离式（气密式）防化服。

氨系统发生泄漏的处理原则：

（1）立即查找漏点，快速进行隔离。

（2）严禁带压堵漏。

（3）如产生明火时，未切断氨源前，严禁将明火扑灭。

（4）当不能有效隔离且喷淋系统不能有效控制氨向周边扩散时，应立即启用消火栓、消防车加强吸收，并疏散周边人员。

 **思考题**

1. 卸料压缩机的工作原理是什么？
2. 液氨强制汽化有几种？简述其汽化原理。
3. 液氨储罐应设置哪些联锁保护？保护动作条件是什么？
4. 为保证安全，氨区应采取哪些安全防护措施？
5. 液氨泄漏的处理原则是什么？

# 第十八章

# 尿 素 制 氨 系 统

尿素［$CH_4N_2O$ 或 $CO(NH_2)_2$］为无毒无味的白色晶体或粉末，是人工合成的有机化合物，其理化性质较稳定，广泛应用于农业及工业领域，其运输、储存和管理均较为安全。但固体颗粒尿素容易吸湿，当空气中的相对湿度大于尿素的吸湿点时，它就吸收空气中的水分而潮解，尿素在储存过程中极易吸潮板结，需采取措施防止吸湿结块的情况发生，尤其是在高温高湿环境中。

从目前国内应用情况来看，SCR 工艺中液氨蒸发制氨为主流技术，尿素系统相对而言比较复杂，投资和运行成本高于液氨系统，但是其最大的优势是安全性高。尿素是氨的理想来源，它是一种稳定、无毒的固体物料，可以被散装运输并长期储存。它不需要运输和储存方面的特殊程序，其使用不会对人员和周围居民区产生不良影响。

尿素制氨系统由尿素颗粒储存和溶解系统、尿素溶液储存和输送系统及尿素分解系统组成。根据尿素制氨工艺的不同，分为尿素直喷技术、普通尿素水解技术、尿素催化水解技术和尿素热解技术。

## 第一节 尿 素 直 喷 技 术

将制备的一定浓度的尿素溶液经循环供液泵输送至锅炉平台上的计量装置，经计量装置精确测量所需尿素溶液量，再由分配装置通过设置在锅炉烟道的单喷嘴喷射器将尿素溶液喷入烟道内，尿素溶液喷射器组喷出的尿素液滴与烟气混合，在烟道中被加热并分解成氨气。氨气与烟气的混合物依次穿过锅炉省煤器、静态混合器、烟气导流板和整流格栅，进入装有催化剂的 SCR 反应器。在催化剂作用下，氨气与烟气中的氮氧化物发生反应，生成无害的氮气和水，同时脱除氮氧化物。

### 一、尿素直喷技术的基本原理

尿素溶液在 450～600℃ 快速分解为氨气与二氧化碳，化学反应式为：

$$CO(NH_2)_2 \longrightarrow NH_3 + HNCO \tag{18-1}$$

$$HNCO + H_2O \longrightarrow NH_3 + CO_2 \tag{18-2}$$

### 二、尿素直喷技术的应用

目前在使用 SNCR-SCR 联合技术进行脱硝时，某些项目在 SCR 进口烟道不增加喷氨格栅，而是使用 SNCR 系统逃逸的氨来作为 SCR 反应的还原剂。但是这种技术一方面由于 SNCR 喷枪喷出的尿素溶液处于温度较高的位置，尿素部分参与了 SNCR 脱硝反应，尿素利用率较低；还有一种在锅炉转向室（烟气温度为 500～650℃）设置多喷嘴尿素溶液喷枪，靠高温的烟气将尿素溶液热解制氨，但是这个温度范围内，尿素溶液很容易衍生出聚合物，堵塞喷枪、附着在烟道壁面和内撑杆上，也导致尿素的利用率非常低。另一方面热解得到的氨气和异氰酸在烟道截面上分布很不均匀，且分区不可调，很难满足 SCR 反应器第一层催化剂对入口烟气流场的要求。

### 三、尿素直喷技术的工艺特点

与传统尿素热解工艺相比，烟道直喷技术有以下特点：

（1）简化工艺系统，取消了热解载体绝热分解室及热风管道，降低大部分设备投资；可取消电加热、天然气加热或烟气换热等热源，大大降低高品质能源（电能、天然气、一次风等）消耗，降低运行成本。

（2）可消除尿素热解过程中尿素分解不完全或低温结晶而导致的 AIG 结晶堵塞风险。

与传统尿素热解工艺相比，烟道直喷技术有以下问题尚需得到妥善解决：

（1）锅炉烟道中直接喷入尿素溶液分解制氨，喷枪工作异常时将导致喷枪下游受热面存在爆管风险；受到烟气中高灰条件的影响，尿素分解效果下降，残余的尿素会黏附在喷枪下游的受热面，长期运行会导致尾部受热面腐蚀。

（2）尿素分解率低导致转化生成氨气率低，运行过程中尿素消耗量高。

（3）受锅炉尾部受热面现有布置情况的影响，导致尿素直喷产生的氨气浓度分布较不均匀，影响后部 SCR 脱硝系统工作性能，影响脱硝效率的同时氨逃逸也难以控制，当烟气中 $SO_3$ 浓度较高时，会在 SCR 脱硝装置下游（如空气预热器部分）生成硫酸氢铵从而加剧空气预热器堵塞。

（4）热解系统差，对流场要求高。

（5）尿素直喷喷枪布置相较现有 SCR 喷氨格栅较为简单，导致局部 $NH_3/NO_x$ 摩尔浓度比调节困难。

（6）受到深度调峰时低负荷烟气温度降低的影响，尿素直喷喷入烟道内的尿素溶液无法正常分解产生 SCR 脱硝用还原剂，导致其在低负荷时无法投运，因此该方案无法满足深度调峰低负荷脱硝时的可靠氨气供应，所以尿素溶液直喷方案需备用氨气供应系统以满足低负荷脱硝供氨。

## 第二节　尿素水解制氨工艺设备

尿素水解法制氨系统包括尿素储存间、斗提机、尿素溶解罐、尿素溶液给料泵、尿素溶液储罐、尿素溶液输送装置、尿素水解反应器及控制装置等。

尿素储存于储存间，由斗提机输送到溶解罐里，用除盐水将干尿素溶解成约 50% 质量浓度的尿素溶液，通过尿素溶液给料泵输送到尿素溶液储罐。尿素溶液经由输送泵进入水解反应器，水解反应器中产生出来的含氨气流送至反应区。被热风稀释后，产生浓度小于

5％的氨气进入氨气—烟气混合系统，并由氨喷射系统喷入脱硝系统。系统产生的蒸汽冷凝水回收至疏水箱中，作为系统冲洗及溶液配置用水。系统排放的废氨气由管线汇集后从废水池底部进入，通过分散管将氨气分散入废水池中，利用水来吸收安全阀排放的氨气。

尿素水解制氨工艺是在一定的压力和温度条件下，将40％～60％的尿素溶液加热分解成氨气，加热介质通常为蒸汽。尿素水解制氨工艺分为普通尿素水解技术、尿素催化水解技术。

### 一、尿素水解技术

典型的尿素水解制氨系统如图18-1所示。尿素颗粒加入到溶解罐，用去离子水将其溶解成质量分数为40％～60％的尿素溶液，通过溶解泵输送到储罐；之后尿素溶液经给料泵、计量与分配装置进入尿素水解制氨反应器，在反应器中尿素水解生成 $NH_3$、$H_2O$ 和 $CO_2$，产物经由氨喷射系统进入 SCR 脱硝系统。其化学反应式为：

$$CO(NH_2)_2 + H_2O \longleftrightarrow NH_2-COO-NH_4 \longleftrightarrow 2NH_3 \uparrow + CO_2 \uparrow \tag{18-3}$$

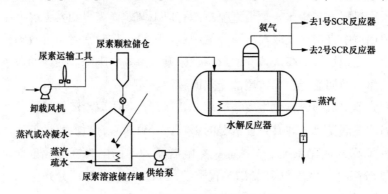

图 18-1　典型尿素水解制氨工艺

该反应是尿素生产的逆反应。反应速率是温度和浓度的函数。反应所需热量可由电厂辅助蒸汽或电加热提供。

尿素水解制氨系统主要设备有尿素溶解罐、尿素溶解泵、尿素溶液储罐、尿素溶液给料泵及尿素水解制氨模块等。

质量分数约50％的尿素溶液被输送到尿素水解反应器内，饱和蒸汽通过盘管的方式进入水解反应器，饱和蒸汽不与尿素溶液混合，通过盘管回流，冷凝水由疏水箱、疏水泵回收。水解反应器内的尿素溶液浓度可达到40％～50％，气液两相平衡体系的压力为0.48～0.6MPa，温度为150～180℃。

水解反应器中产生出来的含氨气流首先进入计量模块，然后被锅炉热一次风稀释（或稀释风加热），最后进入氨气—烟气混合系统。

### 二、尿素催化水解技术

尿素催化水解制氨系统如图18-2所示。尿素催化水解制氨流程为：用去离子水经蒸汽加热将干尿素溶解成40％～50％质量浓度的尿素溶液，再通过尿素溶液混合泵输送到尿素溶液储罐。加热蒸汽疏水回收至疏水箱。

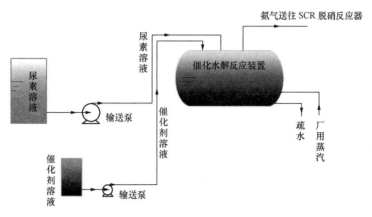

图 18-2　尿素催化水解制氨系统集中布置示意图

尿素溶液储存罐里的尿素溶液利用蒸汽加热对其进行保温，温度维持在 $40\sim50℃$。溶液罐里的尿素溶液通过溶液输送泵持续送至水解反应器，进行水解产生氨气。加热蒸汽疏水回收至疏水箱。

尿素溶液经由尿素溶液输送泵、计量与分配装置等进入水解反应器，利用蒸汽对其进行加热水解，水解产生出来的含氨气流经流量调节模块分配后进入氨空气混合器被热的稀释空气稀释后，产生浓度小于 $5\%$ 的氨气进入氨气—烟气混合系统，并由氨喷射系统喷入尿素系统。

### 三、水解反应的影响因素

尿素水解是尿素合成的逆反应。影响水解反应的主要是反应温度、尿素溶液的浓度、溶液停留时间、反应的活化能等，其次是要不断地将生成物中的氨和二氧化碳移走，使反应始终向水解方向进行。

1. 温度和压力的影响

尿素水解是吸热反应，提高温度有利于化学平衡。在 $60℃$ 以下，水解速度几乎为零，至 $100℃$ 左右，水解速度开始提高。在 $140℃$ 以上，尿素水解速度急剧加快。根据水解的原理，为了保证尿素水解的连续进行，系统必须有水溶液的存在。在系统需要氨量一定的情况下，随着系统温度的提高，有必要提高系统的运行压力，否则尿素的水解氨也将增多，耗水也将增多；系统水量的减少，反过来又会影响水解反应的进行速度和效率，所以对应一定的水解系统，在某一浓度尿素溶液水解系统中，系统运行的压力和温度是对应的，升高运行温度，必须同时提高系统运行压力，以保持系统的水平衡。

2. 停留时间的影响

尿素的水解率随停留时间的增加而增大，随着停留时间的延长，水解率增大。

3. 尿素浓度的影响

尿素的水解率还与尿素溶液的浓度有关，溶液中尿素浓度低，则水解率大。实际工程中尿素溶液浓度需要根据 SCR 系统的需要经试验确定。

4. 反应溶液中氨浓度的影响

尿素的水解率与溶液中氨含量的关系也是密切相关的，氨含量高的尿素溶液水解率较低。水解器在水解反应中，能否有效地将水解生成的氨和二氧化碳从水溶液中解吸出来（即移走生成物），是水解反应能否有效进行下去的关键。根据化工行业的经验，如果反应环境中氨和二氧化碳的含量降低为原来的 10%，即使进料中尿素含量提高 6 倍，最终废液中尿素含量将降低为原来的 5% 左右。

## 四、水解反应的主要产物

尿素水解产品气的主要组成部分是 $NH_3$、$CO_2$、$H_2O$ 蒸汽，但如果尿素中含有甲醛，那么产品气中也会有微量甲醛出现，少量的甲醛在进入烟气系统、通过 $NO_x$ 催化剂后，有 95% 或更高的去除效率。由于甲醛的存在，在 pH 值小于 5 的溶液中可能会产生聚合反应，但对于 pH 值大于 9 的水解工艺系统中则不会发生聚合反应，这点从已经投运的工程中得到了很好的验证。不同尿素溶液发生水解时，其产物组成比例见表 18-1。

表 18-1 两个典型尿素溶液浓度与分解气体成分比例

| 尿素溶液浓度（质量分数,%） | | 40 | 50 |
|---|---|---|---|
| U2A 分解产物（体积分数,%） | $NH_3$ | 28.5 | 37.5 |
| | $CO_2$ | 14.3 | 18.7 |
| | $H_2O$ | 57.2 | 43.8 |

## 五、尿素水解系统常见问题及处理措施

表 18-2 列出了水解系统常见问题及处理措施。

表 18-2 水解系统常见问题及处理措施

| 问题 | 可能原因 | 措施 |
|---|---|---|
| 水解反应器液位出现高—高报警 | (1) 给料泵正在运行；<br>(2) 液位调节阀故障；<br>(3) 水平仪故障 | (1) 停止给料泵；<br>(2) 监测和修理调节阀；<br>(3) 排出过多液体；<br>(4) 检查设备，修理；如有必要，更换 |
| 水解反应液位高 | (1) 给料泵正在运行；<br>(2) 压力突然下降和/或气流突然上升带来液体膨胀（由于沸腾） | (1) 停止运行给料泵，并关闭给料泵上的自动阀门；<br>(2) 确定压力突然下降或气流突然增加的原因（过度倾斜，泄漏和阀门控制失败），并纠正错误和监控系统操作 |
| 水解反应器液位低—低 | (1) 阀门出现故障或截断阀被关上；<br>(2) 液位调节阀故障 | (1) 检查并修理尿素供给管道中的堵塞问题；<br>(2) 检查并打开手动截止阀；<br>(3) 检查液位调节阀，修理或更换（如有必要） |
| | 给料泵故障 | 检查并解决给料泵问题 |

| 问题 | 可能原因 | 措施 |
| --- | --- | --- |
| 水解反应器压力高或高—高报警 | 冷凝物压力控制阀门打开或没反应，或蒸汽饱和器故障 | （1）关闭水解反应器；<br>（2）修理或更换冷凝物压力控制阀门 |
| | 仪器故障 | 关闭水解反应器，修理或再次校准仪器（如有必要） |
| | 氨截止阀故障 | 修理或再次校准自动阀门 |
| | 氨流量控制阀故障 | 检查操作；如有必要，进行修理或更换 |
| 水解反应器压力低或低—低报警 | 设备蒸汽低温 | 检查蒸汽供应 |
| | 冷凝物压力控制阀门关闭 | 检查操作；如有必要，进行修理和更换 |
| | 仪器故障 | 关闭水解反应器，修理或再起校准仪器（如有必要） |
| | 氨自动截止阀打开 | 检查和修理截止阀 |
| | 冷凝物返回线堵塞，比如控制阀门故障，截止阀被关闭或疏水器、过滤器故障 | 检查或修理冷凝物返回线中的堵塞 |
| 水解反应器高温报警 | 尿素原料浓度低 | 检查尿素原料浓度，并将结果上报主管 |
| | 冷凝物压力控制阀打开 | 修理或更换蒸汽流量控制阀 |
| | 仪器故障 | 关闭水解反应器和修理蒸汽流量控制阀 |
| | 水解反应器运行压力低 | 暂时增加高于正常操作设定点的压力设定点，并加入除盐水直到温度达到正常运行范围，然后将设定点和系统转至正常操作 |
| | 水解反应器操作超过额定功率 | 减少容量 |
| 低或无氨生产 | 尿素溶液浓度较低 | 检查尿素浓度和阻塞水解反应器，以及重启动 |
| | 注入水解反应器热量较低 | 检查蒸汽供应和蒸汽压缩 |
| | 氨截止阀闭合或出现故障 | 检查氨截止阀 |
| | 氨流量控制阀故障 | 检查阀门，修理和更换 |

### 六、国外常见的几种水解工艺介绍

目前燃煤电站 SCR 尿素水解系统中，国内应用的工程还较少，国外水解技术主要有 AOD（ammonia on demand）法、U2A（urea to ammonia）法、SafeDeNO$_x$ 法及 Ammogen 等几种工艺，下面分别进行技术介绍。

1. AOD 法水解工艺

AOD 法将蒸汽直接加热尿素溶液，在温度约为 200℃ 与压力为 2.0MPa 条件下制备氨气，尿素残液循环用于尿素溶解。

通过卸料风机将运输车辆里的尿素输送到尿素储仓里（或人工方式、斗提机方式将袋装尿素拆包倒入尿素筒仓）。

尿素经计量旋转给料器进入溶解罐，在搅拌器搅拌下与除盐水及水解反应器底流（部分）液体混合均匀，将尿素溶液制成 40%～60% 浓度的溶液，罐体通常用 304 不锈钢制造，有时还需内部衬防腐材质。为避免尿素溶液再结晶，溶液温度至少需要维持在比结晶温度高 10℃ 的水平或更高水平，如对于 50% 浓度的溶液可维持在 30℃ 以上。

从尿素溶液溶解罐出来的溶液经过滤后，用尿素水解给料泵加压至表压 2.6MPa 送至热交换器，利用水解后约 200℃ 的尿素残液的余热将尿素溶液预热到 185℃ 左右，然后进入尿素水解器进行分解。

水解器用隔板分为若干个小室，采用绝对压力为 2.45MPa 的蒸汽通入塔底直接加热，蒸汽均匀分布到每个小室。在蒸汽加热和不断鼓泡、破裂的蒸汽、水流的搅拌作用下，使呈 S 形流动的尿素溶液得到充分加热与混合，尿素分解为氨和二氧化碳。

从尿素水解器出来的气氨混合物（氨、二氧化碳、水），温度约为 190℃，压力约为 2.0MPa，其中气氨成分为 20%～30%（体积比），具体数量随喷入水解器的蒸汽量而变化。气氨混合物经过除雾器去除水分后，进入到缓冲稳压罐，从缓冲稳压罐出来的氨、二氧化碳、水等气态混合物，通过压力调节阀减压到 0.2～0.3MPa，在喷入烟道参与脱硝反应前，首先需要用空气将气氨稀释到 5%（体积比），作为电厂 SCR 脱硝还原剂使用。

为保证气氨混合物不结露且不发生逆反应，稀释后的气氨混合物需要维持在 175℃ 以上，输送管道需要伴热保温。从水解器底部排出的残液温度约为 200℃，其中含约 1% 氨和微量尿素的水解残液经水解换热器换热后，温度降为 90℃，进入闪蒸罐，作为尿素溶解液使用，因此经搅拌溶解合格的尿素溶液，温度通常在 60℃ 左右。

2. U2A 法水解工艺

U2A 法将蒸汽通过盘管加热尿素溶液，在 150℃、1.4～2.1MPa 条件下制备氨气，蒸汽与尿素溶液不接触，蒸汽疏水用于尿素溶解。U2A 尿素水解制氨工艺用水解器盘管内的蒸汽预热尿素溶液，消除了尿素水解后含氨残液的排放，可减少废液处理量。可算对 AOD 法尿素水解制氨工艺的进一步发展。

U2A 尿素水解制氨工艺的卸料部分与 AOD 基本一样，对于一些小机组或用量较少的项目，也可用尿素溶液储存代替仓储干尿素。

尿素经计量旋转给料器进入溶解罐与除盐水混合，将尿素溶解制成 40%～60% 浓度的溶液，为保证尿素的完全溶解，系统应设置尿素溶液循环泵，对溶液进行不断循环；为避免溶解尿素再结晶，在循环管路上设置热交换器，利用蒸汽对循环的尿素溶液加热，溶液温度至少需要维持在比结晶温度高 10℃ 的水平或更高水平。

输送到水解器的尿素溶液先后要经过尿素溶液循环泵及水解给料泵，溶液在水解器内被加热后发生水解，水解为氨和二氧化碳。U2A 法工艺的正常运行是在稳定的压力下完成水解的，水解器进出物质是平衡的，水解器中的溶液中有 3%～5% 的氨、1% 的二氧化碳、20% 左右的尿素水解中间产物，典型的水解溶液 pH 值为 10.5。

由于整个反应是吸热反应，所以可以通过控制送入的蒸汽量，根据 SCR 系统需要的氨量，来控制水解反应的速度和产氨量。水解过程主要通过三个闭环控制：一是根据氨的需要信号来控制尿素水解的氨生成量；二是控制进入水解器的溶液量来控制液位；三是控制供入的蒸汽量来控制反应的压力。

从尿素水解器出来的气氨混合物（氨、二氧化碳、水蒸气），温度约为 150℃，压力约为 0.552MPa，在正常操作期间，这些气体的体积浓度是与反应器中的液相组成处于平衡状态的，等于水解尿素的水解转换产物，气氨混合物经过除雾器去除水分后，进入到缓冲稳压罐，作为电厂 SCR 脱硝还原剂使用。

在喷入烟道参与脱硝反应前，首先需要用空气将气氨稀释到 5%（体积比），作为电厂 SCR 脱硝还原剂使用。为保证气氨混合物不结露且不发生逆反应，稀释后的气氨混合物需要维持在 175℃以上，输送管道需要伴热保温。

3. SafeDeNO$_x$ 法水解工艺

SafeDeNO$_x$ 与其他尿素水解制氨技术相比，其涉及熔融颗粒尿素过程，而不是将尿素溶解在水中，并且在水解过程中使用催化剂来加快反应，所以系统具有快速响应氨需求的变化能力。SafeDeNO$_x$ 工艺在尿素给料量发生变化时，只需几分钟就能达到新的平衡；而非催化剂系统，则需要 20 倍时间才能达到新的平衡。

由于该工艺在生产速度变化过程中的温度和压力都保持恒定，系统会产生恒定比率为氨、二氧化碳和水蒸气的混合气体。其他水解工艺系统中运行的温度或压力需要根据氨的需要而不断发生变化，在变化过程中反应是不平衡的，水解产物氨、二氧化碳和水蒸气的比例也是变化的。这对控制 SCR 系统的脱硝效率和氨的逃逸是不利的。

4. Ammogen 水解工艺

意大利 SiirtecNigi 公司的 Ammogen 工艺流程为质量分数为 40%～60%浓度的尿素浓溶液被尿素溶液给料泵送到水解反应器，经过一个节能换热器吸收水解反应器出来的稀尿素溶液的热量。在 180～250℃和 1.5～3.0MPa 条件下，尿素的多级水解反应在水解反应器中进行。在这里，蒸汽在反应器的底部喷出，带走反应器生成的二氧化碳和氨。反应所需的额外热量将由一个内置的加热器提供。

水解反应器中产生出来的含氨气流被空气稀释，此后进入氨气—烟气混合系统。在尿素分解后出来的贫尿素液（几乎是纯水）经过节能换热器放热给送到水解反应器的富尿素溶液后回到尿素溶解系统。

## 第三节　尿素热解制氨工艺

目前尿素热解制氨工艺主要有：美国 Fuel Tech 公司的燃烧加热技术和奥地利 Envigry 公司的高温空气加热技术。美国 Fuel Tech 公司的 NO$_x$OUT ULTRA® 工艺，其在中国设立了分公司，国内使用业绩较多。

尿素热解法制氨系统主要设备包括尿素溶解罐、尿素溶解泵、尿素溶液储罐、供液泵、计量和分配装置、背压控制阀、绝热分解室（内含喷射器）、电加热器及控制装置等。

## 一、尿素热解原理

典型尿素热解制氨工艺系统如图 18-3 所示。尿素热解反应过程是将高浓度的尿素溶液喷入热解炉，在温度为 350～650℃的热烟气条件下，液滴蒸发，得到固态或者熔化态的尿素，纯尿素在加热条件下分解和水解，最终合成 $NH_3$ 和 $CO_2$，$NH_3$ 作为 SCR 还原剂送入反应器中，在催化器作用下有选择性地将 $NO_x$ 还原成 $N_2$ 和 $H_2O$。热解主要反应总式可表示为

$$CO(NH_2)_2 + H_2O \rightleftharpoons 2NH_3 + CO_2 \tag{18-4}$$

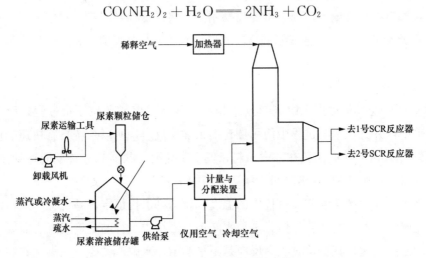

图 18-3 典型尿素热解制氨工艺

目前普遍认为尿素热解氨气的生成分三步来实现：①尿素溶液蒸发析出尿素颗粒；②尿素热解生成等物质的量的氨气和异氰酸（HNCO）；③异氰酸进一步分解生成等物质的量的氨气和二氧化碳。化学反应式（18-5）和反应器式（18-6）属于吸热反应。

$$NH_2CONH_2(溶液) \longrightarrow NH_2CONH_2(固) + H_2O(气) \tag{18-5}$$

$$NH_2CONH_2 \longrightarrow NH_3 + HNCO \tag{18-6}$$

$$HNCO + H_2O \longrightarrow NH_3 + CO_2 \tag{18-7}$$

也有研究者认为尿素对热不稳定，加热至 150～160℃将脱氨成缩二脲，若迅速加热，将完成分解为氨气和二氧化碳。

热解法属于直接快速加热雾化后的尿素溶液进行分解反应，跟踪机组负荷变化的速度较快，响应时间仅为 5～10s。根据相关研究证明，如果有未分解的气体状态 HNCO 随 $NH_3$ 一起进入 SCR 催化剂，SCR 催化剂对化学反应式（18-7）也有催化作用，也能促进异氰酸的进一步水解。

## 二、尿素热解反应的影响因素

1. 温度的影响

根据尿素溶液的反应机理，温度越高，反应速度越快，分解越完全。无氧条件下尿素热解有效分解率实验研究结果显示，尿素有效分解率在热解温度 $t=450℃$ 时约为 73.5%，

当 $t$ 升至 600℃ 左右后即达到 100%，并大致维持至 900℃。此后，若进一步升高热解温度，分解率出现了明显下降的趋势，这可能是由于水分等其他成分引起热解产物中的 $NH_3$ 或 HNCO 部分转换为 $N_2$ 所致。随着氧含量的增加，尿素有效分解率的发展趋势基本不受影响。

实际工程中，尿素热解炉在使用过程中，常发生底部尾管处尿素存积过多，导致出口风量减少，系统供氨量不够，直接造成热解炉停运清理，影响脱硝装置的可靠性。通常沉积物坚硬，有气孔，成蜂窝状，根据工程现象和系统因素分析，沉积物的形成主要是由于尿素未能热解造成的。热解炉尾部沉积物形成的机理比较复杂，足够的热量和较好的尿素溶液雾化效果是影响热解效果的两个重要因素，如果热解炉内热空气的流量低或温度低，那么都会造成尿素溶液得不到完全热解而在尾部形成沉积。

2. 流场分布的影响

尿素热解系统流场分布可以通过数值模拟进行初步了解，对热解炉尿素溶液的喷出区域进行速度矢量图的放大，会发现在热解炉热解段靠近边壁部分存在着强烈的回流现象。回流区内氨浓度很高，说明一部分尿素溶液被卷入到回流区域内分解，由于这里流出速度小，形成了一个封闭区域，生成的氨气不能扩散出来，回流能够阻止气体组分的扩散。

3. 雾化系统的影响

如果尿素雾化空气质量差，雾化空气中含有油、水和尘，那么，运行较长时间后，容易堵塞浮子流量计，浮子流量计不报警，尿素溶液得不到雾化，直接喷入尿素热解炉，影响其热解效果，尿素直接沉积到热解炉尾管，造成堵塞。可更换雾化空气的供气来源，将原有杂用空气更换为仪用空气，并定期检查压缩空气系统的运行状况，及时维护，保证系统的清洁和畅通。

有资料显示，在尿素溶液雾化颗粒索特平均直径为 20～150μm、喷射速度为 5～25m/s、喷射温度为 27～77℃ 时，尿素水溶液蒸发时间为 0.1s，尿素热解时间为 0.7s 左右。因此，在一定溶液粒径情况下，实际工程中需要合适的回流区和合适的风速，以延长尿素溶液在热解炉内的停留时间，避免尿素溶液在热解炉内停留时间不足。

**三、尿素热解工艺**

尿素热解工艺的常用流程为：尿素溶液经由给料泵、计量与分配装置、雾化喷嘴等进入绝热热解炉，稀释空气经加热后也进入热解炉。雾化后的尿素液滴在绝热热解炉内分解，生成的分解产物为氨气和二氧化碳，分解产物经由氨喷射系统进入脱硝烟道。

热解炉的容积是依据尿素分解所需的体积来确定的。尿素经过喷射器注入热解炉，尿素的添加量由 SCR 反应器需氨量来决定，负荷跟踪性将适应锅炉负荷变化要求。系统在热解炉出口处提供氨/空气混合物。氨/空气混合物中的氨体积含量小于 5%。

**四、尿素热解工艺热源的选择**

根据工艺的温度需要，热解炉可利用柴油、燃气、电源、高温蒸汽等作为热源来完成分解尿素。在所要求的温度（如 350～650℃）下，热解炉需要提供足够的停留时间，以确保尿素到氨的 100％转化率。尿素热解是吸热反应（0.1MPa、25℃），主要反应式为：

$$CO(NH_2)_2(c) + H_2O(l) \rightarrow 2NH_3(g) + CO_2(g) + 21.34kg(吸热)$$

为了更好地阐述尿素热解系统热源的选择，现以某工程一台 300MW 选择性催化还原法脱硝装置的实际数据进行相关计算对比说明，见表 18-3。

表 18-3 　　　　　　　　某热解炉的工艺设计数据

| 项目 | 单位 | 数据 | 备注 |
|---|---|---|---|
| 工程 SCR 入口烟气量 | $m^2/h$ | 1118400 | 标准状态下、干基、实际氧 |
| SCR 入口过量空气系数 | ％ | 1.143 | |
| SCR 入口 $NO_x$ 浓度 | $mg/m^2$ | 1000 | 标准状态下、干基、6％氧 |
| SCR 系统脱硝效率 | ％ | 80 | |
| 尿素消耗量 | kg/h | 842 | |
| 尿素溶液浓度 | ％ | 55 | |
| 尿素中水的质量 | kg/h | 688.8 | |
| 尿素溶液温度 | ℃ | 40 | |
| 固体尿素分解热 | kJ/mol | 89.2 | 吸热 |
| 尿素分解得到氨量 | kmol/h | 28.06 | |
| 需要的稀释风量 | $m^2/h$ | 12957 | 标准状态下 |
| 稀释风温 | ℃ | 340 | 来自锅炉热一次风 |
| 热解炉出口温度 | ℃ | 340 | |
| 系统年利用小时 | h | 4500 | |

1. 尿素热解系统的工艺计算

对于选定工程，烟气中 $NO_x$ 含量 $1000mg/m^2$（标准状态下、干基、6％氧），为了保证系统出口 $NO_x$ 浓度小于 $200mg/m^2$ 的排放标准要求，在锅炉最大工况（BMCR）、燃用设计煤种、处理 100％烟气量的条件下，脱硝效率不小于 80％，系统尿素耗量 842kg/h，用除盐水将干尿素溶解成 55％质量浓度的尿素溶液。

2. 热解炉的热量需求

尿素热解制氨工艺流程如图 18-4 所示，根据热解炉的工艺设计和 AIG 安全性运行需要，在采用锅炉热一次风的基础上，热解炉的能量需求见表 18-4。从表 18-4 中各能耗比例来看，尿素溶液中水的蒸发、升温需要热量的能耗比例在 50％以上，浓度越小，该部分热量需求就越大；由于采样稀释风的温度与热解炉出口混合气温度一致，因此这部分能耗为零（但需从空气预热器处吸热 6418766kJ/h，是热解炉实际提供热量的 1.68 倍）；尿素热解反应需要吸收的热量为 30％左右；45％浓度尿素溶液热解需要的热量是 55％浓度尿素溶液热解需要热量的 1.27 倍，因此，从节约能量的角度来讲，应尽量提高尿素溶液的质量浓度和提高氨/空气混合比。

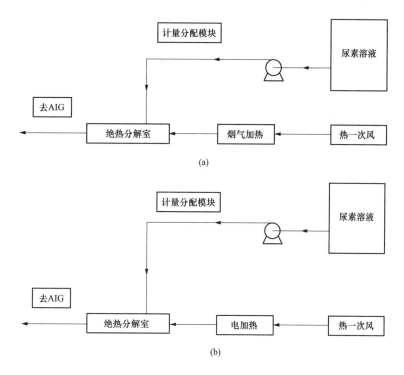

图 18-4　尿素热解制氨工艺流程

（a）烟气换热器加热热一次风；（b）电加热器加热热一次风

表 18-4　　　　　　　　　　　基于热一次风热解炉尿素热解能量需求

| 项目 | 单位 | 55%浓度尿素溶液 | 所占热量比率（%） | 45%浓度尿素溶液 | 所占热量比率（%） |
|---|---|---|---|---|---|
| 尿素溶液温度 | ℃ | 40 | — | 40 | — |
| 水的质量 | kg/h | 688.8 | — | 1029.9 | — |
| 未反应水蒸发升温热量 | kJ/h | 1 294 765.18 | 33.98 | 2 304 328.68 | 40.95 |
| 稀释风需要热量 | kJ/h | 0.00 | 0.00 | 0.00 | 0.00 |
| 溶液雾化空气需要热量 | kJ/h | 118 886.4 | 3.12 | 124 830.72 | 2.92 |
| 尿素升温需要热量 | kJ/h | 184 470.516 9 | 4.84 | 184 470.516 9 | 4.32 |
| 氨气升温吸热 | kJ/h | 202 698.31 | 5.32 | 202 698.31 | 4.75 |
| $CO_2$ 升温吸热 | kJ/h | 98 648.06 | 2.59 | 98 648.06 | 2.31 |
| 反应水升温吸热 | kJ/h | 658 931.51 | 17.29 | 658 931.51 | 15.43 |
| 尿素分解反应吸热 | kJ/h | 1 251 649.43 | 32.85 | 1 251 649.43 | 29.30 |
| 热解炉需要热量 | kJ/h | 3 180 283.06 | 100.00 | 4 826 583.19 | 100.00 |

3. 各种可能的热解介质简介

（1）高温蒸汽加热技术。

对于55%浓度尿素溶液，根据热解炉的工艺设计和需要热量的计算结果，进一步可以得出，进入热解炉的稀释空气温度应为570℃左右。如果热解系统按600℃设计，显然对于目前燃煤电站的高温再热蒸汽参数（压力2.4MPa、温度535℃）是不能满足需求的。无法将340℃的热一次风加热到600℃，如利用高温蒸汽作为热源，就必须下调热解炉设计温度，增加稀释空气量，而且高温换热器的制造也存在困难，目前尚未见有实施案例。

（2）电加热技术。

对于选定工程，如采用热一次风＋电加热相结合的方案，使稀释风由 340℃ 升高到 570℃，比直接采用电加热加热稀释风的方案大大节约，达到节能目的。

（3）燃气燃烧加热技术及燃油燃烧加热技术。

对于燃煤电站锅炉点火启动采用燃气的工程来说，利用燃气燃烧产生的热量来加热尿素，是一种可行的方案。对于选定工程，采用热一次风＋燃油燃烧相结合的方案，使稀释风由 340℃ 升温到 570℃，也是不错的方案。

### 五、热解系统常见问题及处理措施

表 18-5 列出了热解炉系统常见问题及处理措施。

表 18-5　　　　　　　　　　　热解炉系统常见问题及处理措施

| 问题 | 可能原因 | 措施 |
| --- | --- | --- |
| 电加热器的进出口法兰处发生渗漏 | 密封垫圈损坏 | 更换密封垫圈 |
| 电加热器电源指示灯不亮 | 系统未送电，断路器未合闸 | 电源送电，断路器合闸 |
| | 指示灯损坏 | 更换指示灯 |
| （在 DCS/PLC 处）系统工作时温度无法达到设定值，加热器内部和出口温差正常 | 接触器可能有一些损坏 | 更换接触器 |
| | 检查各空气开关是否合上 | （1）如空气开关没合上，及时合上；（2）如果空气开关损坏，更换相应空气开关 |
| | 加热管有部分损坏 | 利用内部备用加热管，更换损坏的加热管 |
| （在 DCS/PLC 处）系统工作时温度无法达到设定值，加热器内部和出口温差不正常，内部报警频繁启动 | 流量不正常，系统有堵塞 | 疏通管路 |
| | 系统无法提供设计时的流量，实际提供流量比设计时少很多 | 可根据控制方式减少加热器功率 |
| | 出口或内部测温元件损坏，无法正确采集温度信号 | 更换测温元件 |
| 相关尿素溶解罐、废水池液位下降，各相关计量与分配冲洗用水中断，冲洗时热解室及热解炉出口温度不下降 | 化学除盐水泵故障，备用水泵联启不成功 | 暂时停止尿素溶液的制备和尿素喷枪的冲洗，关闭相应的阀门，在处理过程中，密切监视尿素溶解罐温度、液位的变化情况，必要时停止加热汽源 |
| | 误关除盐水门 | |
| | 除盐水水管破裂 | |
| 脱硝反应 $NO_x$ 超标 | $NO_x$ 测量不准 | 校准 $NO_x$ 的测量 |
| | 烟气流量增大，烟气中的 $NO_x$ 浓度增大 | 检查需氨量和 $NO_x$ 浓度的设定 |
| | 喷氨格栅流量低 | 检查喷枪流量 |
| | | 检查热解炉工作状态 |
| | | 检查喷氨格栅挡板开度 |

**思考题**

1. 尿素直喷技术的工艺特点是什么？
2. 有哪几种常见的水解工艺？
3. 水解反应的影响因素有哪些？
4. 尿素热解工艺是什么？
5. 热解炉系统的常见问题有哪些？

# 第十九章

# 脱硝运行维护管理

## 第一节 氨的特性及氨系统概述

烟气脱硝反应所用的还原剂为氨气，氨气是靠存储杂液氨存储罐的液氨进入蒸发槽加热蒸发而成的。液氨（anhydrous ammonia）在《危险货物品名表》（GB 12268—2018）中规定为危险品（危险物编号为23003），《液体无水氨》（GB 536—2017）中指出液氨是强腐蚀性有毒物质；而《重大危险源辨识》（GB 18218—2018）把氨归为有毒物质，在生产场所如果存储量大于40t就是重大危险源。

氨分子式为$NH_3$，氨是1754年由英国化学家普里斯特利在加热氨化铵和石灰石时发现的；氨的工业制法是德国F.哈伯1909年发明的，氮和氢在15.2～30.4MP、400～500℃下直接合成氨；在自然界中，氨是动物体（特别是蛋白质）腐败后的产物，氨是含氮物质腐败的最终产物。

1. 氨的特性

氨是无色透明有刺激性臭味的气体，具有毒性。在标准状态下，其密度为$0.771kg/m^3$，常压下的沸点为－33.41℃，临界温度为132.5℃，临界压力为11.48MPa。在常温常压下1体积水能溶解900体积氨，溶有氨的水溶液称为氨水，呈弱碱性。氨气与空气或氧气混合能形成爆炸性气体，遇明火、高热能引起燃烧爆炸，爆炸下限为15.7％，爆炸上限为27.4％，引燃温度为651℃。在常温下加压至700～800kPa，气态氨就能液化成无色液体，液氨常用作制冷剂。氨的物理及化学特性详见表19-1。

表 19-1　　　　　　　　　　　　　氨的物理及化学特性

| 项目 | 数值 | 项目 | 数值 |
|---|---|---|---|
| 分子式 | $NH_3$ | 分子量 | 17.031 |
| 熔点（101.325kPa） | －77.7℃ | 沸点（101.325kPa） | －33.4℃ |
| 自燃点 | 651℃ | 氨的蒸发热（－33.3℃） | 5.5kcal/mol |
| 液体密度（－73.1℃，8.6kPa） | $729kg/m^3$ | 气体密度（0℃，101.325kPa） | $0.7708kg/m^3$ |
| 空气中可燃范围（20℃，101.325kPa） | 15%～28% | 毒性级别 | 2级（液氨；3级） |
| 易燃性级别 | 1级 | 易爆性级别 | 0级 |

2. 氨散逸后的特点

液氨通常存储的方式是加压液化，液态氨变为气态氨时会膨胀850倍，并形成氨云；另外，液氨泄入空气中会形成液体氨滴，然后释放出氨气，虽然它的分子量比空气小，但它会和空气中的水形成水滴的氨气而形成云状物，所以当氨气泄漏时，氨气并不会自然地往空气中扩散，而会在地面滞留。

氨在空气中可燃，但是一般情况下难以着火，在连续接触火源下可以燃烧，在651℃以上可燃烧。最易燃体积浓度是17%，氨气和空气混合物达到上述浓度范围遇到明火会燃烧和爆炸；按照GB 50160《石油化工企业设计防火规范》中的有关规定，爆炸浓度下限≥10%的气体为乙类火灾危险的可燃气体，所以氨气属于乙类火灾危险气体。如有油类或其他可燃性物质存在，则危险性更高。与硫酸或其他强无机酸反应放热，混合物可达到沸腾。氨泄漏时会对现场工作人员及居住附近社区的居民造成相当大危害。

3. 不同浓度的氨对人体的影响

人体忍受氨的极限为$50 \times 10^{-6}$。当人吸入氨气体积浓度达到0.5%（$5000 \times 10^{-6}$）以上的空气时，数分钟内会引起肺水肿，甚至呼吸停止窒息死亡。氨对人体生理组织具有强烈腐蚀作用，对皮肤及呼吸器官具有强烈刺激性和腐蚀性，其危害易达到组织内部。眼睛溅入高浓度氨，会造成视力障碍，残疾。表19-2为不同浓度氨对人体的影响。

表 19-2　　　　　　　　　　　不同浓度氨对人体的影响

| 大气中氨的浓度（$10^{-6}$） | 人体的生理反应 |
|---|---|
| 5～10 | 鼻子可觉察其臭味 |
| 20 | 觉察氨特臭 |
| ＞25 | 有毒范围 |
| 40 | 少数人眼部感受轻度刺激 |
| 50 | 人体容许浓度 |
| 100 | 数分钟暴露引起眼部及鼻腔刺激，可耐6h |
| 400 | 引起喉咙、鼻腔及上呼吸道的严重刺激，可耐0.5～1h |
| 700 | 曝露30min以上可能引起眼部永久性伤害 |
| 1700 | 严重咳嗽、喘息，30min内即可致命 |
| 5000 | 严重肺水肿，窒息，片刻即可致命 |

氨的挥发性大，刺激性强。低浓度氨对黏膜有刺激作用，高浓度氨可造成溶解性组织坏死。轻度中毒者出现流泪、咽痛、声音嘶哑、咳嗽、咯痰等；眼结膜、鼻黏膜、咽部充血、水肿；胸部X线征象符合支气管炎或支气管周围炎。中度中毒上述症状加剧，出现呼吸困难、紫绀；胸部X线征象符合肺炎或间质性肺炎。严重者可发生中毒性肺水肿，或有呼吸窘迫综合征，患者剧烈咳嗽、咯大量粉红色泡沫痰、呼吸急迫、昏迷、休克等。皮肤接触液氨会引起化学性灼伤，使皮肤生疮糜烂。液氨溅入眼内可引起冻伤，并变为苍白色。

4. 氨的防护及事故处理

除一般个人劳动防护用品外，还应为液氨作业岗位、消防人员配备过滤式防毒具、空气呼吸器、隔离式防化服、防冻手套、防护眼镜等特种防护用品，并定期检查，以防失效。在生产现场备有洗眼、快速冲洗装置。

（1）氨泄漏时人员救治。

现场急救原则要求"三快"，即快抢、快救、快送。快抢：迅速将伤员抢救脱离伤害现场，送至安全区域。快救：迅速采取应急救治措施，救治伤员。快送：重者迅速送至医院进行救治。

救护者应做好个人防护，进入事故区营救人员时，首先要做好个人呼吸系统和皮肤的防护，佩戴好氧气呼吸器或防毒面具、防护衣、橡胶手套。将被氨熏倒者迅速转移出污染区至温暖通风处，注意伤员身体安全，不能强拖硬拉，防止给中毒人员造成外伤。

（2）氨中毒急救。

对病人进行复苏三步法（气道、呼吸、循环），保证气道不被舌头或异物阻塞，检查病人是否呼吸，如无呼吸可用袖珍面罩等提供通气。检查脉搏，如没有脉搏应施行心肺复苏。将中毒者颈、胸部纽扣和腰带松开，同时用 2‰硼酸水给中毒者漱口，少喝一些柠檬酸汁或 3‰的乳酸溶液，对中毒严重不能自理的伤员，应让其吸入 1‰～2‰柠檬酸溶液的蒸汽，对中毒休克者应迅速解开衣服进行人工呼吸，并给中毒者饮用较浓的食醋。严禁饮水。经过以上处治的中毒人员应迅速送往医院诊治。

（3）氨火灾事故处理。

发生氨火灾事故时迅速向公司消防队、当地 119 消防、政府报警。报警内容应包括：事故单位；事故发生的时间、地点、化学品名称、危险程度；有无人员伤亡以及报警人姓名、电话。隔离、疏散、转移遇险人员到安全区域，建立 500m 左右警戒区，并在通往事故现场的主要干道上实行交通管制，除消防及应急处理人员外，其他人员禁止进入警戒区，并迅速撤离无关人员。消防人员进入火场前，应穿着防化服，佩戴正压式呼吸器。氨气易穿透衣物，且易溶于水，消防人员要注意对人体排汗量大的部位，如生殖器官、腋下、肛门等部位的防护。

（4）氨泄漏事故处理。

处理氨泄漏事故的原则是首先采取控制措施，使泄漏不再扩大，然后采取措施将事故容器与系统断开，关闭设备所有阀门。当泄氨浓度较大时（大于 $50 \times 10^{-6}$）氨区保护系统自动切断压缩机及相关阀门电源，如保护拒动则立刻手动切断相关阀门电源。消防喷淋系统自动进行喷淋，同时可手动用水淋浇漏氨部位，容器里氨液及时排空处理。如发现管道漏氨后，应迅速关闭事故管道两边最近的控制阀门，切断氨液的来源。并采取临时打管卡的办法，封堵漏口和裂纹，然后对事故部位抽空。

## 第二节　影响脱硝效率的因素

脱硝效率是指反应器对 $NO_x$ 的脱除效率，是体现脱硝系统能力大小的关键指标。影响脱硝效率的因素很多，主要有催化剂性能、烟气特性、运行参数控制等方面。

### 一、脱硝效率定义

脱硝效率定义为脱硝反应器入口 $NO_x$ 浓度减去出口 $NO_x$ 浓度与入口 $NO_x$ 浓度的百分比，其计算公式为：

$$脱硝效率 = \frac{C_1 - C_2}{C_1} \times 100\%$$

式中　$C_1$——脱硝系统运行时脱硝装置入口处烟气中 $NO_x$ 含量，$mg/m^3$（标况、$6\%O_2$、
　　　　　干基，按 $NO_2$ 计算）；

　　　$C_2$——脱硝系统运行时脱硝装置出口处烟气中 $NO_x$ 含量，$mg/m^3$（标况、$6\%O_2$、
　　　　　干基，按 $NO_2$ 计算）。

**二、催化剂对脱硝效率的影响**

催化剂是 SCR 工艺的核心，催化剂对脱除率的影响与催化剂的活性、类型、结构、表面积等特性有关。其中催化剂的活性是对 $NO_x$ 的脱除率产生影响的最重要因素。催化剂性能参数主要有催化剂体积、催化剂比表面积、空间速度、$SO_2/SO_3$ 转化率、催化剂活性等。

1. 催化剂体积

催化剂体积是催化剂所占空间的体积，单位为 $m^3$，催化剂的数量通常都是以体积计。在 SCR 系统中，所需催化剂体积的大小由 $NO_x$ 的浓度和脱除效率、氨逃逸量、催化剂的活性及几何特性、烟气流量、压力损失等因素决定。

2. 催化剂比表面积

比表面积是指单位质量催化剂所暴露的总表面积，或用单位体积催化剂所拥有的表面积来标示。由于脱硝反应是多相催化反应，且发生在固体催化剂的表面，所以催化剂表面积的大小直接影响催化剂活性的高低，将催化剂制成高度分散的多孔颗粒为反应提供巨大的表面积。空隙越多的催化剂几何表面积越大，性能也越好。蜂窝形催化剂的比表面积比板式催化剂的大得多，前者在 $427 \sim 860 m^2/m^3$ 之间，后者约为前者的一半。

3. $SO_2/SO_3$ 转化率

烟气中会有部分 $SO_2$ 氧化成 $SO_3$，$SO_3$ 在省煤器段形成硫酸蒸汽，在空气预热器冷端 $177 \sim 232\,℃$ 浓缩成酸雾，腐蚀受热面；泄漏的氨与之反应生成难清除的黏性沉积 $NH_4HSO_4$ 玷污。$SO_2/SO_3$ 转化率是指烟气中的 $SO_2$ 转化为 $SO_3$ 的比例，以百分数表示。$SO_2/SO_3$ 转化率高对催化剂本身以及下游设备都是有害的，所以大都要求催化剂的 $SO_2/SO_3$ 转化率控制在小于 $1\%$（最多不能高于 $2\%$）。

通过合理组织催化剂的成分以减少 $SO_2/SO_3$ 转化率是近年来国际脱硝领域研究的一个方向，已经证明，催化剂中加入 $WO_3$ 可以降低 $SO_2/SO_3$ 的转化率。另外，影响 $SO_2/SO_3$ 转化率的因素主要还有反应温度和催化剂成分，还有氨的喷入量。反应温度越高转化率越高。

4. 催化剂活性

催化剂中的 $V_2O_5$ 是主要活性物质。$V_2O_5$ 的质量分数低于 $6.6\%$ 时，随 $V_2O_5$ 质量分数的增加，催化效率增加，脱硝率提高；当 $V_2O_5$ 的质量分数超过 $6.6\%$ 时，催化效率反而下降。这主要是由于 $V_2O_5$ 在载体 $TiO_2$ 上的分布不同造成的。

（1）当 $V_2O_5$ 的质量分数为 $1.4\% \sim 4.5\%$ 时，$V_2O_5$ 均匀分布于 $TiO_2$ 载体上，且以等

轴聚合的 V 基形式存在。

（2）当 $V_2O_5$ 的质量分数为 6.6％时，$V_2O_5$ 在载体 $TiO_2$ 上形成新的结晶区（$V_2O_5$ 结晶区），从而降低了催化剂的活性。

催化剂的活性随温度、压力、烟气流量、催化剂配方、催化剂受损害的情况而变化。随着使用时间的延续，催化剂的活性将会不断降低。催化剂的活性降低将导致脱硝率的降低，同时将导致氨逃逸量的增大。

### 三、烟气特性对脱硝效率的影响

1. 烟气温度

烟气温度不仅决定反应物的反应速度，而且影响着催化剂的反应活性。烟气温度也能提高氨的利用率。对保证脱硝性能而言，必须针对催化剂确定合适的工作温度区间，同时为避免在催化剂表面生产硫酸铵和硫酸氢铵，SCR 系统的最低工作温度必须比生成硫酸铵的温度高出 120～140℃。

2. 反应器入口烟气 $SO_2$ 含量

由于脱硝催化剂的氧化活性，与 $NO_x$ 共存的 $SO_2$ 会变成 $SO_3$，与残余的 $NH_3$ 发生反应，在脱硝反应器内以及下游的空气预热器换热面上析出硫酸铵或硫酸氢铵，导致酸露点上升，加剧低温腐蚀，也影响催化剂单元的使用寿命。

3. 反应器入口烟气 $NO_x$ 含量

反应器入口 $NO_x$ 含量主要表征脱硝系统的负荷，与低氮燃烧器的效果、燃烧方式的调整等密切相关。入口含量还为喷氨量提供控制信号。

4. 反应器出口烟气 $NO_x$ 含量

反应器出口 $NO_x$ 含量（标准状态下）需达到要求的排放标准，必须实时连续监测并控制在合理范围。当出现较高的浓度时，应综合分析锅炉负荷、入口浓度、烟气流量、喷氨量等因素，通过喷氨控制回路进行调节。

### 四、运行参数对脱硝效率的影响

1. $NH_3/NO_x$ 摩尔比的影响

在 300℃以下，脱硝效率随物质的量比 $n(NH_3)/n(NO_x)$ 的增加而增加，物质的量比 $n(NH_3)/n(NO_x)$ 小于 0.8 时，其影响更为明显，几乎成线性正比关系。该结果表明：若 $NH_3$ 投入量偏低，脱硝效率会受到限制；若 $NH_3$ 投入量超过需要量，$NH_3$ 氧化等副反应的反应速率将增大，如 $SO_2$ 氧化生成 $SO_3$，在低温条件下 $SO_3$ 与过量的氨反应生成 $NH_4HSO_4$，附着在催化剂或空气预热器冷段换热元件表面上，导致脱硝效率降低或空气预热器蓄热元件堵塞。

氨的过量和逃逸取决于物质的量比 $n(NH_3)/n(NO_x)$、工况条件和催化剂的活性用量（工程设计氨逃逸不大于 0.000 3％，$SO_2$ 氧化生成 $SO_3$ 的转化率≤1％）。氨的逃逸率增加，在降低脱硝率的同时，也增加了净化烟气中未转化 $NH_3$ 的排放浓度，进而造成二次污染。在 SCR 工艺中，一般控制 $NH_3/NO_x$ 摩尔比在 1.2 以下。

2. 反应温度的影响

反应温度对脱硝效率有较大的影响，在 300～400℃ 范围内（对中温触媒），随着反应温度的升高，脱硝效率逐渐增加，升至 400℃ 时达到最大值（90%），随后脱硝率随温度的升高而下降。这主要是由于在 SCR 过程温度的影响存在两种趋势：一方面温度升高时脱硝反应速率增加，脱硝率升高；另一方面随温度升高，$NH_3$ 氧化反应加剧，使脱硝率下降。因此，最佳温度是这两种趋势对立统一的结果。

脱硝反应一般在 300～420℃ 范围内进行，此时催化剂活性最大，所以，将 SCR 反应器布置在锅炉省煤器与空气预热器之间。必须注意的是，催化剂能够长期承受的温度不得高于 430℃，短期承受的温度不得高于 450℃，超过该限值，会导致催化剂烧结。

3. 接触时间对脱硝效率的影响

在 300℃ 反应温度和物质的量比 $n(NH_3)/n(NO_x)$ 为 1 的条件下，脱硝效率随反应气体与催化剂的接触时间 $t$ 的增加而迅速增加；$t$ 增至 200ms 左右时，脱硝效率达到最大值，随后脱硝效率下降，这主要是由于反应气体与催化剂的接触时间增加，有利于反应气体在催化剂微孔内的扩散、吸附、反应和产物气的解吸、扩散，从而使脱硝率提高；但若接触时间过长，$NH_3$ 氧化反应开始发生，使脱硝率下降，如图 19-1 所示。

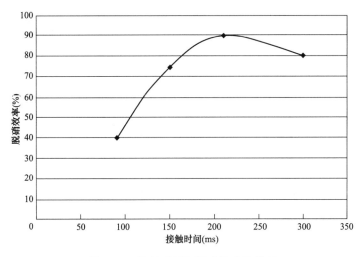

图 19-1 接触时间与脱硝效率的关系

影响脱硝效率的因素还有很多，如烟气流场的分布，包括导流板、整流格栅的安装以及烟气冲刷后的破损程度，催化剂的损坏脱落状况及堵塞情况，脱硝反应器的设计与安装质量等。

## 第三节 脱硝系统运行注意事项

随着国家对环保要求的提高，机组 $NO_x$ 超低排放的陆续实现，用作脱硝还原剂的氨气已经成为燃煤电厂不可少的运行材料。用于生产氨气的氨区或尿素反应区以及 SCR 脱硝系统的安全稳定运行显得尤为重要。因此，必须加强对氨区及 SCR 脱硝系统的运行维护管理，以保证其安全稳定运行。本节不涉及尿素反应区内容。

## 一、氨区设备启动、置换及运行检查调整

（一）液氨储罐投运

1. 液氨储罐投入前检查

（1）液氨储罐应取得相应压力容器资质方可投运，液氨储罐检修后罐体及附属管路必须经过进行系统严密性试验，将系统压力升至额定压力的 1.05 倍，压降小于 0.05%/h，试验合格，大修后还应进行系统冲洗。

（2）液氨储罐检修后或初投运必须进行氮气置换空气，使系统内含氧量≤2%。

（3）检查液氨储罐降温喷淋水、水幕水炮系统备用，联锁无异常。

（4）检查液氨储罐自动喷水系统备用、消防主机工作无异常，卸料区消防水无异常。

（5）检查液氨储罐相关管道、阀门、连接完好，标示完整。

（6）检查液氨储罐液位计、温度计、压力表、氨气检测仪及报警联锁系统工作无异常，取样门开启。

（7）检查液氨储罐及其出口管路安全门、气氨排放管路、卸料压缩机出口等处安全门前、后隔离门开启，安全门校验合格。

（8）氨区液氨储罐区洗眼器备用，防毒面具、防化服、正压呼吸器、急救药品等防护用品良好、数量充足。

（9）相应卸料压缩机、吸收槽、废水池、废水泵、事故池备用。

（10）检查卸料臂及附属管路完好，卸料区、储罐区静电释放装置无异常。

（11）检查压缩空气气源压力>0.5MPa。

2. 液氨储罐投入

（1）液氨储罐备用时以下阀门必须在关闭状态：液氨储罐排污气动门、手动门，气氨排放手动门，气氨出口气动门，液氨储罐液氨进、出口气动门，液氨进、处口管路取样手动门，液氨储罐液位计排污门。

（2）开启液氨储罐液氨出口气动门，液氨储罐开始进液氨，投运液氨储罐。

（二）卸料压缩机启动

1. 卸料压缩机启动前检查

（1）检查卸料压缩机本体、管路连接完好，接地线、安全罩完好。

（2）检查卸料压缩机出口安全门前、后手动门开启，安全门校验合格。

（3）检查卸料压缩机压力表良好投运。

（4）检查卸料压缩机进口排污门关闭。

（5）检查卸料压缩机皮带良好。

2. 液氨储罐卸氨操作

（1）将液氨槽车引到指定停靠位置，检查槽车灭火、制动、接地，记录液氨储存罐的液位、压力，槽车液位、压力。

（2）检查氮气至液氨、气氨管路隔离门关闭。

（3）检查卸料压缩机四通阀在"垂直"位，投四通阀"正位"；检查卸料压缩机排污门关闭，开启卸料压缩机出口手动门、入口手动门。

（4）将卸料臂液相、气相管路与液氨槽车液相、气相连接牢固，并锁好。

（5）开启液氨储罐至卸料压缩机入口门、液氨储罐液氨入口门。

（6）启动卸料压缩机。

（7）槽车卸氨完毕后，关闭液氨储罐液氨进口气动门，停运卸料压缩机，关闭液氨储罐气氨出口气动门。

（8）关闭槽车液相出口门、气相进口门。

（9）关闭液氨储罐至卸料压缩机入口门，液氨储罐液氨入口门。

（10）取下卸料臂液相、气相与槽车连接管路，并归位。

（三）蒸发器、气氨缓冲罐投入

1. 蒸发器、气氨缓冲罐投入前检查

（1）检查蒸发器、气氨缓冲罐本体、管路、保温完整。

（2）检查蒸发器、气氨缓冲罐压力表、液位计、温度计、氨气检漏仪良好投运。

（3）检查蒸发器、气氨缓冲罐安全门前、后手动门开启，安全门检验合格。

（4）检查蒸发器水浴水位正常。

（5）检查蒸发器水源畅通、蒸汽、压缩空气压力无异常。

（6）蒸发器投运前关闭以下阀门：蒸发器充氮阀门、液氨泵至蒸发器阀门、蒸发器排空门、蒸发器水侧排污门、蒸发器进水门、蒸发器液氨进口关断门、蒸发器液氨进口调节门、蒸发器蒸汽进口调节门；气氨缓冲罐排空门、气氨缓冲罐排污门。

（7）蒸发器投运前开启以下阀门：蒸发器液氨进口手动门、蒸发器蒸汽进口手动门、蒸发器溢流门、蒸发器出口手动门、气氨缓冲罐进口手动门、气氨缓冲罐出口手动门。

2. 蒸发器、气氨缓冲罐投运

（1）将蒸发器水浴温度调至正常后将供汽调门投"自动"。

（2）蒸发器水浴温度正常后，调整蒸发器入口调整门，气氨缓冲罐出口压力正常后液氨调整门投设"自动"位。

（四）液氨泵投运

1. 液氨泵投运前检查

（1）检查液氨泵本体、管路连接完好，接地线、安全罩完好。

（2）检查液氨泵出口安全门前、后手动门开启，安全门校验合格。

（3）检查液氨泵冷却管手动门开启。

（4）检查液氨泵进口排污门关闭。

（5）检查液氨泵出口压力表良好投运。

2. 液氨泵启动

（1）开启液氨泵进口手动门。

（2）稍微开启液氨泵出口门。

（3）开启液氨泵出口至蒸发器阀门。

（4）启动液氨泵，待出口压力上升后，逐渐开启泵出口门。

（5）检查液氨泵电流、转速、振动、声音、温度无异常，系统无泄漏。

（五）氨系统氮气置换、打压

氨系统气体置换的原则：

（1）用氮气置换氨气时，应测定排放点氨气含量不得超过 $35 \times 10^{-6}$（体积浓度）。

（2）用压缩空气置换氮气时，应测定排放点氧含量 $18\% \sim 21\%$。

（3）用氮气置换压缩空气时，应测定排放点氧含量小于 $2\%$。

（4）置换用氮气含量应 $\geqslant 98.5\%$。

（5）置换时氨气排放点应进入氨气吸收箱。

（6）箱体进行置换前可先加水排放后再进行气体置换。

（7）打压时可先充满水，再充气体进行打压。

（六）氨区运行参数的监视和调整

（1）氨区运行中，监盘应检查液氨储罐液位、压力、温度并每 2h 记录一次，卸氨时应加强以上参数的检查。液氨储罐液位正常，液位低及时汇报进行液氨采购；液氨储罐压力正常，极端低温应特别注意压力，防止储罐压力低造成供氨压力低，在极度高温天气应特别注意温度和压力，达到上限值及时投运降温降压喷淋，防止超温、超压发生不安全事件。

（2）通过前面历史数据、卸氨、机组负荷分析液氨储罐液位、压力、温度参数是否无异常。

（3）氨区运行中，监盘应检查蒸发器水浴温度、气氨温度和压力、气氨缓冲罐压力并每 2h 记录一次。

（4）监盘时应检查蒸发器气氨压力在设定值附近，气氨温度正常，水浴温度在设定值附近，并检查液氨进口气动关断门和蒸汽进口气动调节门开度和动作情况，若该设定值下无法满足运行要求，应进行调整。

（5）若运行蒸发器无法维持供氨压力，应及时投运备用蒸发器或手动调大液氨进口气动调节门开度稳定供氨压力，并根据液氨储罐压力、蒸发器进口调节门开度、水浴温度等参数综合判断原因；若蒸发器液氨进口调节门或蒸汽调门故障，应通知检修人员处理；如蒸汽压力低，应立即提高蒸汽压力。

（6）监盘时定期检查上位机有无异常报警，发现报警应根据实际情况进行分析、检查、调整。

（7）定期检查氨气检测装置、消防主机自动运行无异常，若有异常报警或运行记录，应分析、查找原因。

（8）每 2h 记录消防水压力、蒸汽压力以及压缩空气压力，当出现异常时应及时查找原因，进行调整或切换。

（七）氨区的运行巡检

（1）检查氨区蒸汽管线运行方式、压力，管线保温完好，无泄漏，疏水无异常，冬季还应检查暖气、管道伴热投运无异常。

（2）检查压缩空气管线运行方式、压力，管线无泄漏，每上午班对压缩空气缓冲罐排污，冬季时压缩空气缓冲罐排污门、管线排污门还要保留适当开度，无明显积水。

（3）检查 PLC 双路电源、低频呼叫系统、静电释放装置以及洗眼器无异常。

（4）检查氨区大门、逃生门完好无损，逃生门内侧开启灵活。

（5）检查风向标完好无破损，指示无异常。

（6）检查消防管路无泄漏，雨淋阀备用，前后隔离门开启，消防压力无异常；冬季还应检查放水门无水流出、无结冰现象。

（7）检查蒸发器水侧液位无异常，无泄漏。

（8）检查安全门前后隔离门无异常情况下开启。

（9）检查氨系统无泄漏，房间无明显氨气异味。

**二、SCR 脱硝系统运行中的检查、调整**

1. SCR 脱硝系统启动前检查

（1）检修工作结束，检修工作票全部收回。现场检查整洁、无杂物，设备标识牌齐全。设备改造后应有试运记录。

（2）电气配电装置运行正常，热控表计齐全完好。

（3）现场照明充足完好，栏杆步道齐全牢固，各沟道畅通，盖板齐全。

（4）烟道及氨站各罐、槽等设备内部已清扫干净，无杂物，人孔门全部关闭。

（5）氨站各罐、槽、管道就地显示液位、压力、温度在正常范围内。

（6）就地阀门开关位置正确，手动门、气动门开关灵活。气动门开关指示与 DCS 显示一致。各液氨、气氨调节门开关位置回零。

（7）就地控制盘指示灯显示正确，工作正常。

（8）供氨管道液氨充足，管道严密，无泄漏报警。

（9）氨区无泄漏报警，加热蒸汽可正常投入。

（10）SCR 脱硝系统压缩空气罐压力正常。

（11）DCS 系统投入，各参数正确、测点显示及调节动作正常。

（12）各泵、风机轴承润滑良好，冷却水投入正常，电动机绝缘合格。

（13）脱硝系统各泵、风机、阀门联锁、控制和保护试验正常。

（14）锅炉与 SCR 脱硝系统装置间的交换信号和联锁保护正常。

（15）确认炉前氨气分配蝶阀在固定开度。

2. SCR 脱硝系统启动

（1）检查氨站系统投入正常。

（2）通知值长脱硝系统具备启动条件，可随锅炉同时启动。

（3）随炉预热脱硝反应器。

（4）投入反应器吹灰器程控。

3. SCR 脱硝系统投运

（1）开启稀释风机出口阀，启动一台稀释风机，另一台稀释风机备用并投自动。

（2）通知开启气氨缓冲罐出口减压阀，压力稳定在 0.15MPa，投自动。

（3）确认炉前氨气压力达 0.20MPa，稀释空气有一定流量（炉前氨气关断门的开启条件）。

（4）反应器出入口烟温达到 305℃时投入喷氨系统。

（5）开启炉前氨气关断门，投联锁保护，然后根据 SCR 脱硝系统入口 $NO_x$ 含量及负荷情况手动缓慢打开喷氨调节阀进行喷氨。

（6）喷氨时应缓慢操作，以 SCR 脱硝系统反应器出口 $NO_x$ 含量小于环保指标为标准进行调节。

（7）待系统稳定后，设定 SCR 脱硝系统反应器出口 $NO_x$ 含量或脱硝效率，投入喷氨调节自动。

（8）注意事项：投入喷氨时若 SCR 脱硝系统反应器出口 $NO_x$ 显示值无变化或明显不准，则应及时联系检修人员处理，暂停喷氨。

4. SCR 脱硝系统运行调整

（1）氨气分配蝶阀均应在指定开度，不得变动。

（2）稀释风出口阀必须在"开"状态，以避免氨气分配管堵灰。

（3）稀释空气流量保持在正常范围，若低至报警值，则相应减少喷氨量，并通知检修人员尽快处理。

（4）各炉喷氨流量保持在正常范围。手动状态下，根据 DCS 显示的氨需求流量来调整喷氨量，且实际流量不能超过氨需求流量的 1%。

（5）检查 SCR 脱硝系统反应器出入口差压应正常（<1000Pa）。

（6）SCR 脱硝系统脱硝反应器 $NO_x$ 出口浓度保证在环保指标要求范围，调整气氨调门。

（7）检查吹灰程控和各自动调节功能正常，若发现异常应立即将其切至手动，维持运行工况正常，并立即通知检修人员尽快处理。

（8）各设备运行正常状态下不允许远方投入"调试"启动。

（9）当烟气温度低于 302℃，需立即联系单元锅炉值班员调整燃烧，否则停止喷氨。

（10）当烟气温度达到 420℃，需立即联系单元锅炉值班员调整燃烧，避免反应器入口超温。

（11）当反应器入口 $NO_x$ 浓度高于 400mg/m³（标准状态下）时，需立即联系单元锅炉值班员调整燃烧及磨煤机供煤量。

（12）锅炉炉膛喷粉正常，防止催化剂积粉燃烧。

（13）防止喷氨量过大，氨逃逸增加，$SO_2/SO_3$ 转换率过高造成空气预热器堵塞。

5. SCR 脱硝系统运行中的检查

（1）检查转机各部件、地脚螺栓、联轴器螺栓、保护罩等连接状态应满足符合正常运行要求，测量及保护装置、工业电视监控装置齐全。

（2）检查设备外观完整，部件和保温齐全，设备及周围应清洁，无积水、积油和其他杂物，照明充足，栏杆平台完整。

（3）各箱、罐的人孔、检查孔和排污门应关闭，各备用管法兰严密封闭。

（4）所有阀门（电动门）开关灵活，无卡涩现象，位置指示正确。

（5）转机运行无撞击、摩擦等异声，电流表指示不超额定值，电动机旋转方向正确。

（6）电动机电缆头及接线、接地线完好且连接牢固，轴承及电动机测温装置完好并正确投入。

（7）现场事故按钮完好并加盖。

 **思考题**

1. 液氨储罐投入前检查项目有哪些？

2. 氨系统气体置换原则是什么？

3. 氨区系统运行中参数的监视和调整有哪些规定？

4. 简述脱硝系统投运步骤。

5. 脱硝系统运行中检查项目有哪些？

# 参 考 文 献

[1] 原永涛，蒋学典，孙宝森等．火力发电厂气力除灰技术及其应用［M］．北京：中国电力出版社，2002．

[2] 夏怀祥，段传和．选择性催化还原法（SCR 脱硝系统）烟气脱硝［M］．北京：中国电力出版社，2012．

[3] 国电太原第一热电厂．除灰除尘系统和设备［M］．北京：中国电力出版社，2008．

[4] 山西漳泽电力股份有限公司．环保设备及系统［M］．北京：中国电力出版社，2015．

[5] 全国环保产品标准化技术委员会环境保护机械分技术委员会、武汉凯迪电力环保有限公司．燃煤烟气湿法脱硫设备［M］．北京：中国电力出版社，2011．

[6] 国家环境保护总局科技标准司．燃煤锅炉烟气除尘脱硫设施运行与管理（试用）［M］．北京：北京出版社出版集团，2007．

[7] 曾庭华，杨华，马斌等．湿法烟气脱硫系统的安全性及优化［M］．北京：中国电力出版社，2004．

[8] 北京博奇电力科技有限公司．湿法脱硫装置维护与检修［M］．北京：中国电力出版社，2010．